自衛隊&
在日米軍 **飛行隊**
Military
Aviation **パッチ図鑑**
Patches

石原 肇 著

はじめに

　子供の頃から飛行機好きだったが、なぜか大戦機には興味が無く、F-86セイバーやセンチュリーシリーズと呼ばれるアメリカ空軍の戦闘機や、空母に搭載される艦載機などのジェット戦闘機が好きだった。高校時代に初めて入間基地航空祭や横田基地の三軍記念日を訪れ、そこで戦闘機の魅力に完全にはまってしまい、同時に機体に描かれているマーキングや飛行隊マークにも興味を持ち始めた。

　一眼レフカメラを購入すると、腕も未熟なのに1974年には本土復帰直後の沖縄に初めて乗り込んだ。当時はまだクルマも右側通行で、街の雰囲気も暗く、至るところに米軍の払い下げ店が点在していた。嘉手納基地で撮影していると、地元の方からパイロットが付けている飛行隊パッチ（当時は「ワッペン」と呼ばれていた）が売られていることを聞き、初めて「タイガー刺繍店」（現：タイガーエンブ）を訪れた。当時は胡屋十字路近くの国道330号線に面した小さな刺繍店だったが、店内の壁一面に貼り付けられていた嘉手納基地所属の空軍飛行隊のほか、同じく嘉手納基地に配備されている海軍飛行隊や、普天間基地の海兵隊飛行隊パッチに圧倒され、この時がパッチ収集のスタートとなった（当時の値段は1枚500円以下だったか…？）。

　後に、沖縄を訪れると必ずタイガー刺繍店に足を運び、さらに330号線を北上するとゴザ十字路近くの木造平屋の払い下げ店で、少数だがアメリカ本土の飛行隊パッチが販売されていることを知り、昼間は嘉手納基地周辺で飛行機撮影、日が落ちると刺繍店や払い下げ店を徘徊する日々が続いた。また、横須賀の「ダイヤモンドパッチ」ではアメリカ海軍飛行隊パッチが無数に販売されていた。沖縄に展開する空軍と海軍（主にP-3飛行隊）、海兵隊飛行隊パッチはタイガー刺繍店、海軍の戦闘飛行隊や攻撃飛行隊パッチはダイヤモンドパッチで主な飛行隊パッチを揃えることができた。

　1970年代当時は、オープンハウスなどのイベントで飛行隊パッチなどが販売されることは無く、刺繍店で購入する以外手に入れることができなかったが、80年代に入ると横田や厚木基地などでグッズ類が徐々に発売されるようになった。当時手に入れた米軍パッチの一部の裏には「MADE IN TAIWAN」の金色の小さなステッカーが貼られていた。正確な年月日は覚えてないが、観光で台湾を訪れる機会があったので、到着後、観光そっちのけで事前に情報を入手した台北市内の刺繍店に直行すると、街の一角に払い下げ店や刺繍店が数店並び、今まで見たことが無いようなアメリカ本国の飛行隊パッチも販売され、そこでますます米軍のパッチにのめりこんだのを覚えている（この刺繍店は、現在は区画整理に伴い、各店舗はバラバラな場所に移動している）。

後に自衛隊の航空祭でパッチなどのグッズ類が販売されるようになると、自衛隊の飛行隊パッチにも手を出したのが致命的？となり、まずは戦闘機飛行隊のほか救難隊や訓練飛行隊などの正式なパッチを揃えることにこだわって収集することにした。当時、各飛行隊ブースでパッチが販売されており、その価格は800円〜1000円程度で、飛行隊創設記念パッチや戦競パッチなど特別なパッチは個数限定で1500円くらいで販売されていた記憶がある。また、ブースの一角では隊員個人の中古品が売られることがあり、中には超レアなパッチがあったりした。当時は携帯なども無く、今のように事前に情報を入手することもできず、どこで何が販売されているか分からない中、航空祭では最初に写真を撮るか、パッチを買い集めるか、広いエプロンを走り回ることが日常茶飯事だった。そんな楽しい時代だった。

　最近では米軍（特に海兵隊や海軍）のグッズ販売はエスカレートし、オープンハウスでは展示機の前で大々的にグッズ類を販売してマニアを釘づけにしているが、近年では円安の影響からグッズ類も高騰し、マニア連中の財布の中身を苦しめて？いる。

　各自衛隊では時代の変化に伴い、飛行隊でグッズ類の販売が規制されると同時に正式な飛行隊パッチの販売は制限されてしまった。また、パッチから色とりどりの原色が消えたロービジになってしまったため、長くカラフルなパッチの魅力に取り憑かれてきた自分としては、その魅力は半減されつつあるように思う。が、それでも、また新しい時代を感じさせるパッチに出会うと、どうしても手に入れたくなってしまうのである。

　私の部屋の隣には、無数のプラモやパッチ、エジェクション・シート、ヘルメット、フライトスーツなどが収納された「秘密の倉庫」とでも呼ぶべき一角がある。50年以上にわたり集めてきたパッチが、軍種ごと、年代ごとに整理されて棚に収まっているのだが、この本を作るため、その棚からすべてのパッチを引っ張り出し、紹介したいパッチを絞りに絞ってまとめる作業をすることになった。そのため、部屋の中はすさまじい数のパッチが散乱している状態が続いている。早くこのカオスを収めたいと思いつつ数ヶ月が過ぎた。

　やっと、まとまった。やっと片付けられる。

　昔から、「パッチは飛行隊の歴史を語る」と言われてきたが、この本は、50年以上に及ぶパッチ収集の集大成とも言えるものだ。それが誰かを楽しませ、なにか少しでも役にたったなら、嬉しい限りだ。

2025年1月　石原　肇

CONTENTS

[巻頭]
カラフルで美しく、そしてけっこうでかい！
実物大パッチ図鑑 …… 006

航空自衛隊 JASDF

戦闘機飛行隊 …… 014

F-35 …… 014
- 臨時F-35A飛行隊 …… 014
- 第301飛行隊 …… 015
- 第302飛行隊 …… 015

F-15J/DJ …… 016
- 第201飛行隊 …… 016
- 第202飛行隊 …… 020
- 第203飛行隊 …… 021
- 第204飛行隊 …… 022
- 第303飛行隊 …… 024
- 第304飛行隊 …… 025
- 第305飛行隊 …… 029
- 第306飛行隊 …… 031
- 飛行教導群 教導隊 …… 033

F-2A/B …… 036
- 第3飛行隊 …… 036
- 第6飛行隊 …… 037
- 第8飛行隊 …… 038

F-4EJ/EJ改/RF-4E/EJ …… 040
- 第301飛行隊 …… 040
- 第302飛行隊 …… 044
- 第303飛行隊 …… 047
- 第304飛行隊 …… 048
- 第305飛行隊 …… 048
- 第306飛行隊 …… 049
- 第8飛行隊 …… 049
- 第501飛行隊 …… 051
- ●F-4ファントムのマスコット「スプーク」の仲間たち …… 053

F-1 …… 054
- 第3飛行隊 …… 054
- 第6飛行隊 …… 056
- 第8飛行隊 …… 057

F-86D/F …… 058
- F-86F飛行隊 …… 058
- F-86D飛行隊 …… 058

F-104J …… 059
- F-104J飛行隊 …… 059

航空教育集団 …… 060
- 第21飛行隊 …… 060
- 第22飛行隊 …… 061
- 飛行教育航空隊 第23飛行隊 …… 062
- 第31教育飛行隊 …… 063
- 第32教育飛行隊 …… 064
- 第11飛行教育団 …… 066
- 第12飛行教育団 …… 067
- 第13飛行教育団 …… 068
- 第41教育飛行隊 …… 070

警戒航空団 …… 071

航空支援集団 …… 074
- 第1輸送航空隊 第401飛行隊 …… 074
- 第2輸送航空隊 第402飛行隊 …… 076
- 第3輸送航空隊 第403飛行隊 …… 077
- 第1輸送航空隊 第404飛行隊 …… 077
- 第3輸送航空隊 第405飛行隊 …… 077
- 特別航空輸送隊 第701飛行隊 …… 078
- 飛行点検隊 …… 079

航空救難団 …… 080
- 千歳救難隊 …… 082
- 秋田救難隊 …… 082
- 新潟救難隊 …… 082
- 松島救難隊 …… 082
- 百里救難隊 …… 083
- 小松救難隊 …… 083
- 浜松救難隊 …… 083
- 芦屋救難隊 …… 084
- 秋田救難隊 …… 084
- 那覇救難隊 …… 084
- 救難教育隊 …… 084
- 三沢ヘリコプター空輸隊 …… 085
- 入間ヘリコプター空輸隊 …… 085
- 春日ヘリコプター空輸隊 …… 085
- 那覇ヘリコプター空輸隊 …… 085

飛行開発実験団 …… 086

ブルーインパルス …… 090
- ブルーインパルス（第11飛行隊） …… 090
- ブルーインパルスJr. …… 095

航空自衛隊のその他の組織 …… 096
- 航空総隊、方面隊、航空団、飛行群など …… 096
- 航空総隊司令部支援飛行隊・
  電子戦支援隊・電子飛行測定隊 …… 100
- 中部航空方面隊司令部支援飛行隊 …… 102
- 支援飛行隊・支援飛行班 …… 103
- 航空自衛隊基地・基地開設記念 …… 104
- 硫黄島基地隊・無人機運用隊 …… 106

- ●航空自衛隊のユニークなパッチ …… 107
- ●国際共同訓練のパッチ …… 108
- ●「がんばろう日本」陸・海・空自被災地応援パッチ …… 110

海上自衛隊 JMSDF

対潜哨戒航空隊 …… 112

[2008年～現在]
- 第1航空隊 …… 112
- 第2航空隊 …… 112
- 第3航空隊 …… 112
- 第5航空隊 …… 112

[1954年～2008年]
- 第1航空隊 …… 113
- 第2航空隊 …… 114
- 第3航空隊 …… 114
- 第4航空隊 …… 114
- 第5航空隊 …… 115
- 第6航空隊 …… 115
- 第7航空隊 …… 115
- 第8航空隊 …… 115
- 第9航空隊 …… 115

対潜ヘリコプター航空隊 …… 116
[2008年〜現在]
- 第21航空群 …… 116
- 第21航空隊 …… 116
- 第22航空隊 …… 116
- 第23航空隊 …… 116
- 第24航空隊 …… 116
- 第25航空隊 …… 117

[1954年〜2008年]
- 第101航空隊 …… 117
- 第121航空隊 …… 117
- 第122航空隊 …… 117
- 第123航空隊 …… 118
- 第124航空隊 …… 118
- 大湊航空隊 …… 118
- 小松島航空隊 …… 118
- 大村航空隊 …… 118

第61航空隊 …… 119
第111航空隊 …… 120
第81航空隊、第91航空隊 …… 122
第51航空隊 …… 124
教育航空集団 …… 128
- 第201教育航空隊 …… 128
- 小月教育航空群 …… 128
- ホワイトアローズ …… 128
- 小月教育隊 …… 128
- 第202教育航空隊 …… 129
- 徳島教育航空群 …… 129
- 第203教育航空隊 …… 129
- 第205教育航空隊 …… 129
- 第206教育航空隊 …… 129
- 第211教育航空隊 …… 129
- 第212教育航空隊 …… 129

救難飛行隊、第71航空隊 …… 130
- 八戸救難飛行隊 …… 130
- 厚木救難飛行隊 …… 130
- 硫黄島救難飛行隊 …… 131
- 下総救難飛行隊 …… 131
- 小月救難飛行隊 …… 131
- 徳島救難飛行隊 …… 131
- 鹿屋救難飛行隊 …… 131
- 第71航空隊 …… 131
- 第72航空隊 …… 132
- 第73航空隊 …… 132

砕氷艦「しらせ」、しらせ飛行科 …… 133
- 砕氷艦「しらせ」 …… 133
- しらせ飛行科 …… 133

航空集団・航空基地・創設記念 …… 134
- ●創設以来、海上自衛隊を支えてきた初期の対潜哨戒航空隊 …… 136

陸上自衛隊 JGSDF

方面航空隊、師・旅団飛行隊 …… 138
- 北部方面隊 …… 138
- 東北方面隊 …… 138
- 東部方面隊 …… 139
- 中部方面隊 …… 140
- 西部方面隊 …… 141

第1ヘリコプター団 …… 143
- 第102飛行隊 …… 143
- 第103飛行隊 …… 143
- 第104飛行隊 …… 143
- 第105飛行隊 …… 143
- 第106飛行隊 …… 144
- 第109飛行隊 …… 144
- 連絡偵察飛行隊 …… 144
- 特別輸送ヘリコプター隊 …… 145
- 輸送航空隊 …… 145
- 第1ヘリコプター隊第1飛行隊 …… 145
- 第2ヘリコプター隊第2飛行隊 …… 145

戦闘ヘリコプター隊・対戦車ヘリコプター隊 …… 146
- 第1戦闘ヘリコプター隊 …… 146
- 第1対戦車ヘリコプター隊 …… 146
- 第2対戦車ヘリコプター隊 …… 147
- 第3対戦車ヘリコプター隊 …… 147
- 第4対戦車ヘリコプター隊 …… 148
- 第5対戦車ヘリコプター隊 …… 149

第15ヘリコプター隊 …… 150
- 第15飛行隊 …… 151
- 第101飛行隊 …… 151

航空学校・飛行教導隊・富士飛行班 …… 152
開発実験団飛行実験隊 …… 153
陸上自衛隊のアクロバットチーム …… 154

在日米軍 USFJ

アメリカ空軍 横田基地 …… 156
アメリカ空軍 三沢基地 …… 159
- 三沢基地に同居するアメリカ海軍飛行隊 …… 163
- 三沢基地に展開していた過去の主な飛行隊パッチ …… 163
- 三沢基地に展開していた過去のF-4飛行隊パッチ …… 164
- 三沢基地に展開していた過去の海軍飛行隊パッチ …… 164

アメリカ空軍 嘉手納基地 …… 165
- 嘉手納基地に同居する海軍飛行隊パッチ …… 171
- 嘉手納基地に展開していた過去の主な飛行隊パッチ …… 173
- 嘉手納基地に展開していた過去の海軍飛行隊パッチ …… 174
- 嘉手納基地に展開したF-22ラプター飛行隊のパッチ …… 176

アメリカ海軍 厚木基地 …… 178
- 厚木基地に展開していた主な過去の飛行隊パッチ …… 180

アメリカ陸軍 キャンプ座間 …… 189
アメリカ海兵隊 岩国航空基地 …… 190
- 岩国基地に展開していた主な過去の飛行隊パッチ …… 195

アメリカ海兵隊 普天間航空基地 …… 197
- 普天間基地に展開していた過去の飛行隊パッチ …… 200

在韓米空軍 …… 201
- 在韓米空軍に所属していた過去の主な飛行隊のパッチ …… 203

巻末資料 …… 204

カラフルで美しく、そしてけっこうでかい！
実物大パッチ図鑑

自衛隊や米軍パイロットのフライトジャケットやバッグなどに付けられているパッチには、実にさまざまなものがある。色も形も大きさも、まさに千差万別だ。各部隊のパッチを詳しく紹介していく前に、まずはその実物大サイズの美しさと迫力を堪能してほしい。

航空自衛隊　Japan Air Self-Defense Force

航空自衛隊

F-15戦技課程修了

次期支援戦闘機 FS-X

第201飛行隊

F-15 飛行時間2000時間

第304飛行隊 創設40周年記念

航空自衛隊F-35A 三沢到着記念

臨時 F-35A飛行隊

偵察航空隊 RQ-4Bオペレーター

海上自衛隊
Japan Maritime Self-Defense Force

陸上自衛隊 Japan Ground Self-Defense Force

OH-6D導入40周年記念

輸送航空隊

北宇都宮駐屯地 TH-480Bブルーホーネット

第1戦闘ヘリコプター隊

在日米軍
United States Force Japan

太平洋空軍

第5空軍

米空軍第18航空団

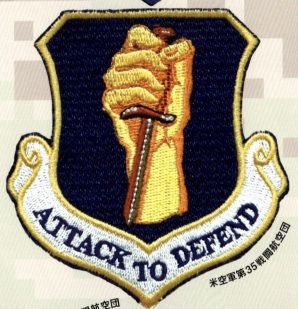
米空軍第35戦闘航空団

米空軍第374輸送航空団

米空軍第35戦闘航空団

航空自衛隊
JASDF

航空自衛隊が発足すると、戦闘機や輸送機、練習機などが米軍から供与され、飛行隊が編成された。この中でもっとも早く飛行隊パッチが製作されたのがF-86FとF-86Dの戦闘機飛行隊で、続いて輸送飛行隊や練習飛行隊、救難飛行隊など全ての飛行隊で続々と製作が開始された。飛行隊パッチのほか創設記念パッチや戦競（戦技競技会）パッチなども製作され、フライトスーツ（ジャケット）の右胸にはウイングマークと氏名が描かれたネームタグ（飛行隊の部隊マークがワンポイントで入れられることも）、左胸には飛行隊パッチを付けるのが基本で、両肩は搭乗する機体関連や演習参加記念、飛行時間パッチなど、個人の好みで付けていたが、飛行隊創設記念パッチなどは一定の期間、全員が付けることもあった。近年ではパッチに関する規制が進み、グリーンのフライトスーツの導入に伴い、飛行隊パッチは原色を廃止したロービジバージョンとなり、肩に付けるパッチは、許可を受けた限定パッチのみとなった。そのためパッチのバリエーションは激減したが、米軍と同様にフライデーパッチと呼ばれる限定パッチが増えてきた。

戦闘機飛行隊

F-86、F-104、F-1からF-15、F-2、F-35まで。歴代戦闘機飛行隊のパッチ

航空自衛隊が創設されると、まず朝鮮戦争で活躍したF-86F、全天候要撃型のF-86Dを皮切りに、超音速のF-104Jやベストセラー機となったF-4EJ、F-15シリーズのF-15J、国産戦闘機F-1、F-2が導入され、2018年からは初のステルス戦闘機F-35が運用されている。

Lockheed Martin F-35

臨時F-35A飛行隊

2011年12月、防衛省はF-4EJ改の後継機となる次期戦闘機(F-X)として、ロッキード・マーチンF-35Aの導入を決定した。2017年12月1日には三沢基地の第3航空団隷下に「臨時F-35A飛行隊」が編成され、航空自衛隊向けの最初のF-35A(通算6号機)は2018年1月26日に三沢基地に到着、2月24日には「F-35A配備記念式典」が行われた。当時は、最初にF-35Aを受領する飛行隊名は明かされていないうえ部隊マークも不明だったが、記念式典に展示されたF-35Aのインテイクカバーやチョーク(車輪止め)には、F-35Aのニックネーム「ライトニング」に因んで「雷神」が描かれていた。

臨時F-35A飛行隊
臨時F-35A飛行隊の英語標記は"F-35A LIGHTNING II SPECIAL FIGHTER SQUADRON"で、パッチには雷神がデザインされた。

臨時F-35A飛行隊時代のF-35A

T-4の垂直尾翼に描かれた臨時F-35A飛行隊の「雷神」マーク

臨時F-35A飛行隊
このパッチは臨時F-35A飛行隊のフルカラーバージョンで2色が製作され、下部には"F-35A SPECIAL FS"の文字が入れられている。

臨時F-35A飛行隊 F-35A到着記念
2018年1月28日に、三沢基地にF-35Aの最初の機体が到着した記念パッチで、カッコイイF-35Aのバックには雷神が隠れている。

F-35A 雷神
国旗が描かれた日の丸の中には同色で「雷神」のイラストが描かれ、バックにF-35Aの正面形と「雷神」の文字が入れられたパッチ。

F-35A 雷神
金色で「雷神」の文字、銀色で「雷神」のイラスト、グレイでF-35Aの平面形が描かれた四角形のサブパッチ。

第944作戦群第2分遣隊
航空自衛隊F-35Aのパイロット機種転換訓練は、空軍予備役軍団(AFRC)第944戦闘航空団(944FW)隷下の部隊で実施されていた。このパッチは、第944作戦群第2分遣隊(944OG/DET-2)「忍者」。

F-35A LIGHTNING
F-35Aが到着した当時は、複数のパッチが製作された。このパッチは日の丸をイメージしてF-35Aの平面形、ライトニングがデザインされた。

第301飛行隊 F-35

1973年10月1日、最初のF-4EJ飛行隊として百里基地で誕生した第301飛行隊。F-35Aに機種改編が決まると2020年12月14には百里基地で移転行事が行われた。翌日の12月15日には三沢基地で第301飛行隊新編記念式典が実施され、F-35A飛行隊としてスタートした。

第301飛行隊 創設50周年記念
F-4ファントムとF-35ライトニングのキャラクターと両機のイラスト、中央には「50」の文字が描かれた、第301飛行隊創設50周年記念パッチ。(写真:田中克宗)

第301飛行隊 1ST
第301飛行隊が使用しているサブパッチで、部隊マークとなっているケロヨンと大きな「1」の文字がデザインされている。(写真:鈴崎利治)

第301飛行隊
新生第301飛行隊のパッチはF-4ファントム時代の基本的なデザインを継承し、中央にはF-35A、上下には飛行隊名と機体名が描かれた。(写真:鈴崎利治)

第301飛行隊
第301飛行隊が創設されたのは百里基地の第7航空団で星の数は7個、新田原基地の第5航空団に編入すると星の数は5個、再び百里基地に戻ると7個になり、三沢基地の第3航空団に編入すると3個になった。(写真:鈴崎利治)

第301飛行隊 LIGHTNING DRIVER
イーグルドライバーパッチと同様に、F-35A飛行隊のパイロット共通のライトニングドライバーパッチ。(写真:鈴崎利治)

伝統の部隊マークをつけた第301飛行隊のF-35A

第302飛行隊 F-35

2番目のF-4EJ飛行隊として1974年10月に千歳基地の第2航空団隷下で誕生した第302飛行隊は、F-35Aの導入が決定すると最初のF-35A飛行隊となることが決まり、2019年3月2日の「302」の日に百里基地で部隊移動記念式典が行われ、3月26日には三沢基地で第302飛行隊の新編式が実施された。

第302飛行隊
第301飛行隊と同様に、第302飛行隊もF-4ファントム時代のスズランの花をイメージしたデザインを継承し、F-35Aとライトニング「Ⅱ」の文字などが描かれた。(写真:鈴崎利治)

第302飛行隊 創設50周年記念
上部には飛行隊名、中央には大きな尾白鷲がデザインされ、隠れて「50」の文字が描かれた、第302飛行隊創設50周年記念パッチはやや小さい。(写真:田中克宗)

第302飛行隊 尾白鷲
F-4ファントム時代から使用されている尾白鷲のパッチ。羽根で「3」、尾で「0」、足で「2」を意味する飛行隊マークとしても使用されている伝統のパッチ。(写真:田中克宗)

第302飛行隊 風林火山
第302飛行隊のモットーは、「爆闘」や「風林火山」。パッチに描かれている風林火山とは「風のようにすばやく動き、林のように静かに構え、火のごとく激しく攻め、山のようにどっしり構える」という意味が込められている。(写真:田中克宗)

第302飛行隊 飛行時間500時間
このパッチはF-35Aパイロット共通の飛行時間500時間で、上のライトニングドライバーパッチの下部の文字が飛行時間に変更されている。(写真:田中克宗)

Boeing
F-15J/DJ

第201飛行隊 F-15

第201飛行隊は1962年3月22日に小松基地で「臨時F-104飛行隊」として編成され、翌年の1963年3月8日に千歳基地に移動すると同時に、第201飛行隊となった。1975年10月1日に解散したが、1986年3月19日にF-15飛行隊として復活した。

第201飛行隊は一度解散してF-15飛行隊として復活している。

第201飛行隊
第201飛行隊のパッチは、咆哮する熊をモチーフに、F-104時代からデザインが継承されているもの。時期によって熊の表情など細部が異なっている。現在はグレイのロービジカラーが使用されている。

第201飛行隊
以前、使用されていた飛行隊のサブパッチで、F-104時代の旧飛行隊マークと現在使用されている飛行隊マークの熊の横顔が描かれている（複数の色違いが存在した）。

第201飛行隊
このパッチはパイロットが肩に付けるサブパッチで、基本的なデザインは『イーグルドライバー』パッチから流用している（このパッチも色違いが存在した）。

第201飛行隊
たびたびF-15戦競で復活した、F-104時代の部隊マークを再現したサブパッチ。この旧飛行隊マークは丹頂鶴をモチーフに「201」をデザインしている。25mm×90mmと小さい。

第201飛行隊 Fighting Bears
第201飛行隊のニックネームは「ファイティングベアーズ」で、パッチに描かれている獰猛なヒグマの後ろには旧飛行隊マークが隠れている。

第201飛行隊 DEFEND ONE'S NORTH AREA
F-104飛行隊として編成されて以来、千歳基地で北の守りに就いている第201飛行隊のサブパッチは、咆哮する熊。

第201飛行隊
HOT SCRAMBLE
第201飛行隊が2000年6月28日に2,000回目のスクランブル発進をした記念パッチで、ロシア空軍のTu-95爆撃機を監視するF-15が描かれた。

第201飛行隊
BONUS STAGE
スロット・マシーンを彷彿させるこのパッチのタイトルは、「ボーナスステージ」。同じようなデザインのパッチがアメリカ空軍でも存在している。

第201飛行隊
BEAR'S ADVERSARY
飛行隊の中で独自に実施される空対空戦闘訓練で、仮想敵役となるパイロットが使用していたパッチで、赤い星が仮想敵役を表す。

第201飛行隊 1994年戦競
1994年の戦競パッチは吠える熊で、上部のリボンの中には'94年戦競を意味する文字"ACM COMP '94"が描かれた。

第201飛行隊 1994年戦競
このパッチも、'94年戦競で使用されたサブパッチ。右手の親指を立てて、カモンと叫ぶ熊が自信満々だ。

第201飛行隊 1994年戦競
このパッチは、'94年戦競に参加した第201飛行隊の隊長名に因み桃太郎がモチーフで、上部には「鬼たいじ '94 in 小松 鬼が島」の文字も描かれた。

 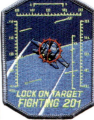

第201飛行隊 1996年戦競
ヘッドアップディスプレイで捕らえた飛行教導隊のF-15DJをモチーフにした'96年戦競パッチ。右のパッチはターゲットがSu-27フランカーとなっている。

第201飛行隊 1994年戦競
戦競で優勝すると参加メンバーには優勝メダルが贈られる。この年の戦競で優勝した第201飛行隊は、メダルを掛けた熊のパッチを製作した。

第201飛行隊 1994年戦競
ガイコツ(飛行教導隊)に噛みつく熊が描かれた、'94年戦競パッチ。色や下部の文字違いなど複数のバリエーションが存在した。

第201飛行隊 1997年戦競
煙を上げながら墜落するSu-27フランカーをイメージしたデザインが採用された、第201飛行隊の'97年戦競パッチ。

第201飛行隊 1997年戦競
第201飛行隊の'97年戦競パッチは、子熊がコブラ(飛行教導隊)に噛みついているのが面白い。

第201飛行隊 1997年戦競
このパッチも'97年戦競で、北海道で編成されたサッカーチームのユニホームを着た子熊が、ガイコツ(飛行教導隊)を蹴って遊んでいる。

第201飛行隊のF-15J。

第201飛行隊 1998年戦競事前訓練
1998年に行われた戦競の事前訓練におけるフェイカー(仮想敵役)パイロット用のパッチで、教導隊に似た識別塗装のF-15が描かれている。

第201飛行隊 1998年戦競
ヒグマが4機編隊のF-15を見送るイメージの'98年戦競パッチ。隊長機は金色で描かれている。

第201飛行隊 1999年戦競
北海道の土産屋で販売されている、有名な「熊出没注意」と描かれたTシャツと良く似たデザインのサブパッチ。

第201飛行隊 1999年戦競
獰猛なヒグマが鋭い爪で、コブラ(飛行教導隊)を引きちぎるイメージの第201飛行隊の'99年戦競パッチ。

第201飛行隊 1999年戦競
同じく第201飛行隊の'99年戦競パッチで、ヒグマがガイコツ(飛行教導隊)を握りつぶすイラストが描かれている。

第201飛行隊 2001年戦競
2個の赤い星(2機の飛行教導隊のF-15DJ)を追う、第201飛行隊のF-15を描いた、第201飛行隊の'01年戦競パッチ。

第201飛行隊 2000年戦競
当時の戦競パッチは、参加隊員の士気を高めるため派手なカラーが多かったが、第201飛行隊はグレイを基調としたパッチを作成した。

第201飛行隊 2000年戦競
戦競直前の事故の影響でキャンセルとなった'00年戦競で使用される予定だったサブパッチは、赤い星(飛行教導隊)を踏み潰した熊の足跡。

第201飛行隊 2001年戦競
珍しい楕円形を採用した第201飛行隊の'01年戦競パッチには、這い出す獰猛な熊が描かれた。

第201飛行隊 2002年戦競
第201飛行隊は、2000年戦競パッチに続いて、2002年戦競でもグレイを基調にしたカラーリングのパッチで競技に臨んだ。

第201飛行隊 2002年戦競
このパッチも第201飛行隊の'02年戦競で、フィルムをイメージして飛行教導隊のF-15DJのバックに付いたF-15が描かれた。

第201飛行隊 2004年戦競
真っ赤な口を開けて獲物に覆いかかる熊が描かれた、第201飛行隊の'04年戦競パッチ。上部には「勝利を手にしよう」と描かれている。

第201飛行隊 2004年戦競
このパッチも第201飛行隊の'04年戦競で、熊の鋭い爪で赤い星(飛行教導隊)が引きちぎられている。

第201飛行隊 2009年戦競
エンジ色のバックにブラックで熊のシルエットと、デザイン化された2機のイーグルを描いた、第201飛行隊の'09年戦競パッチ。

第201飛行隊 2010年戦競
2010年戦競は、F-15飛行隊とF-2飛行隊がコンビを組んで競技に参加。このパッチは第3飛行隊とコンビを組んだパッチ。

第201飛行隊 2010年戦競
このパッチは第201飛行隊のオリジナルデザインで、熊の着ぐるみを着た女の子?が攻撃しているシーンを表しているようだ。

**第201飛行隊
2013年戦競**

最後の戦競となった'13年戦競に参加した第201飛行隊のパッチは、獰猛な熊の爪で引きちぎられた赤い星(飛行教導隊)。

**第201飛行隊
2013年戦競**

このパッチも第201飛行隊の'13年戦競で、赤い星(飛行教導隊)に襲い掛かる2機のイーグルが描かれた。

第201飛行隊 空中給油訓練

海外の演習に参加するため米空軍のKC-135R空中給油機から、初めて空中給油訓練を受けた時に作成された記念パッチ。

**第201飛行隊 航空自衛隊
創設50周年記念**

空自創設50年の記念塗装を施したF-15のマーキングをデザインにした、第201飛行隊の記念パッチ。

**第201飛行隊
Cope North 2001**

グアムで実施されたコープノース2001演習に参加した記念パッチで、波乗りを楽しむ熊がデザインされた。

**第201飛行隊
F-15改編
10周年記念**

F-15イーグルの上に跨がる、可愛い熊を描いた第201飛行隊F-15改編10周年記念パッチ。

**第201飛行隊
Cope North 2001**

グアムのアンダーセン空軍基地に向け、千歳基地から飛び立つF-15JとC-130Hを見送る熊の後ろ姿が寂しそう。

**第201飛行隊
F-15改編20周年記念**

F-104飛行隊時代の旧飛行隊マークをアレンジした、第201飛行隊のF-15改編20周年記念パッチ。

第201飛行隊 F-15改編25周年記念

記念パッチや式典などは基本的に10年単位で製作されるが、第201飛行隊はF-15に改編して25年の記念パッチを作成。

**第201飛行隊
F-15改編30周年記念**

10周年に続いて30周年でもF-15に跨がる熊の記念パッチが製作されたが、周囲の文字やアフターバーナーの炎など細部が異なった。

**第201飛行隊
F-15改編15周年記念**

第201飛行隊のF-15改編15周年記念パッチは、控えめな熊のシルエットとF-15イーグルがデザインされた。

**第201飛行隊
F-15改編
30周年記念**

爪を立てた熊と、ゴールドのF-15、同じくゴールドの記念文字を描いた、第201飛行隊の改編30周年記念パッチ。

**第201飛行隊
F-15改編
30周年記念**

飛行隊マークのヒグマの横顔と、F-104時代の旧飛行隊マークが描かれた、30周年記念サブパッチ。

**第201飛行隊
F-15改編
35周年記念**

第201飛行隊は35周年でも記念パッチを作製。このパッチは制式なデザインの下部のリボンの中の文字が日本語標記の記念文字に変えられた。

**第201飛行隊
F-15改編35周年記念**

このパッチも35周年記念でデザイン化されたF-15と北海道の地図などをベースに、飛行隊名と記念文字などが描かれた。

**第201飛行隊
F-15改編
35周年記念**

イーグルドライバーのデザインをアレンジした35周年記念パッチは、イーグルに代わって獰猛なヒグマの横顔に変化した。

第202飛行隊 `F-15`

第202飛行隊は2番目のF-104J飛行隊として1964年3月31日に新田原基地で編成された。1980年代に入るとF-15臨時飛行隊が新田原基地で創設され、1982年12月21日に第202飛行隊が最初のF-15飛行隊となった。2000年10月6日にその任務を新生第23飛行隊に引き継ぎ解散した。

第202飛行隊
宮崎県にある「はにわ園」の武人埴輪を空の守りの象徴としてモチーフにした第202飛行隊のパッチ。バックには第5航空団を意味する「V」が描かれている。

第202飛行隊 PILOT
飛行隊創設直後に製作されたと思われるパイロット用パッチで、中央には羽根を広げたイーグルがデザインされている。

第202飛行隊 創設30周年記念
主翼上面に大きな飛行隊創設30周年記念塗装を施した、F-15Jの上面形をモチーフにした記念パッチで、中央には羽根を広げたイーグルがデザインされている。

第202飛行隊 1995年戦競
'95年の第202飛行隊戦競パッチは、アメリカ空軍のファイターウエポンスクールパッチのデザインを流用している。

第202飛行隊 1996年戦競
'96年戦競では、武人埴輪の横顔と第5航空団の「V」を組み合わせたデザインのパッチが採用された。

第202飛行隊 1997年戦競
勇ましい目をした埴輪が描かれた'97年戦競パッチ。下部の余白部分にはパイロットのTACネームが入る。

第202飛行隊 1998年戦競
飛行隊パッチとなっている埴輪のデザインから、この年戦競パッチは隊長のTACネームに因んでウイスキーのボトルが描かれた。

第202飛行隊 MIDNIGHT EAGLE '99
'99年戦競で使用されたパッチで、夜間訓練をイメージしているためパッチのカラーはトーンダウンされた。

第202飛行隊 2000年戦競
第202飛行隊としては最後の出場となるはずだった2000年戦競は、直前にキャンセルされてしまったが、パッチは事前に製作された。

第202飛行隊 解散記念
第202飛行隊の解散記念パッチには鳴き叫ぶイーグルと伝統の刀のほか「SPIRIT of THE EAGLE'S NEST」の文字が描かれた。

第202飛行隊 FINAL
埴輪がF-15(イーグル)を操るデザインのファイナルパッチ。上と左右に描かれた「FINAL」と「終」の文字が悲しい。

第202飛行隊 弐百弐飛行隊
このパッチも解散記念のサブパッチで、真っ赤な火の鳥と古代の刀がデザインされ、飛行隊名は漢字表記となった。

第202飛行隊 解散記念
F-104Jの使用期間とF-15の使用期間および2機のシルエットと、第5航空団を意味する「V」が描かれた、第202飛行隊の解散記念パッチ。

第202飛行隊 解散記念
このパッチも解散記念で、イーグルの横顔と古代の刀が描かれ、上部の文字は「FINAL」となっている。

航空教育集団の改編に伴い解散した第202飛行隊。

第203飛行隊 F-15

3番目のF-104J飛行隊として千歳基地で編成された第203飛行隊は、1984年3月24日にF-104JからF-15Jに機種改編を終了、第202飛行隊に続いて2番目のF-15飛行隊となり、F-15飛行隊の中では最初に掩体(シェルター)運用を開始した。

第203飛行隊
第203飛行隊のパッチはF-104時代のデザインを継承して、中央のF-104はF-15に変更された。現在はグレイのロービジになっている。

第203飛行隊
現在使用されているサブパッチで、伝統的に垂直尾翼に描かれているヒグマ(通称:パンダ)をモチーフにしている。

第203飛行隊 SECRET EAGLES
第203飛行隊は、林に囲まれた掩体(シェルター)運用しているため、外部からは全く見えないので、このパッチには「SECRET EAGLES」の文字が描かれた。

第203飛行隊 1998年戦競
第203飛行隊の'98年戦競パッチは、ガイコツ(飛行教導隊)を踏み潰す巨大なヒグマが描かれているのが面白い。

第203飛行隊 1998年戦競
ヒグマの部隊マークを描いた、F-15の垂直尾翼を再現した第203飛行隊の'98年戦競サブパッチ。

第203飛行隊 1999年戦競
この年の戦競パッチは、巨大なヒグマがミサイルでガイコツ(飛行教導隊)をぶち抜くデザイン。毎年、戦競ではヒグマが大活躍。

第203飛行隊 2000年戦競
直前でキャンセルとなった'00年戦競パッチは、ヒグマから発射されたAAM-3の航跡で「2000」の文字が描かれた。

第203飛行隊 2001年戦競
左手にはAAM-3、右手には傷ついたガイコツ(飛行教導隊)を持ったヒグマが描かれた、第203飛行隊の'01年戦競パッチ。

第203飛行隊 2001年戦競
このパッチも'01戦競で、優勝記念に制作され、ヒグマがピースし、右側には「WINNER」の文字が入れられた。

第203飛行隊 2001年戦競
同じく'01戦競の優勝記念パッチで、イーグルドライバーパッチの文字は「'01 TAC MEET WINNER」に変更された。

第203飛行隊 2002年戦競
ヒグマが「203」を意味する電光で、ガイコツ(飛行教導隊)をぶち抜いている第203飛行隊の'02年戦競パッチ。

第203飛行隊 RED FLAG ALASKA 08-3
第203飛行隊が2008年に行われた「レッドフラッグアラスカ」演習に参加した記念パッチで、イーグルのバックには日米の国旗が描かれた。

第203飛行隊 航空自衛隊創設50周年記念
第203飛行隊のF-15の垂直尾翼に描かれたマーキングをモチーフにした、空自創設50周年記念パッチ。

第203飛行隊 創設60周年記念
第203飛行隊の創設60周年記念は赤いチャンチャンコを着た可愛いパンダ(クマ)。文字などは全て日本語標記で、このデザインの記念塗装も登場した。

第203飛行隊 創設50周年記念
左右にはF-104とF-15を配置し、中央には飛行隊マーク、下部には記念文字を描いた、第203飛行隊の創設50周年記念パッチ。

第203飛行隊 創設50周年記念
F-104とF-15の垂直尾翼を重ねたイメージに、記念文字が描かれた、第203飛行隊の創設50周年記念パッチ。

第204飛行隊 F-15

第204飛行隊は1964年12月にF-104飛行隊として新田原基地で編成されたが、1985年にF-15受領と同時に百里基地に移動した。しかし、2000年代に突入すると南西諸島周辺の防衛力強化のため、第204飛行隊は2009年1月に百里基地から那覇基地に移動、現在に至っている。

第204飛行隊のF-15改編10周年記念塗装機

第204飛行隊
第204飛行隊はF-15を受領すると飛行隊パッチのデザインを一新。新しいデザインは、羽ばたくイーグルが強調された。このパッチは那覇基地に移動後に使用。

第204飛行隊
このサブパッチは那覇基地に移動して第83航空隊に編入された当時のデザインで、下の文字は「THE 83rd AG」となっている(現在は第9航空団)。

第204飛行隊
このパッチはF-15飛行隊となった、百里基地第7航空団時代のデザインで、下部の文字は「HYAKURI」となっている。

第204飛行隊
百里基地の第7航空団時代のサブパッチで、飛行隊マークと同じイーグルの横顔がデザインされ、下部の文字は「7th WING」。

第204飛行隊 ADVERSARY
第204飛行隊の中で、訓練時に仮想敵役パイロットが使用していたパッチで、国籍不明機を意味する赤い星が強調されている。

第204飛行隊 1996年戦競
第204飛行隊の'96年戦競パッチは、注目の戦競塗装であった2代目「MYSTIC EAGLE II」をデザイン。北欧神話のワルキューレをモチーフに、機体にはリアルなノーズアートが描かれた。

第204飛行隊 1997年戦競
この年の戦競は3代目「MYSTIC EAGLE III」で、前年と同様にF-15イーグルとワルキューレが半分ずつが描かれた。

第204飛行隊 1998年戦競
ミスティックイーグル・シリーズはますます進化し、この年もワルキューレとF-15のコラボがデザインされた「MYSTIC EAGLE IV」となった。

第204飛行隊 2000年戦競
この年の戦競パッチはF-15が姿を消し、赤い矢が突き刺さったガイコツ(飛行教導隊)が描かれた「MYSTIC EAGLE VI」。

第204飛行隊 2001年戦競
2001年戦競の「MYSTIC EAGLE VII」では、F-15が復活。今までは顔のみだったワルキューレは全身が描かれ、色違いのパッチが存在した。

第204飛行隊 2002年戦競
継続して描かれていたワルキューレは姿を消し、この年は不気味なグリフォンが登場、このパッチも色違いが存在していた。

第204飛行隊 2003年戦競
'03年戦競パッチは、大きな剣を持つワルキューレがデザインされ、左右にイーグルを配置した「MYSTIC EAGLE IX」。

第204飛行隊 2006年戦競
'06年戦競ではワルキューレや「MYSTIC EAGLE」の文字などは消えデザインを一新、巨大なイーグルがメインとなった。

第204飛行隊 2007年戦競
'07年戦競のパッチには、第204飛行隊のF-15J飛行隊と対抗飛行隊となる飛行教導隊のF-15DJが描かれた。

第204飛行隊 2009年戦競
百里基地から那覇基地に移動後、初の戦競参加となった'09年戦競ではイーグルヘッドをモチーフにした、ユニークなデザインが採用された。

第204飛行隊 2010年戦競
第6飛行隊のF-2とコンビを組んで参加した、'10年戦競のパッチはF-2とF-15の正面形とコブラに噛みつくイーグルが描かれた。

2009年1月に那覇基地に移動した第204飛行隊のF-15J。

第204飛行隊 2013年戦競
'13年戦競のパッチは一転してトーンダウンされたロービジで、剣を持つ琉球武士がシルエットで描かれている。

第204飛行隊 COPE THUNDER '04
アラスカで実施された「コープサンダー」演習に参加した第204飛行隊のパッチには、美しいオーロラが描かれた。

第204飛行隊 F-15改編20周年記念
第204飛行隊がF-15に改編して20周年を記念したパッチには、ワルキューレと「MYSTIC EAGLE」の文字が復活。

第204飛行隊 F-15改編20周年記念
このパッチもF-15に改編して20周年を迎えた記念で、当時装備していたT-33A、T-4、F-15が仲良く編隊飛行している。

第204飛行隊 創設50周年記念
第204飛行隊創設50周年記念パッチは、「50」の大きな文字を捕まえたイーグルがモチーフで、非常にハイセンスなデザイン。

第204飛行隊 F15改編10周年記念
第204飛行隊がF-15に改編して10周年の記念パッチは、たびたび戦競マーキングで登場したワルキューレで、顔の向きや色違いなど複数のバリエーションが存在した。

第204飛行隊 創設50周年記念
このパッチも飛行隊創設50周年の記念で、F-104JとF-15Jのシルエットのバックには旭日が描かれたデザインだ。

第303飛行隊 F-15

第303飛行隊は3番目のF-4EJ飛行隊として小松基地で編成され、1987年12月1日にF-15J飛行隊として生まれ変わった。F-4EJからF-15Jに改編した飛行隊は計4個飛行隊で、第303飛行隊は5番目のF-15飛行隊となった。

第303飛行隊

第303飛行隊
第303飛行隊のパッチは、F-4時代は2匹の龍(複座)とファントムが描かれていたが、F-15を受領すると1匹の龍(単座)とイーグルとなった。

第303飛行隊
パイロットが使用しているサブパッチで、現在はグレイバージョンとなり、文字は「303rd」。F-4時代から使用されていたパッチはグリーンで、文字は「小松」。

第303飛行隊
F-15パイロット共通のイーグルドライバーパッチで、文字は「FIGHTING DRAGON EAGLE DRIVER」となった、第303飛行隊オリジナル。

第303飛行隊 1997年戦競
新田原基地で行われた'97年戦競のパッチは、シルバーのライトニングをくわえる勇ましいドラゴンが描かれた。

第303飛行隊 1998年戦競
イーグルドライバーパッチのデザインを流用して、中央にはドラゴンの横顔が描かれた'98年戦競バージョンパッチ。

第303飛行隊 1998年戦競
このパッチも'98年戦競で、有名なアメリカ海軍の飛行隊パッチ、スカル&クロスボーンをイメージしたデザインの戦競パッチ。

第303飛行隊 1996年戦競
F-15から発射されたミサイルが、赤い星を貫くデザインの第303飛行隊の'96年戦競パッチ。上部リボンのカラーは、F-15のフィンチップと同色。

第303飛行隊 1998年戦競
ヌンチャクを持ったブルース・リー?に睨まれて驚くコブラ(飛行教導隊)と、金色に輝くドラゴンが描かれた、'98年戦競パッチ。

第303飛行隊 1999年戦競
ボクシングのグローブをはめたガイコツ(飛行教導隊)に噛みつくドラゴンが面白い、'99年戦競パッチ(良く見るとガイコツの口からコブラが飛び出している)。

第303飛行隊 2000年戦競
直前でキャンセルとなった'00年戦競。競技は行われなかったが、各飛行隊ではパッチが製作された。このパッチは幻となった第303飛行隊の'00年戦競パッチ。

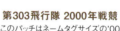

第303飛行隊 2000年戦競
このパッチはネームタグサイズの'00年戦競サブパッチ。中央には「TAC MEET 2000」の文字が描かれた。

第303飛行隊 2001年戦競
'01年戦競のサブパッチで、1999年と2000年戦競に続いてネームタグサイズだが、年号は中央に大きく描かれた。

第303飛行隊 2001年戦競
ミレニアムと称された2000年戦競は直前にキャンセルされたが、2001年は計画通りに実施され、パッチには2000年に続く、という文字が描かれた。

第303飛行隊 2002年戦競
制式な飛行隊パッチのデザインを流用した'02年戦競パッチで、下部の文字は第6航空団の第306飛行隊も応援する、という意味が含まれている。

第303飛行隊 2003年戦競
獲物を狙う大きな目?をイメージしたデザインで、勝利を掴む意味の文字が描かれた、第303飛行隊の'03年戦競パッチ。

第303飛行隊 2004年戦競

映画のタイトルをもじった「THE LORD OF THE WINGS」の文字と、怖いドラゴンを描いた、第303飛行隊の'04年戦競パッチ。

第303飛行隊 2009年戦競

中央には龍、左側には第303飛行隊のF-15J、右側には飛行教導隊のF-15DJを配置した、第303飛行隊の'09年戦競パッチ。

第303飛行隊 2004年戦競

伝統的なサブパッチを流用した'04年戦競パッチで、上部のリボンはF-15のフィンチップと同色となっている。

第303飛行隊 2006年戦競

F-15の平面形をデザインした、第303飛行隊の'06年戦競パッチには、飛行隊名とニックネームのほか「TAC MEET '06」の文字が入れられた。

第303飛行隊 2007年戦競

戦競塗装では珍しく、垂直尾翼全面をチェッカーで塗って参加した第303飛行隊の戦競パッチもチェッカーで、中央はドラゴン。

第303飛行隊 2010年戦競

'10年戦競はF-15飛行隊とF-2飛行隊がコンビを組んで競技を行ったため、パッチは非常に多い。このパッチは第303飛行隊が製作したが、下部には「3SQ」の文字が入れられた。

第303飛行隊 創設20周年記念

3番目のF-4飛行隊として誕生し、創設20周年を記念して製作されたパッチで、F-4とF-15がデザインされている。

第303飛行隊 F-15改編10周年記念

1996年には飛行隊創設20周年、翌年の1997年にはF-15に改編して10周年を迎えた第303飛行隊の10周年記念パッチ。

第303飛行隊 創設40周年記念

飛行隊創設40周年記念パッチにも、F-4とF-15のペアが描かれた。カラーはグレイを基調としたロービジで、フルカラーは存在していない。

グレイのデジタル(ピクセル)迷彩の第303飛行隊空自創設60周年記念塗装機

第304飛行隊 F-15

F-4を装備していた第304飛行隊は、第303飛行隊などと同様に近代化改修が施されたF-4EJ改を受領することなく、1990年にF-15飛行隊となった。2010年代に入ると南西諸島防衛力強化に伴い、第304飛行隊は築城基地から那覇基地に移動している。

第304飛行隊

現在使用されている第304飛行隊のパッチ。全体にトーンダウンされ、文字などは非常に分かりにくいカラーに変更された。

第304飛行隊

F-4からF-15に機種改編すると主役はイーグルとなった。このパッチは築城基地時代でフルカラーからグレイバージョンに変更された(下部の文字は「TSUIKI A.B.」)。

第304飛行隊

F-4時代から使用されているサブパッチで、部隊マークと「304」の文字を組み合わせた40mm×80mmと非常に小さなパッチ。

第304飛行隊 EAGLE DRIVER

第304飛行隊のイーグルドライバーのオリジナルパッチで、文字は「304SQ EAGLE DRIVER」。

第304飛行隊 天狗道

現在使用されているサブパッチは天狗が持っている団扇で、「304 FS」の文字の下部にはパイロットのTACネームが入れられる。

025

第304飛行隊 1994年戦競
このパッチはカラス天狗パッチで、60mm×100mmと小さい。パッチには「天狗」の文字が描かれている。

第304飛行隊 1995年戦競
前年に続いて、カラス天狗の小さなサブパッチが採用され、文字は「Super天狗」となった。

第304飛行隊 1994年戦競
第304飛行隊の'94年戦競パッチは、コブラ(飛行教導隊)を捕まえたイーグルで、左上には「TAC MEET '94」の文字が入れられた。

第304飛行隊 1995年戦競
第304飛行隊の'95年戦競パッチは、バルカン砲を構える天狗で、バックにはF-86F時代(第10飛行隊)の飛行隊マークが復活した。

第304飛行隊 1998年戦競
第304飛行隊は、'98年戦競でも第8航空団を意味するライトニングとF-15のシルエットを描いたパッチを製作。

第304飛行隊 1998年戦競
このパッチも'98年戦競で、ネームタグサイズと小さい。パッチには、4機のF-15Jと対抗飛行隊となる飛行教導隊のF-15DJが描かれた。

第304飛行隊 1996年戦競
カラス天狗が、コブラ(飛行教導隊)をくわえたデザインの第304飛行隊'96年戦競パッチ。バックには勝利を信じて「V」が描かれた。

第304飛行隊 1997年戦競
飛行教導隊のコブラと、第8航空団を意味するライトニングを描いた、第304飛行隊の'97年戦競パッチ。

第304飛行隊 1999年戦競
第304飛行隊が'99年戦競で優勝すると、戦競パッチの中に4個のキルマークと「Victory」の文字を描いた、優勝記念パッチを作製した。

第304飛行隊 1999年戦競
このパッチも'99年戦競優勝記念パッチで、イーグルドライバーパッチの文字は「Tac Meet Winner」に変更された。

第304飛行隊 1999年戦競
第8航空団を意味するライトニングと、レーダーモニターをイメージしたデザインの'99年戦競パッチ。レッドとブルーのカラーが存在した。

第304飛行隊 2001年戦競
第304飛行隊の戦競パッチは派手なカラーが多かったが、'01年戦競ではグリーンを基調にしたカラーとなって天狗を描いた珍しい形に。

第304飛行隊 2002年戦競
'02年戦競パッチもブラックとグリーンのロービジで、天狗を描いた。この頃から、「TENGU WARRIORS」のニックネームが使用された。

第304飛行隊 2000年戦競
キャンセルとなった'00年戦競に合わせて製作されたパッチは、ブラックとレッドのツートンカラーで、天狗を描いている。

第304飛行隊 2003年戦競
この年は原色が復活。部隊マークになっている天狗と2機で飛ぶF-15が描かれ、下部には戦競の文字が入れられた。

築城基地時代、第304飛行隊の'09戦競塗装機。

那覇基地に移動後、飛行隊マークがロービジになった第304飛行隊のF-15J。

第304飛行隊 2004年戦競
大きな団扇を持った天狗を描いた第304飛行隊の'04年戦競パッチ。カラーは再びブラックとグリーンのロービジとなった。

第304飛行隊 2006年戦競
垂直尾翼にグレイで大きな天狗を描いた'06年戦競では、パッチは黒と赤を基調にしたトーンダウンしたカラーとなった。

第304飛行隊 2007年戦競
この年から戦競パッチに「天狗道」のニックネームが採用され、金色で天狗の横顔を描いた。優勝すると下部の文字は「戦競優勝」の文字が描かれ、派手なカラーに変更された。

第304飛行隊 2009年戦競
イーグルドライバーパッチのイーグルヘッドは睨みを効かせた天狗に変身、文字も「304TFS ACM MEET 2009」となった戦競バージョン。

第304飛行隊 2010年戦競
この年の戦競はF-15飛行隊とF-2飛行隊がコンビを組んで競技を実施、このパッチは優勝記念で、文字の中には一緒に戦ったF-2の文字も入れられた。

第304飛行隊 2010年戦競
このパッチも'10年戦競で、F-15とF-2のイラストのほかF-2をエスコートするという意味の文字も描かれた。

第304飛行隊 2013年戦競
天狗の横顔と旭日に加え「天狗道」の文字を描いた、第304飛行隊の'13年戦競パッチ。フルカラーとロービジが存在した。

第304飛行隊 TENGU WARRIORS
2002年頃から使用が始まった「TENGU WARRIORS」のニックネーム。天狗が左向きのパッチも存在した。

第304飛行隊 HOT SCRAMBLE
2010年7月5日に第304飛行隊が304回目のスクランブル達成記念パッチで、ツポレフTu-95ベアをインターセプトした。

第304飛行隊 創設20周年記念
第304飛行隊は1997年に飛行隊創設20周年を迎え、F-4とF-15がコラボした記念パッチを製作。バックには第8航空団を意味するマークも入れられた。

第304飛行隊 航空自衛隊 創設50周年記念
空自50周年では築城基地の第304飛行隊（F-15）と、第6飛行隊（F-1）の機体に共通のスペシャルマーキングが施され、パッチも製作された。

第304飛行隊 創設30周年記念
ブルーのバックに銀色で天狗の横顔と文字を描いたシンプルなデザインとなった、第304飛行隊の創設30周年記念パッチ。

第304飛行隊 SAYONARA TSUIKI
飛行隊創設以来、築城基地をホームベースしていた第304飛行隊が、那覇基地に移動することになり記念パッチが製作された。

第304飛行隊 築城ファイナル
2015年の築城基地航空祭で展示されたF-15に描かれたパッチ。文字はスペイン語で、「さよなら英彦山、またいつか」と描かれている。

第304飛行隊 創設35周年記念
第304飛行隊は珍しく創設35周年で記念パッチを製作した。中央には天狗が持っている団扇、周囲には記念文字のみが描かれた。

第304飛行隊 創設40周年記念
飛行隊オリジナルパッチのデザインをベースに「40」と「1977-2017」の文字に加え、下部には「TSUIKI-NAHA」の文字に変えた記念パッチ。

第304飛行隊 FINAL YEAR 2016
沖縄の那覇基地に移動が決まり、2016年が築城基地で最後の年となった第304飛行隊のさよならパッチ。

第304飛行隊 創設40周年記念
イーグルドライバーパッチのイーグルが天狗に変身した、第304飛行隊の創設40周年記念パッチで、記念文字が描かれた。

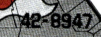

第304飛行隊 創設40周年記念
記念塗装機の垂直尾翼には、左右が異なるマーキングが施された。このパッチは塗装機の垂直尾翼のマーキングを再現している。

第304飛行隊 創設40周年記念
このパッチは、主翼上面に天狗をデカデカと描いた記念塗装機のF-15のイラストを描いた、第304飛行隊創設40周年記念パッチ。

第304飛行隊 創設40周年記念
第304飛行隊の創設40周年記念パッチは、非常に多くのデザインが存在したが、このパッチは飛行隊の制式なデザインで、大きな「40」の文字と天狗が描かれている。

第304飛行隊の創設30周年記念塗装機。

第305飛行隊 F-15

5番目のF-4EJ飛行隊として編成された第305飛行隊は、F-4EJ改を受領することなく1993年8月3日にF-15飛行隊となった。飛行隊創設当時から茨城県の百里基地をホームベースにしていたが、2016年8月には宮崎県の新田原基地に移動している。

通称「梅組」と呼ばれる第305飛行隊のF-15DJ。

第305飛行隊
飛行隊パッチから原色が消えると、各飛行隊ともグレイを基調としたカラーリングに変更された。左は白の部分をライトグレイに変更した暫定的なカラーリング。

第305飛行隊 EAGLE DRIVER
F-15パイロットが使用しているイーグルドライバーパッチも、制式なパッチと同様に段階的にトーンダウンされた（イーグルが右向きのパッチは珍しい）。

第305飛行隊 垂直尾翼
1996年頃に製作されたT-4とF-15の垂直尾翼パッチ。F-15はこの年の戦競参加機のマーキングで、ブルーのシェブロンは隊長機を意味する。

第305飛行隊 武蔵
F-4EJ時代の戦競パッチのデザインをアレンジしたサブパッチで、F-4時代の二刀流はイーグルに変更され「武蔵」の文字の位置も変わった。

第305飛行隊 1996年戦競
F-15を受領して初めての戦競参加となった'96年戦競パッチは、飛行隊マークと「武蔵」の文字を組み合わせたデザイン。

第305飛行隊 1997年戦競
F-4EJ時代から受け継いだ「武蔵」の文字が描かれた、'97年戦競パッチには二刀流が復活し、ガイコツも描かれた。

第305飛行隊 1997年戦競
このパッチも'97年戦競で、オリジナルのデザインの飛行隊パッチ周辺には、戦競の文字などが追加されている。

第305飛行隊 1998年戦競
このパッチも'98年戦競で、トーンダウンした飛行隊パッチの中に「誠実」の文字が描かれた。このほか「強」「速」「美」の文字のパッチが存在した。

第305飛行隊 1998年戦競
原色が消えた'98年戦競パッチには、二刀流が貫通したガイコツ（飛行教導隊）が描かれ、「武蔵」の文字は消えた。

第305飛行隊 2000年戦競
2000年は戦競直前に塗装やパッチなどは完成したものの、事故などの影響で直前にキャンセルとなった。

第305飛行隊 2000年戦競
このパッチも'00年戦競で、イーグル(F-15)に乗る武蔵が二刀流を振り回しているデザイン。

第305飛行隊 2000年戦競
同じく'00年戦競パッチで、二刀流を振り回す武蔵が飛行教導隊を意味するガイコツを攻撃している制式なデザイン。

029

第305飛行隊 2001年戦競優勝
'01年戦競優勝記念パッチには、オリジナルのイーグルドライバーパッチが「'01 Tac Meet Winner」の文字となった。

第305飛行隊 2001年戦競
'01年戦競の制式なパッチで、前年の戦競が直前にキャンセルされたため、下部には戦競に臨む意気込みが描かれた。

第305飛行隊 2002年戦競
F-15の機首に描かれた「強」「速」「美」「誠実」のモットーが描かれた、'02年戦競パッチにも二刀流が入れられている。

第305飛行隊 2002年戦競優勝
'01年戦競に続いて優勝した第305飛行隊は、この年もイーグルドライバーパッチの中に記念文字を描いた、優勝記念パッチを作製した。

第305飛行隊 2003年戦競
見事3連覇を達成した第305飛行隊は、この年もイーグルドライバーのデザインを使用して、優勝記念パッチを作製した。

第305飛行隊 2006年戦競
毎年武蔵をデザインしてきた第305飛行隊は、この年不気味な仁王様に変更、文字は全て日本語標記となった。

第305飛行隊 2003年戦競
二刀流の武蔵をシルエットでデザインした'03年戦競パッチには、久々に「梅組」の文字が復活している。

第305飛行隊 COPE THUNDER 04-1
第305飛行隊がアラスカで実施されたコープサンダー演習に参加した記念パッチで、アラスカの山岳地帯上空を飛行するF-15がデザインされた。

第305飛行隊 2009年戦競
この年の戦競では「強・速・誠実」のモットーが復活、飛行隊マークと共に勇ましい仁王様も描かれた。

第305飛行隊 2007年戦競
有名な浮世絵を採り入れた、第305飛行隊の'07年戦競パッチ。前年まで「梅組」が描かれていたが、この年は「武蔵」の文字が復活。

第305飛行隊 創設20周年記念
イーグルの横顔とスプークがデザインされた、創設20周年記念パッチ。文字の標記違いなど、数種類が存在した。

第305飛行隊 創設30周年記念
このパッチも創設30周年記念で、編隊で飛ぶF-4とF-15に加え水戸の偕楽園の梅もデザインされている

第305飛行隊 創設40周年記念
創設40周年記念塗装機の垂直尾翼に描かれたマーキングを使用した飛行隊創設記念パッチ。

第305飛行隊 創設30周年記念
フルアフターバーナーのF-15に乗るスプークが描かれた、創設30周年記念パッチには金色で「30」の文字が大きく描かれた。

第305飛行隊 創設40周年記念
このパッチは飛行隊の制式な記念パッチ。スペシャルマーキングをイメージしたデザインで、長方形が珍しい。刺繍製とラバー（ゴム）製が存在した。

第306飛行隊 F-15

最後のF-4EJ飛行隊となった第306飛行隊は、最初にF-4EJ改に改編した飛行隊となった。しかし、第303飛行隊や第305飛行隊などと同様に、1996年にF-15Jを受領すると、今まで使用していた機体（F-4EJ改）と人員などはそのまま三沢基地に移動して、第8飛行隊がF-1からF-4EJ改飛行隊となった。

飛行隊マークで「806」号機をシールで「306」号機に変えた？第306飛行隊のF-15J。

第306飛行隊
F-15を受領するとパッチに描かれていたF-4はF-15に変更され、下部の文字も飛行隊のニックネームの「GOLDEN EAGLES」となった。

第306飛行隊
パイロットが肩に付けているサブパッチで、部隊マークとなっている犬鷲がデザインされ、上部には「306TFS」の文字が入っている。

第306飛行隊
このパッチもパイロット用のサブパッチで、F-4時代からF-15の初期の頃まで使用されたフルカラー。

第306飛行隊 GOLDEN EAGLES
このパッチはF-15パイロット共通のサブパッチのイーグルドライバーで、カラーは第306飛行隊が独自でアレンジした。

第306飛行隊 COPE NORTH GUAM 2000
第306飛行隊が初めてコープノースグアム演習に参加した時に製作されたパッチで、左が制式なデザイン、右のパッチには日本とグアムの地図が入れられている。

第306飛行隊 1998年戦競
千歳基地で行われた'98年戦競に参加した第306飛行隊のパッチには、中央に大きくF-15イーグルのシルエットが描かれた。

第306飛行隊 1999年戦競
第306飛行隊は、'99年戦競では金色のイーグルヘッド（ゴールデンイーグル）をモチーフにした2種類の戦競パッチを作製。

第306飛行隊 1999年戦競
3個のガイコツ（飛行教導隊）をAIM-9サイドワインダーがぶち抜いたデザインの第306飛行隊'99年戦競パッチ。

第306飛行隊 2000年戦競
'00年戦競では、前年と同様に4個のガイコツ（飛行教導隊）をサイドワインダーでぶち抜くデザインが採用された。

第306飛行隊 2001年戦競
2001年は第306飛行隊が創設されて20年目で、派手な戦競マーキングの中に飛行隊創設20周年記念文字が入れられている。

第306飛行隊 2001年戦競
このパッチも'01年戦競で、白山をバックにミサイルを抱えた弁慶がデザインされ、文字はすべて日本語標記となった。

第306飛行隊 2001年戦競
'02年戦競パッチはリアルになった弁慶がデザインされ、バックには北陸地方で頻繁に発生する雷が描かれた。

第306飛行隊 2004年戦競
ロックオンされた国籍不明機とライトニングがデザインされた、第306飛行隊の'04年戦競パッチには、「BORN TO KILL」の文字も。

第306飛行隊 2003年戦競
獲物に襲い掛かるイーグルのシルエットと、金文字で飛行隊のニックネームを描いた第306飛行隊の'03年戦競パッチ。

第306飛行隊 2009年戦競
2009年戦競の文字と飛行隊名などが入れられた、非常にシンプルなデザインとなった、第306飛行隊の'09年戦競パッチ。

第306飛行隊 2007年戦競
'07年戦競では、黒のバックにリアルなイーグルヘッドとライトニングを配置し、強いイーグルを強調する「闘鷲」の文字を描いたパッチを製作した。

第306飛行隊 2009年戦競
このパッチも'09年戦競で、F-15の垂直尾翼に描かれた炎のマーキングをイメージしたデザインで、珍しい六角形をしている。

第306飛行隊 2010年戦競
第8飛行隊とコンビで'10年戦競に臨んだ第306飛行隊。このパッチのデザインは第8飛行隊と共通で、下部の文字は「GOLDEN EAGLES」。

第306飛行隊 創設20周年記念
2001年に飛行隊創設20周年を迎えた第306飛行隊の記念パッチは、F-15を操るイーグルのイラスト。

第306飛行隊 創設30周年記念
記念パッチは、原色を使用した派手なデザインが多いが、第306飛行隊の創設30周年記念パッチは黒とグレイのみ（原色のパッチは存在しない）。

第306飛行隊 創設35周年記念
第306飛行隊は珍しく創設35周年でも記念パッチを製作。パッチにはスプークとイーグルヘッドが描かれた。

第306飛行隊 創設40周年記念
このパッチも飛行隊創設40周年記念のデザイン。日の丸をイメージしたデザイン。中央にはイーグルヘッドが配置された。

第306飛行隊 創設40周年記念
雪を被った白山と、中央には大きな「40」の記念文字が描かれた、第306飛行隊の創設40周年記念パッチ。

第306飛行隊の部隊マークは「イヌワシ」がモチーフ。

第306飛行隊 創設40周年記念
スペシャルマーキングの垂直尾翼をモチーフにした、飛行隊創設40周年記念パッチは、ネームタグサイズ。

飛行教導群 教導隊 F-15

戦技向上や研究を専門に行うため、1981年12月15日に「飛行教導隊」が築城基地で編成された。当時の装備機はT-2で、1983年3月15日に新田原基地に移動、1990年からはF-15DJを受領した。2014年8月1日には「飛行教導群 教導隊」と改称、2016年6月10日には小松基地に移動している。

飛行教導隊
教導隊の部隊マークは「狙った獲物は逃さない」という意味が込められたコブラで、このデザインはサブパッチに使用された（下の部分には、パイロットのTACネームが入る）。

飛行教導隊
教導隊のパッチは、ずばりドクロ（ガイコツ）で文字などは一切、描かれていないのが特徴。当初のバックは日の丸をイメージした赤だったが、現在はトーンダウンされた。

飛行教導隊
F-15DJが導入されると、他の機体と区別するため識別塗装と呼ばれる迷彩塗装が導入された。当時は全ての機体のパッチが存在した。

飛行教導隊
このパッチも当時保有していた塗装別の機体パッチで、全ての機体のパッチが存在した（このパッチはAGGRESSORの文字とシリアルナンバー入り）。

飛行教導隊 フランカー
赤い星を付けた機体に対し、「こっちの空域に入ってくるな」と警告しているパッチには、Su-27フランカーが描かれている。

「識別塗装」と呼ばれる独特の塗装が施された教導隊のF-15DJ。

飛行教導隊 ファースト"J"
2000年に初めて単座型のF-15Jが配備された時に製作されたパッチで、「First "J"」の文字のほか丁寧にシリアルナンバーなども入れられた。

飛行教導隊 AGGRESSOR
トーンダウンしたガイコツが不気味なパッチで、右目から獲物をロックオンしている様子がまた不気味だ。

飛行教導隊 SIMULATOR
飛行隊創設当時のT-2時代は、MiG-21をシミュレートしていたため、このパッチには三菱T-2とMiG-21のシルエットが描かれている。

飛行教導隊
黒のバックに、黄色で縁どられた赤い星と2本の刀を描いた、凄みのあるカラーのサブパッチで、新田原基地時代に使用された。

飛行教導隊 キルマーク
アメリカ海軍のアグレッサー飛行隊パッチを彷彿とさせるデザインのサブパッチには、日の丸と赤い星がデザインされた。

飛行教導隊 AGGRESSOR
教導隊を意味する赤い星と、獰猛なコブラを描き「AGGRESSOR」の文字が描かれた、飛行教導隊のサブパッチ。

飛行教導隊 TAC KILLER AGGRESSORS
戦闘機飛行隊の対抗飛行隊となる、飛行教導隊。AAM-3を持つ不気味なガイコツが教導隊の強さを強調している。

飛行教導隊 AGGRESSOR
このパッチが製作された正確な時期は不明だが、当時装備していた機体のパッチが製作され、機体毎にカラーが異ったパッチが存在した。

飛行教導隊 創設20周年記念
飛行教導隊の創設20周年記念パッチには、それぞれ識別塗装が異なる2機のF-15DJが配置された(複数のバリエーションが存在した)。

飛行教導隊 TFTG
「TFTG」は当時の飛行教導隊の呼称で、戦術戦闘訓練飛行隊(Tactical Fighter Training Group)を意味する。

飛行教導隊 創設20周年記念
このパッチは創設20周年記念で、垂直尾翼に描かれているコブラと、記念文字が描かれている。

敵機役を演じる「アグレッサー」のF-15DJには、さまざまな識別塗装がある。

飛行教導隊 創設25周年記念
このパッチは飛行隊創設25周年記念で、当時装備していた全ての機体のバリエーションが存在した。

飛行教導隊 創設25周年記念
このパッチも飛行隊創設25周年記念で、T-2とF-15DJが描かれた四角形の珍しいパッチ。

飛行教導隊 新田原基地開設50周年記念
このパッチは制式な飛行教導隊関連ではないが、F-15DJの垂直尾翼に新田原基地開設50周年の文字が描かれている。

飛行教導隊 創設25周年記念
このパッチは飛行隊の制式なデザインで、左右にガイコツの顔を配置し、中央には赤い星とイーグルを描いた四角形のパッチ。

飛行教導隊 創設30周年記念
パイロットが使用しているコブラのサブパッチの中に、30周年記念の金文字を描いた記念パッチ。

飛行教導隊 創設30周年記念
このパッチも創設30周年記念で、20周年記念パッチのデザインを流用しているが、形状や文字などは若干異なる。

教導隊 小松基地移動記念
2016年に新田原基地から小松基地に移動した時の記念パッチは、ガイコツと記念の文字。

飛行教導隊 創設30周年記念
この創設30周年記念パッチには、T-2とF-15DJのほか、飛行隊マークのガイコツと部隊マークのコブラが描かれ、数種類の色違いが存在した。

教導隊 サヨナラ新田原
2016年に住み慣れた新田原基地から小松基地に移動した教導隊の記念パッチで、上部には「Bye NYUTA...」の文字が描かれた。

教導隊 創設40周年記念
このパッチは飛行隊創設記念シリーズで、書体などの細部が若干異なっている。

教導隊 創設40周年記念
このパッチはコブラのサブパッチで、飛行隊創設40周年の記念文字が金色で追加された。

教導隊 創設30周年記念
バックを赤から黒に変えた教導隊創設30周年記念パッチには、金色の記念文字が追加された。

教導隊 創設40周年記念
創設40周年では複数のパッチが製作されたが、制式なパッチはバックの色を変えたこのパッチで、記念文字などは一切無し。良く見るとエンジの部分は蛇の皮のような模様になっている。

Mitsubishi F-2A/B

第3飛行隊 F-2

　航空自衛隊の中では最古の飛行隊となる第3飛行隊は、2001年3月に最初のF-2飛行隊として生まれ変わった。長い間三沢基地で活動していたが、2020年には百里基地に移動して第7航空団に編入された。

アンダーセン空軍基地で撮影された第3飛行隊のF-2A。

第3飛行隊
第3飛行隊は創設された当時から兜をモチーフにしたデザインのパッチを使用している珍しい飛行隊のひとつ。

第3飛行隊
このパッチはF-2に改編後にパイロットが肩に付けているサブパッチで、伝統的に武者の横顔が描かれている。下部の余白部分にTACネームが入る。

F-2飛行隊準備班
F-2を受け入れるため編成された F-2飛行隊準備室時代は、複数のパッチが製作された。これらのパッチの多くには「VIPER ZERO」の文字が描かれた。

第3飛行隊 KILL and SURVIVE
このパッチはF-2導入時のパッチで、バイパー(蛇)と爆装したF-2が描かれた(同様に、複数のデザインが存在した)。

第3飛行隊 2009年戦競
F-2に機種改編して初めての戦競参加となった、'09年戦競パッチ。馬に跨る武者がシルエットで描かれた。

第3飛行隊 2010年戦競
F-2飛行隊とF-15飛行隊がコンビを組んだ'10年戦競。第3飛行隊は第201飛行隊と第303飛行隊バージョンのパッチを製作した。

第3飛行隊 2010年戦競
このパッチは第3飛行隊が独自で製作した'10年戦競のデザインで、下部には「SAMURAI SQUADRON」の文字が描かれた。

第3飛行隊 2010年戦競
2010年戦競では派手なマーキングが少なかったが、第3飛行隊は垂直尾翼に武者の横顔をデカデカと描いた。このパッチの赤目の武者は、隊長機。

第3飛行隊 2010年戦競
このパッチは第3飛行隊とコンビを組んだ第303飛行隊のパッチで、炎をイメージして武者とドラゴンが描かれた。

第3飛行隊 2013年戦競
最後の戦競となった'13年戦競では、F-2の垂直尾翼に大きな「3」を描いて参加。パッチも垂直尾翼と同じデザイン。

第3飛行隊 LAST SAMURAI MISAWA
住み慣れた三沢基地から百里基地に移動した時の記念パッチには、「LAST SAMURAI in MISAWA」の文字が入れられた。

第3飛行隊 2010年戦競
このパッチも'10年戦競で使用されたデザインで、コンビを組んだ第203飛行隊のヒグマが描かれている。

第3飛行隊 百里基地移動1周年記念
飛行隊名の「3」をデザインした百里基地移動1周年記念パッチは珍しい形で、パッチの中には武者の横顔が隠れている。

第3飛行隊 創設60周年記念
第3飛行隊の創設60周年記念パッチは非常に細かいデザインで、刀を構える武者が描かれている。2種類のカラーが存在した。

第6飛行隊 F-2

F-86F飛行隊として編成された第6飛行隊はF-1に改編し、2006年3月9日にF-1からF-2Aに機種改編した。同飛行隊は創設直後の1964年に新田原基地から築城基地に移動し、F-86F～F-1～F-2Aに改編した現在も築城基地をホームベースにしている。

第6飛行隊
第6飛行隊は、F-1からF-2Aに機種改編しても原色の部隊マークを使用。その後、基本的にパッチのデザインはそのまま、他の飛行隊と同様にグレイのロービジカラーとなった。

第6飛行隊
現在、飛行隊で使用されている、飛行隊のサブパッチ。白縁はパイロット用、黄色縁は整備員用、黒縁は救装や総括などの隊員用。

第6飛行隊 天ヶ森射爆場初訓練
F-2に改編して2006年4月13日から27日まで、初めて天ヶ森射爆場（DRAUGHON RANGE）を使用して訓練を行った記念パッチ。

第6飛行隊 第六戦術戦闘飛行隊
これは、制式な飛行隊パッチのデザインとファルコンヘッド、旭日を組み合わせた派手なサブパッチで、飛行隊名は日本語標記。

第6飛行隊 F-2B初号機受領
2004年8月3日、第6飛行隊に初めて配備されたF-2Bの受領記念パッチには、日付けとF-2Bのシリアルナンバーも入っている。

第6飛行隊 CNG 10-1
2010年のCNG10-1パッチは、爆弾を担ぎながら波乗りを楽しむファルコン。ボードには飛行隊のモットー「見敵必殺」の文字が見える。

第6飛行隊 COPE NORTH GUAM 2009
第6飛行隊のF-2Aが初めてコープノースグアム（CNG）演習に参加した時に製作されたパッチで、爆弾を投下するF-2Aが描かれている。

築城基地を離陸する第6飛行隊のF-2A。

第6飛行隊 第8航空団洋上爆撃隊
第6飛行隊はこの年からコープノースグアム演習参加記念にファルコン（隼）をモチーフにした記念パッチを製作。この年のパッチは爆弾を担ぐファルコン。

第6飛行隊 CNG-12
洋上迷彩が施された、不気味なガイコツのサブパッチが描かれたCNG-12のパッチ。頭の部隊マークがワンポイント。

第6飛行隊（第八航空団F-2戦訓隊）
爆弾に乗ってパラセーリングを楽しむファルコンがモチーフとなった、CNG 14-1（第八航空団F-2戦訓隊）のパッチ。

第6飛行隊 F-2訓練隊
ファイティングポーズを取るカンガルー（オーストラリア）を横目に、昼寝を楽しむファルコンが描かれた、CNG12-1のパッチ。

第6飛行隊（第八航空団F-2戦訓隊）
毎回、グアムでバカンスを楽しんでいる、第6飛行隊のファルコン。このCNG 2015パッチの標記は、前年と同様に日本語。

037

第6飛行隊 2009年戦競
F-2Aに機種改編して初めての戦競となった'09年戦競。パッチは鎌を持った死神と、血を流すコブラ(飛行教導隊)。

第6飛行隊 2010年戦競
第6飛行隊の戦競パッチは、F-1の後半から死神が主役となった。この'10年戦競パッチには、デカイ鎌を持つ死神が描かれている。

第6飛行隊 2010年戦競
基本的なデザインは左下と共通となった'10年戦競パッチで、形は円形に変更され上下にリボンが追加された。

第6飛行隊 2013年戦競
最後の戦競となった'13年戦競パッチは、黒ヒゲゲームをイメージしたデザインで、中央には「BooooM!!!」の文字が描かれているが、優勝すると「Victory!!!」の文字に変更された。

第6飛行隊 2010年戦競
アメリカ海軍の有名な飛行隊パッチに似た、第6飛行隊の'10年戦競パッチ。死神とクロスボーンがデザインされている。

第6飛行隊 F-2受領10周年記念
リアルなファルコン(隼)とF-2のバックには旭日が描かれた、派手なF-2受領10周年記念パッチで、左側には記念文字が入れられている。

第6飛行隊 創設50周年記念
このパッチは飛行隊の制式なデザインの創設50周年記念で、シルバーの羽根のファルコンはF-86F、グリーンの羽根のファルコンはF-1、ブルーの羽根のファルコンはF-2を意味する。

第6飛行隊 創設50周年記念
飛行隊創設50周年記念パッチは、ブルーを基調にしたカラーはF-2、グリーンを基調にしたカラーはF-1を意味する(このほか、F-86Fを意味するシルバーが存在した)。

第6飛行隊 創設50周年記念
このパッチも飛行隊創設50周年記念で、たびたび戦競に登場する死神が描かれた、不気味なデザインが印象的だ。

第6飛行隊 創設60周年記念
創設60周年ではド派手な記念塗装機が登場したが、パッチは飛行隊が創設された直後のデザインを復活。記念文字などは一切なしで、フルカラーとグレイバージョンが製作された。

第8飛行隊 F-2

第8飛行隊は、2009年3月26日に2番目のF-2飛行隊となった。同飛行隊は1997年から三沢基地をホームベースにしていたが、2016年に築城基地の第304飛行隊が那覇基地に移動すると同時に、第8飛行隊は築城基地に移動、第8航空団に編入された。

第8飛行隊
F-86F時代からパッチのデザインを継承している第8飛行隊は、航跡で「8」を描く機体はF-2となった。現在はグレイとなったが、中央のパッチは一時的に使用されたブルーバージョン。

第8飛行隊
現在使用されているサブパッチのデザインは、獰猛なパンサーが使用されている。左は三沢時代後期のカラーで、下部のリボンの中にはTACネームが入る。

第8飛行隊 運用準備完了
第8航空団の検査隊が製作したパッチで、F-2Aの運用や検査体制が確立したことを記念したパッチ。

第8飛行隊 北部警戒
三沢基地時代に製作されたパッチで、対領空侵犯措置任務に就いた記念。日本地図とF-2Aがデザインされている。

第8飛行隊 2010年戦競
第8飛行隊のF-2Aが初めて戦競に参加した'10年戦競パッチには、パンサーとF-2に加え「初陣」の文字が描かれた。

第8飛行隊 2010年戦競
2010年に実施された戦競はF-15飛行隊とF-2飛行隊がコンビを組んだ競技で、パッチには第203飛行隊を意味するイーグルが描かれた。

第8飛行隊 2010年戦競
このパッチも第8飛行隊が製作した'10年戦競で、チームを組んだ第203飛行隊のF-15も描かれている。

第8飛行隊 2013年戦競
'13年戦競のパッチには、パンサーと飛行隊名の「8」がデザインされた。「TACMEET」は戦競を意味する。

第8飛行隊 2013年戦競
このパッチも'13年戦競に参加した第8飛行隊で、前脚カバーに描かれたマークをパッチ化した。

第8飛行隊 2010年戦競
'10年戦競で使用されたサブパッチで、カラーはF-2をイメージしたブルーに変更され、金色の「2010」の文字が入れられた。

第8飛行隊 第8航空団編入記念
第8飛行隊が三沢基地の第3航空団から、築城基地の第8航空団に編入された記念パッチには、「8」の文字が強調された。

第8飛行隊 築城基地移動記念
第8飛行隊が、2016年に三沢基地から築城基地に移動した時の記念パッチ。オリジナル飛行隊パッチの周囲には移動した記念文字が描かれた。

三沢基地から築城基地に移動した第8飛行隊のF-2A。

第8飛行隊 サヨナラ三沢
三沢基地のRW28から築城基地に向けて飛び立つF-2がデザインされた記念パッチ、ランウェイにはパンサーの足跡が残っている。

第8飛行隊 創設50周年記念
記念塗装機の垂直尾翼に描かれたマーキングと同じデザインをモチーフにした、第8飛行隊創設50周年記念パッチ。

第8飛行隊 創設50周年記念
このパッチも創設50周年記念で、部隊マークが異なるF-86F時代、F-1時代などの垂直尾翼がデザインされている。

第8飛行隊 創設50周年記念
制式な飛行隊パッチのデザインを使用して、歴代の機体のシルエットと記念文字が描かれた、制式な記念パッチ。

第8飛行隊 創設50周年記念
迷彩効果を上手く生かしたカラーリングを使用した、記念塗装機の垂直尾翼をモチーフにした飛行隊創設50周年記念パッチ。

第8飛行隊 創設60周年記念
創設60周年に合わせて製作されたサブパッチには、飛行隊が創設された「1960」の文字を添えたパンサーが描かれた。

McDonnell Douglas F-4

第301飛行隊 F-4

　第301飛行隊は、1972年8月1日に百里基地で臨時F-4飛行隊として編成された。1973年10月16日には制式に第301飛行隊として誕生、1985年2月27日に新田原基地に移動、2016年10月31日には再び百里基地に戻った。2020年12月10日にはF-4のラストフライトが行われ、第301飛行隊は三沢基地に移動してF-35A飛行隊となった。

初のF-4飛行隊となった第301飛行隊のF-4EJ改。

第301飛行隊
第301飛行隊の歴史は長く、派手なカラーリングの時代から段階的にトーンダウンされ、最終的にはグレイになったため、カラーのバリエーションは非常に多い。

最初のF-4飛行隊として編成された第301飛行隊のパッチは、日の丸とファントムのシルエットが強調されたデザイン。右のパッチは非常に古いもので、時期によって若干カラーは異なった。

第301飛行隊 F-4EJ
第301飛行隊初期のサブパッチは、日の丸をバックにアフターバーナーを使用して飛行するF-4ファントムが描かれたオリジナルデザイン。

第301飛行隊
飛行隊マークのケロヨンサブパッチ。黄色いスカーフに描かれている星の数は航空団を示している。左のパッチは新田原基地の第5航空団時代、下のパッチは2度目の百里基地の第7航空団時代のもの。

第301飛行隊
同じく飛行隊が誕生した当時に使用されていたサブパッチは、アメリカ軍で使用されたものと同じデザインで、国籍標識は日の丸に変更された。

第301飛行隊
F-4EJ改を受領するとF-4の正面形の後ろに「改」の文字を描いたサブパッチが採用された。カラーバリエーションは非常に多く、下部の余白部分にはTACネームが入れられた。

F-4EJ改 FIGHTER WEAPONS
第301飛行隊は、通称「ファイターウエポン」と呼ばれるF-4の戦技課程を実施していた。修了者に与えられるこのパッチは数種類が存在した。右は教官用。

第301飛行隊 RED BUSTER
赤い星(飛行教導隊)を破壊する、という意味のパッチ。戦競用に製作されたのか詳細は不明。

第301飛行隊 1992年戦競
小松基地で行われた'92年戦競では、第301飛行隊は国籍標識からシリアルナンバー、部隊マークまでオーバースプレーして参加。インテイクにはこのパッチが小さく描かれた。

第305飛行隊 1995年戦競
サブパッチとして使用されているパッチの中に「'95 TAC MEET」の文字が描かれた、'95年戦競のサブパッチ。

第301飛行隊 1995年戦競
当時の飛行隊コールサイン「ジェイソン」に因んで、ジェイソンとF-4ファントムが描かれた、第301飛行隊の'95年戦競パッチ。

第301飛行隊は百里基地で編成され、新田原基地に移動後、再び百里基地に戻りF-4の運用を終了した。

第301飛行隊 1995年戦競
このパッチも第301飛行隊の'95年戦競で、イラストなどは一切なく、黒をベースに金色で文字のみが描かれた珍しいパッチ。

第301飛行隊 1996年戦競
1995年に続いて'96年戦競パッチにもジェイソンが描かれ、下部には鎌で叩き付けられた赤い星と赤い飛行機（飛行教導隊）が描かれた。

第301飛行隊 1997年戦競
F-4ファントムとサメが合体した第301飛行隊の'97年戦競パッチには、「FLYING KILLER」の文字が描かれた。

第301飛行隊 1997年戦競
同じく'97年戦競パッチで、可愛いケロヨンが赤い星（飛行教導隊）を踏み潰している。

第301飛行隊 1998年戦競
長野オリンピックが開催された'98年戦競では、スキージャンプをする「日の丸飛行隊」の戦競パッチが登場。

第301飛行隊 1998年戦競
飛行教導隊のF-15DJをロックオンしてミサイルを発射する第301飛行隊のF-4EJ改をモチーフにした、'98年戦競パッチ。

第301飛行隊 1998年戦競
イーグルドライバーパッチに対抗して、'98年戦競で第301飛行隊はケロヨンドライバーパッチで競技に臨んだ。

第301飛行隊 1999年戦競
この年、大ヒットした映画のワンシーンをモチーフにした第301飛行隊の'99年戦競パッチは、ファントムの機首に乗ったケロヨンとスプーク。

第301飛行隊 1999年戦競
このパッチは'99年戦競の優勝記念で、「V」の文字と大きくピースしたスプークが誇らしげにデザインされた。

第301飛行隊 1999年戦競
ガイコツ（飛行教導隊）をAIM-9サイドワインダー空対空ミサイルでぶち抜いた、第301飛行隊の'99年戦競パッチ。

第301飛行隊 2000年戦競
連覇を達成した'00年戦競の優勝記念パッチは、国旗の中に「連覇」などの記念文字が描かれた。

第301飛行隊 2000年戦競
腕を組み、コブラ（飛行教導隊）をくわえた怖いカエルが描かれた、第301飛行隊の'00年戦競パッチ。

第301飛行隊 2002年戦競
第301飛行隊が、'02年戦競で5回目の優勝を果たした記念パッチには、優勝を意味する「V」と第5航空団を意味する「V」が描かれた。

第301飛行隊 2003年戦競
腕を吊り、松葉杖をついて傷ついたスプーク(F-4)を支援する、整備補給群が製作した'03年戦競パッチ。

第301飛行隊 2003年戦競
アイスホッケーのマスクを付けたスプークの横に、弾丸と傷付いたガイコツ（飛行教導隊）が描かれた'03年戦競パッチ。

第301飛行隊 2004年戦競
新田原基地で開催された'04戦競の第301飛行隊パッチは、2機のファントムと、中央には「斬」の文字が描かれた。

第301飛行隊 2003年戦競
「勝負だ!!」と胸を張るカエルの気迫に負けたコブラ（飛行教導隊）が描かれた、第301飛行隊の'03年戦競パッチ。

第301飛行隊 2006年戦競
これも'06年戦競で使用されたデザインで、ドクロ（飛行教導隊）をぶち抜くAAM-3と「WANTED!!」の文字が描かれた。

第301飛行隊 2007年戦競
鋭い目をしたカエルが、AAM-3空対空ミサイルを構える第301飛行隊の'07年戦競パッチ。AAM-3には「2007」の文字が描かれた。

第301飛行隊 2006年戦競
ボクサーに扮したカエルがコブラ（飛行教導隊）に強烈なパンチを見舞うシーンを描いた、第301飛行隊の'06年戦競パッチ。

第301飛行隊 2010年戦競
第6飛行隊のF-2とコンビを組んで臨んだ'10年戦競のパッチは2枚でひと組。右のパッチの中には第6飛行隊の飛行隊マークが隠れている。

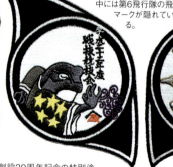

第301飛行隊 2007年戦競
首に第5航空団を意味するスカーフを巻いたカエルが描かれた第301飛行隊の'07年戦競パッチには、「磨己成和」の文字も描かれた。

第301飛行隊 2009年戦競
でっかいカエルの上に乗ったスプークが描かれた第301飛行隊の'09年戦競パッチには、「蛙一人旅」の文字も。

創設20周年記念の特別塗装を施された第301飛行隊F-4EJ改。（写真：航空自衛隊）

第301飛行隊 2013年戦競
最後の戦競となった'13年戦競では、第301飛行隊は赤と黒を基調にした派手なマーキングで参加、パッチも派手なカラーとなった。

第301飛行隊 MOTHER SQUADRON
第301飛行隊はファントムの機種転換訓練も実施していたため、パッチには「MOTHER SQUADRON」の文字が描かれた。

第301飛行隊 '97 AIR FESTIVAL
1997年に行われた新田原基地航空祭に合わせて第301飛行隊が製作した、可愛いケロヨンの記念パッチ。

第301飛行隊 創設30周年記念
第301飛行隊は、創設30周年で2種類の記念パッチを製作した。このパッチは、スプークのマントの中に記念文字が描かれた。

第301飛行隊 新田原基地開庁40周年記念
スプークが放つカメハメ波(?)の中からF-4ファントムが飛び出すイメージの、新田原基地開庁40周年記念パッチ。

第301飛行隊 創設20周年記念
第301飛行隊の創設20周年記念パッチは、ファントムの航跡で「20」の文字と怪しいスプークがデザインされた。

第301飛行隊 創設30周年記念
マジシャンに扮したカエルが持っているシルクハットの中から、F-4ファントムが飛び出すイメージの飛行隊創設30周年記念パッチ。

第301飛行隊 創設40周年記念
離陸するF-4ファントムとカエル、バックには日本地図を描いた、第301飛行隊の制式な創設40周年記念パッチ。

第301飛行隊 創設45周年記念
新田原基地から百里基地に移動した第301飛行隊は、創設45年を迎えスプークのバックに日の丸をイメージした記念パッチが製作された。

第301飛行隊 百里基地はF-4飛行隊発祥の地
百里基地は初めてF-4飛行隊が誕生した基地で、第302飛行隊が去った後も第301飛行隊が守る、という意味が込められた第301飛行隊のパッチ。フルカラーとロービジの2枚が製作された。

第301飛行隊 FINAL
第301飛行隊のF-4ファントムファイナル記念パッチは黒をベースにして、金色でファントムや文字を描いたシックなデザイン。

第301飛行隊 FINAL
最後のF-4飛行隊となった第301飛行隊のFINAL記念パッチは、制式な飛行隊パッチの中に金文字で「2020」の文字を描いた。

第301飛行隊 FINAL
飛行隊創設直後から使用されたカエルのサブパッチのデザインを流用した、ファイナル記念パッチは2色が存在した。

第301飛行隊 FINAL
このパッチも制式な第301飛行隊のファイナル記念で、カエルのサブパッチの中に金文字で「2020」の文字が描かれたのみ。

第301飛行隊 Last Mission 2020
F-4ファントムを最後まで使用してきた第301飛行隊のラストミッションパッチには左側にF-4ファントム、右側にはパイロットが描かれ、バイザーにはファントムの勇姿が映し出されたハイセンスなデザイン。

第301飛行隊 THAKS F-4 PHANTOM
1971年から2020年まで日本の空を守り続けたF-4ファントムありがとう。という意味が込められたパッチで、転写プリント製。

第301飛行隊 F-2飛行隊準備室
第301飛行隊はF-35Aを受領すると三沢基地に移動、同時に三沢基地からF-2を使用している第3飛行隊が百里基地に移動してくることになり、第301飛行隊の中に「F-2飛行隊準備室」が設置された。

第302飛行隊 F-4

第302飛行隊は1974年7月18日に千歳基地で臨時第302飛行隊として編成され、10月1日に正式に第302飛行隊として誕生した。1985年11月26日には那覇基地に移動、2009年3月13日には百里基地に移動したが、2019年3月2日にはF-4のラストフライト式典が行われた。現在は三沢基地に移動してF-35A飛行隊となった。

那覇基地をタキシングする第302飛行隊のF-4EJ改。

第302飛行隊
F-4ファントムの平面形と「II」のバックに日の丸が描かれた第302飛行隊のパッチの形は、北海道に生息するスズランの花をイメージしている。数種類のカラーが存在した。

第302飛行隊 BESTGUY
飛行隊の中で、もっとも優秀なパイロットは"ベストガイ"と呼ばれ、第302飛行隊で選ばれたパイロットはこのパッチを付けていた。

第302飛行隊 尾白鷲
第302飛行隊のマークは、尾白鷲の羽根で「3」、尾で「0」、足で「2」がデザインされた。このサブパッチは左右の向きが作られた。

第302飛行隊 FIGHTER WEAPONS
第302飛行隊は、飛行隊で独自にファイターウエポンを実施していたが、オリジナルパッチのデザインを参考にしたパッチが製作された。

第302飛行隊 硫黄島移動訓練
2013年に硫黄島に訓練で訪れた時に製作されたパッチで、アメリカ軍が上陸した時の有名な写真をモチーフにしている。

第302飛行隊 Cope North Guam
第302飛行隊のファントムがコープノースグアム演習に参加した時のパッチで、アロハシャツを着たスプークと椰子の木が南国ムードを盛り上げている。「302」の文字がユニーク。

第302飛行隊 PHANTOM RIDER
第302飛行隊のパイロットが使用していたサブパッチ。フルカラーのパッチはF-4を受領した当時の古いパッチ。残りの2枚は百里基地時代。

第302飛行隊 Cope North Guam
このパッチはコープノースグアム演習のサブパッチ。上のパッチのスプークの足元の砂の中に、この「302」の文字が描かれている。

第302飛行隊 1998年戦競
沖縄付近に生息するマンタに乗ったスプークが描かれた、第302飛行隊の'98年戦競パッチ。

第302飛行隊 1998年戦競
このパッチは'98年戦競のサブパッチで、第302飛行隊はこの頃から「爆闘」をキャッチフレーズに使用した。

第302飛行隊 1999年戦競
第302飛行隊の'99年戦競パッチは、国旗の中にF-4ファントムの正面形や戦競などの文字が描かれたシンプルなデザイン。

第302飛行隊 1999年戦競
目玉が大きいユニークな尾白鷲と戦競の文字などが描かれた、'99年戦競のサブパッチ。

第302飛行隊 2000年戦競
シャークティースが描かれたAIM-9空対空ミサイルを抱えるスプークが描かれた、第302飛行隊の'00戦競パッチ。

第302飛行隊 2001年戦競
海水浴場に設置されているサメ注意の看板を思い出させるこのパッチには、6時の方向に注意しろという意味の「CHECKING SIX」の文字が描かれた。

第302飛行隊 2001年戦競
'01年戦競パッチは、自慢げにミサイルを持つスプークが、ボロボロになった赤い星(飛行教導隊)をゴミ箱に捨てているのが面白い。

第302飛行隊 2002年戦競
2001年の同時多発テロ事件以降、観光客が激減した沖縄県は「だいじょうぶさぁ～沖縄」キャンペーンを実施。第302飛行隊は'02年戦競で「ゆうしょうさぁ～302」パッチを作製。

第302飛行隊 2002年戦競
この年の戦競では、参加したパイロットは四文字熟語のサブパッチを付けた。「離知如陰」と描かれたこのパッチは隊長用。

第302飛行隊 2002年戦競
第302飛行隊はサブパッチに使用している尾白鷲にシリアルナンバーなどを描いて参加。この年の隊長機は、F-4の最終号機となった440号機。

第302飛行隊 2002年戦競
このパッチも'02年戦競で、ガイコツ(飛行教導隊)を抱えてガッツポーズを取る尾白鷲と、「'02戦競」の文字。

第302飛行隊 2003年戦競
背中にはAAM-3とAIM-7空対空ミサイル、左手にはガンを持ってやる気満々のスプークが描かれた、'03年戦競パッチ。

第302飛行隊 2003年戦競
真っ赤な炎をイメージしたマントを羽織り、手には飛行教導隊のイーグルが刺さったヤリを持つスプークが描かれた、'03年戦競パッチ。

第302飛行隊 2006年戦競
'06年戦競に参加したパイロットが使用した尾白鷲のサブパッチには、「ACM MEET 2006」の文字が追加された。

第302飛行隊 2004年戦競
'04年戦競パッチは、新撰組に扮したスプークがAAM-3空対空ミサイルを持っているデザイン。下部の「総隊戦技競技会」は「戦競」の正式名称。

第302飛行隊 2004年戦競
シャークティースを描いたF-4ファントムが、ガイコツ(飛行教導隊)を見事撃墜したシーンを見守る不気味なスプークが面白い'04年戦競パッチ。

第302飛行隊 2004年戦競
第302飛行隊は、「爆闘」のほか「風林火山」をモットーにしていた。'04年戦競では、パッチの中央に「風林火山」の文字が大きく描かれた。

第302飛行隊 2006年戦競
第302飛行隊の戦競パッチの主役は尾白鷲のスプークだったが、'06年戦競では真っ赤なデビルが大きく描かれた。

第302飛行隊 2007年戦競
この年の戦競でも、2006年と同様に尾白鷲のサブパッチに「ACM MEET 2007」の文字が入れられた。

第302飛行隊 2007年戦競
前年の戦競では赤いデビルが描かれたが、'07年戦競では真っ赤なイーグルがガイコツ(飛行教導隊)に襲い掛かるイラストが描かれた。

第302飛行隊 2010年戦競
この年の戦競はF-15飛行隊とF-2飛行隊がコンビを組んで臨んだが、F-4飛行隊も同様にF-2飛行隊とコンビを組んだ。第302飛行隊は第3飛行隊とペアを組んだため、パッチには兜を被ったスプークが描かれた。

第302飛行隊 2010年戦競
'10年戦競でも尾白鷲のサブパッチに「TAC MEET 2010」の文字を描いたスペシャルバージョンが製作された。

第302飛行隊 2013年戦競
最後の戦競となった'13年戦競では「風林火山」の文字が復活、AAM-3とAIM-7空対空ミサイルも描かれた。

第302飛行隊 2013年戦競
2010年に続いて'13年戦競でも、尾白鷲のサブパッチに「TAC MEET 2013」の文字が入れられた。

045

**第302飛行隊
創設20周年記念**

1994年に飛行隊創設20周年を迎えた第302飛行隊は、尾白鷲とF-4ファントムを配置した記念パッチを作成。ゴールドとシルバーのカラーが存在した。

**第302飛行隊
FINAL YEAR 2009**

ハイビスカスの花や椰子の木に見守られ、沖縄から百里基地に向けて飛び立つF-4ファントムが描かれた、沖縄ファイナルイヤーパッチ。

第302飛行隊 Good-Bye

第302飛行隊が那覇基地から百里基地に移動する時に製作されたパッチで、夕焼けが非常に美しいカラー。

**第302飛行隊
創設20周年記念**

ヤリを持つスプークがサメに乗っている第302飛行隊の創設20周年記念パッチ。バックが黒なのでイラストが強調されている。

**第302飛行隊
創設30周年記念**

日本地図とスプーク、下部には記念文字が描かれた、第302飛行隊創設30周年記念パッチ。左上には千歳基地を意味する「雪だるま」、右下には那覇基地を意味する「椰子の木」が見える。

**第302飛行隊
創設30周年記念**

向き合う尾白鷲と、中央には大きな「30」の文字などが描かれた第302飛行隊の創設30周年記念パッチ。

**第302飛行隊
創設30周年記念**

このパッチも飛行隊創設30周年記念で、尾白鷲と大きな記念文字が描かれたシンプルなデザインとなった。

第302飛行隊 百里基地移動

第302飛行隊が2009年に百里基地に移動した記念パッチで、百里基地から飛び立つF-4ファントムがデザインされている。

**第302飛行隊
Good-Bye Okinawa**

夕焼けをバックに、沖縄から飛び立つF-4ファントムを、トランクを持ったスプークが悲しげに見守っている。

**第302飛行隊
F-4導入40周年記念**

第302飛行隊がF-4を導入して40周年を記念したパッチで、このパッチは記念塗装機のインテイクにも描かれた。パッチのカラーは、フルカラーとロービジが存在した。

**第302飛行隊
創設40周年記念**

金色のF-4ファントムと尾白鷲、日本列島が描かれた第302飛行隊の創設40周年記念パッチは赤と青の2色、尾白鷲の向きは左右など計4種類が製作された（隊員は好みのパッチを使用した）。

戦競の事前訓練のため暫定的に迷彩塗装が行われた第302飛行隊のF-4EJ改。

第302飛行隊 ファイナルツアー
北国の千歳基地で生まれ、南国の那覇基地でスクスクと育ち、百里基地で最後を迎えた"F-4"第302飛行隊は、最後に全国を行脚するファイナルツアーを実施。このパッチに描かれている尾白鷲は、日本列島に変身している。

第302飛行隊 FINAL
このパッチも第302飛行隊のファイナルで、尾白鷲が変身した日本地図の中には第302飛行隊が配備されていた基地には金色の星が描かれた。

第302飛行隊 OJIRO PHATOM FINAL YEAR
第302飛行隊が製作した制式なファイナルイヤーパッチで、尾白鷲のシルエットに加え、飛び去るファントムから抜けた羽根がデザインされた。黒バージョンは隊員用、白バージョンは式典に参加した関係者用、金縁の黒バージョンは隊長などの特別な隊員用。

第302飛行隊 F-4 FINAL YEAR
第302飛行隊のF-4最後には、非常に多くの記念パッチが製作された。このパッチは制式なパッチに描かれているF-4ファントムが記念塗装機に変身したもの。

百里基地を離陸する第302飛行隊のF-4EJ改。

第302飛行隊 F-4 final year 2019
スペシャルマーキングを施したF-4ファントムが描かれたファイナルイヤーパッチ。白い428号機のバックには富士山、黒い399号機のバックには筑波山が描かれるなど、細部は若干変化している。

第303飛行隊 F-4

1975年6月30日に解散した第4飛行隊（F-86F）の伝統などを受け継いで、1976年10月26日に小松基地で編成された第303飛行隊は、3番目のF-4EJ飛行隊となった。この飛行隊は近代化改修が施されたF-4EJ改を受領することなく1987年12月1日にF-15Jに機種改編したため、F-4EJを使用していた期間は約12年と短かった。

ドラゴンの部隊マークを描いた第303飛行隊のF-4EJ。

第303飛行隊
第303飛行隊は途中でパッチのデザインを変更、ファントムのシルエットとドラゴンを描いた新しいこのデザインは、飛行隊創設10周年に合わせて変更された。

第303飛行隊
このパッチは、飛行隊が創設された当時のデザインで、珍しい6角型。中央には2匹の龍（複座のF-4ファントムを意味する）が描かれ、時期によって細部が異なった。

第304飛行隊 F-4

第304飛行隊は、F-86Fを使用していた第10飛行隊の伝統などを引き継いで1977年8月1日に築城基地の第8航空団隷下で編成された。そして第8航空団はF-1を使用する第6飛行隊とF-4EJを使用する2個の飛行隊を抱える混成航空団となった。第303飛行隊に続いて、1990年1月12日にはF-15J飛行隊へと生まれ変わった。

第304飛行隊 304TFS
F-4EJ時代のサブパッチには、派手な帽子とサンダルを履いたスプークが描かれ、お腹の「II」も派手になっている。

第304飛行隊
黒の太い縁の中に白の文字、中央には黒のシルエットでF-4ファントムを描いた第304飛行隊のパッチはシンプルなデザイン。

第304飛行隊 レーダーモニター
後席のレーダーモニター（F-4EJのモニターは、非常に見にくいと評判）をモチーフにした後席要員パッチ。ファントムの文字が描かれていないのがオリジナルか？

第304飛行隊 創設10周年記念
第304飛行隊の創設10周年記念パッチは、F-4EJのシルエットと大きな「10」の文字。このパッチは記念塗装機のスプリッターベーンに描かれた。

第305飛行隊 F-4

1978年11月30日に解散した第206飛行隊の伝統などを継承してこの年の12月1日に5番目のF-4EJ飛行隊として百里基地で誕生したのが第305飛行隊で、この飛行隊も第303飛行隊と第304飛行隊と共にF-4EJ改に改編することなく、1993年8月3日にF-15J飛行隊となったため、F-4EJを使用していたのは15年程度だった。

第305飛行隊のパッチ
第305飛行隊のパッチは、水戸の偕楽園の「梅」がモチーフにされているが、もともとはF-104Jを装備していた第206飛行隊時代のデザインを継承している。

第305飛行隊 F-4EJ PHANTOM
第305飛行隊が創設された当時に製作されたオリジナルのサブパッチで、F-4ファントムの正面形がデザインされた。

第305飛行隊 1990年戦競
射撃大会となった'90年戦競のパッチは、制式な飛行隊パッチにピストルが描かれた（銃身には小さく「FIGHTING 305」の文字）。

第305飛行隊 1992年戦競
各機異なるブルー迷彩のF-4EJで参加した、第305飛行隊の'92年戦競パッチのデザインは、F-4のスプリッターベーンにも描かれた。

第305飛行隊 武蔵
1990年代に入ると、第305飛行隊はニックネームとして「武蔵」を使用し、戦競マーキングにもたびたび登場したほか、サブパッチも製作された。

第305飛行隊
制式な飛行隊パッチのデザインの中に、腕を組んでポーズを取るスプークが描かれたサブパッチ。

第305飛行隊 戦競優勝記念
戦競優勝記念として製作された記念パッチで、スプークのお腹には「V」、周囲には「THE VICTORIOUS SQUADRON 305」の文字が描かれた。

第305飛行隊 創設10周年記念
第303飛行隊や第304飛行隊などと同様、F-4ファントム時代は短く記念パッチが非常に少なかった。第305飛行隊は二刀流のスプークを描いた、創設10周年記念パッチを作製した。

導入当初のF-4EJは、すべてグレイとホワイトの2トーンカラーだった。

第306飛行隊 F-4

第306飛行隊は最後のF-4EJ飛行隊として1981年6月30日に小松基地で誕生した。後にF-4EJの近代化改修が始まると、1989年には最初のF-4EJ改飛行隊となった。しかし、1997年3月に同隊はF-15Jに機種改編することとなり、F-4の人員と機体は丸ごと三沢基地に移動して、第8飛行隊に編入された。

F-4EJ改は制空迷彩が導入されたが、旧塗装の機体も少数存在した。

第306飛行隊
第306飛行隊は、F-4EJ改を受領するとデザインを一新。新しいデザインのパッチは転写プリント製で「SUPER PHANTOM」の文字が強調された。

第306飛行隊
北陸地方に頻繁に発生するカミナリと白山連峰、F-4ファントムが描かれたこのパッチは、F-4EJ時代に使用された。

第306飛行隊 PHANTOM改
F-4EJ改を受領後に使用された第306飛行隊のサブパッチで、ガンマンに扮したスプークの胸には「改」の文字が描かれF-4EJ改が強調された。

第306飛行隊 1994年戦競
F-4とフェイカー役のF-1および飛行教導隊のF-15と戦うF-4ファントムが描かれた、第306飛行隊の'94年戦競パッチ。

第306飛行隊 1995年戦競
射撃大会となった'95年戦競パッチはガンマンに扮したスプークが、巨大な弾丸に乗って機関銃を構えたデザイン。

第306飛行隊 1996年戦競
ガイコツ（飛行教導隊）をミサイルが貫いたデザインの'96年戦競パッチ。2種類の色違いパッチが存在した。

第306飛行隊 創設15周年記念
F-15に機種改編を控えた1996年には、第306飛行隊は創設15周年を迎え記念塗装機と2種類の記念パッチを作製した。

第306飛行隊 創設15周年記念
このパッチも創設15周年記念で、長方形の小さなサイズ。中央には飛行隊マーク、上部には記念文字が入れられた。

第8飛行隊 F-4

第8飛行隊は、1960年10月29日に松島基地でF-86F飛行隊として編成され、その後小松、岩国、小牧基地に移動し、1978年3月31日に三沢基地に移動した。1980年2月29日にはF-1に機種改編、続いて1997年3月17日には第306飛行隊で使用していたF-4EJ改とともに人員も移動してF-4飛行隊となり、2009年3月25日にはF-2A飛行隊となった。

第8飛行隊
第8飛行隊のパッチは、F-86F時代の航空機の航跡で大きく描いた「8」のデザインを継承し、中に描かれている機体はF-4に変化した。

第8飛行隊 MISAWA AIR BASE
もともとF-4を受領する予定がなかった第8飛行隊は、三沢基地に移動すると複数のサブパッチを作製し、このパッチはパンサーの横顔がモチーフにされている。

第8飛行隊 BLACK PANTHERS
F-4時代に使用された、制式なサブパッチにはブラックパンサーが描かれ、下部のリボンを抱えている。「1997」の文字はF-4を受領した年を意味する。

コープノースグアムに参加した第8飛行隊のF-4EJ改。

第8飛行隊 F-4三沢基地移動記念

第306飛行隊で使用されていた機体と人員は1997年3月に小松基地から三沢基地に移動し、第8飛行隊に編入された記念パッチ。

第8飛行隊 F-4三沢基地移動10周年記念

機体と人員が小松基地から三沢基地に移動し第8飛行隊に編入され、10年が経過した記念パッチには、金色の記念文字が追加された。

第8飛行隊 1998年戦競

第8飛行隊がF-1からF-4EJ改になって初めての戦競参加となった'98年戦競パッチは、ロックオンしたブラックパンサー。

第8飛行隊 1999年戦競

第8飛行隊の'99年戦競パッチは攻撃するF-4ファントムで、描かれている「SHARK」は、爆弾などの命中を意味する。

第8飛行隊 2000年戦競

ASM-1空対艦ミサイルを銜えたパンサーが敵の艦船を攻撃、バックには飛行教導隊のドクロが描かれた、第8飛行隊の'00年戦競パッチ。

第8飛行隊 2000年戦競

2000年戦競で使用されたサブパッチは、普段使用しているデザインと共通だが、年号は金文字で「2000」となった。

第8飛行隊 2003年戦競

スプークはブラックタイガーに変身、ミサイルで潰されたコブラ（飛行教導隊）が描かれた、第8飛行隊の'03年戦競パッチ。

第8飛行隊 コープノースグアム2006

2006年に行われたコープノースグアム演習に参加した時に製作されたパッチには、Mk.82を抱きかかえるスプークと日米の国旗などが描かれた。

第8飛行隊 コープノースグアム2006

このパッチはコープノースグアム2006の制式なデザインで、爆弾を投下するF-4ファントムと「一撃必中」の文字が描かれた。

第8飛行隊 創設35周年記念

第8飛行隊創設35周年記念パッチには、飛行隊とは全く関係ない「浜松」とウナギで描かれた「8」の文字が描かれた。これは全国各地のOBたちが集まりやすい、日本の中央にあたる浜松で、記念式典が行われたため。

第8飛行隊 創設40周年記念

第8飛行隊の創設40周年記念パッチは、可愛いブラックパンサー（ネコではない）と、「40才おめでとー」の文字。

第8飛行隊 Phantom Final Year

第8飛行隊のF-4ファントム・ファイナルイヤー・パッチには、F-4ファントムが使用された期間の文字と、洋上迷彩のF-4EJ改が描かれた。

第8飛行隊 創設40周年記念

このパッチも創設40周年記念で、歴代のF-86F、F-1、F-4の3機種編隊が描かれた（同じデザインで、数種類のバリエーションが存在した）。

第8飛行隊 PHANTOM FINAL YEAR

このパッチも第8飛行隊のF-4ファイナルイヤーで、黒いマントを着たスプークと飛行隊のニックネームに因んで「黒豹」の文字が描かれた。

第8飛行隊 F-4改編10周年記念

F-1からF-4EJ改に機種改編して10周年の記念パッチには、「STRIKE PHANTOM」の文字が入れられた。

第8飛行隊 F-4ロールアウト50周年記念

F-4ファントムIIの最初の機体がロールアウトして50周年を記念して製作された記念パッチで、花束を持つスプークが主役。

偵察航空隊
第501飛行隊 RF-4

　航空自衛隊で唯一の偵察飛行隊となった第501飛行隊は、F-86Fを改造した写真偵察型のRF-86Fを装備して1961年12月1日に松島基地で編成され、1962年8月31日には入間基地に移動した。後継機のRF-4Eの導入が決定すると1974年10月1日には百里基地に移動した。そして導入から約46年後の2020年3月9日にRF-4E/RF-4EJのラストフライトが行われ、3月26日に第501飛行隊は制式に閉隊した。

写真偵察型ファントム、RF-4EJの試作1号機。

第501飛行隊 偵察航空隊
RF-86F時代から使用されていた偵察航空隊のパッチは、偵察カメラのレンズをイメージした旧飛行隊マークを継承した。

第501飛行隊
片手に眼鏡、片手に地図を持ったウッドペッカー（制式にはキツツキ）が、描かれた第501飛行隊のパッチ。途中からトーンダウンされ、ウッドペッカーのフライトスーツもグリーンになり、最後は全てがグレイとなった。

第501飛行隊 偵察航空隊
このパッチも偵察航空隊で、中央には大きな「RF」の文字とファントムのシルエット、上部には偵察航空隊を意味する文字が描かれた。

第501飛行隊 検査隊
RF-4EとRF-4EJの定期整備および点検などを実施していた検査隊のパッチには、工具を持ったスプークが描かれた。

第501飛行隊
パイロットのサブパッチで、他のF-4飛行隊と同様にファントムの平面形が描かれている（左のパッチは非常に古い）。

第501飛行隊 501TRS
1996年に行われた百里基地航空祭で、格納庫内で展示されたRF-4Eの機首に描かれた女の子のパッチで、バックの色が違う数種類が存在した。

第501飛行隊 F-4E/EJ
キャノピーを開いた、駐機状態のF-4ファントムのシルエットが描かれたサブパッチは、日の丸をイメージした円形。

第501飛行隊 飛行時間1500時間
F-4飛行隊と同様に、第501飛行隊も独自の飛行時間パッチを作製。モデルになったスプークは、忍者スタイルなのが面白い。

第501飛行隊 RF-4E/EJ
このパッチもサブパッチで、リアルな偵察型のRF-4Eが描かれている。数種類の色違いが存在していた。

第501飛行隊 RF-4E/RF-4EJ

飛行教導隊が当時保有していた全機のパッチが製作されたこともあったが、第501飛行隊も時期は不明だが、全機のパッチを製作した(もちろん全機揃えることは不可能だった)。

第501飛行隊 整備小隊

第501飛行隊の整備小隊用のパッチで、カラーリングが異なるRF-4EとRF-4EJのパッチが存在していた。

ファイナルイヤー塗装が施されたRF-4E。

第501飛行隊 RF-4E/RF-4EJ

このパッチは空自50周年に合わせて製作された第501飛行隊のサブパッチで、RF-4EとRF-4EJが描かれているが、上下の決まりはない。

第501飛行隊 2004年 百里基地航空祭

2004年は航空自衛隊創設50周年の節目の年で、パッチには航空祭に参加した第501飛行隊の空自創設50周年記念塗装機がデザインされた。

第501飛行隊 航空自衛隊創設50周年記念

このパッチは、全面メタリックブルーのRF-4E記念塗装機を描いた、第501飛行隊の空自創設50周年記念パッチ。

第501飛行隊 航空自衛隊創設50周年記念

空自50周年のロゴマークと、記念塗装機が描かれたこのパッチは、ネームタグサイズ。

第501飛行隊 航空自衛隊創設50周年記念

F-4のサブパッチのデザインを使用した、第501飛行隊の空自創設50周年記念パッチは航空祭当日に販売され、裏には番号が描かれていた。ちなみに、このパッチは「257」と「139」。

第501飛行隊 航空自衛隊創設50周年記念

このパッチも空自創設50周年で、ヘルメットを被ってミサイルを持つスプークが着ているマントは、記念塗装機と同じブルー。

第501飛行隊 創設40周年記念

2001年に第501飛行隊は創設40周年を迎え、グリーンを基調にしてF-4ファントムと衝撃波をデザインした、創設40周年記念パッチを作製した。

第501飛行隊 創設45周年記念

このパッチもグリーンを基調にしたカラーリングの創設45周年記念で、新旧の飛行隊マークと使用した機体のシルエット、中央には大きな「45」の文字が描かれた。

第501飛行隊 創設50周年記念

第501飛行隊は、正式な創設50周年記念パッチを2枚作製。このパッチにはRF-4EとRF-86Fの正面形と旧飛行隊マークなどが描かれた。

第501飛行隊 RECON FOREVER

偵察型のRF-4E/RF-4EJの退役に合わせて製作された、「RECON FOREVER」のパッチには、涙を流すウッドペッカーが描かれた。

第501飛行隊 創設50周年記念

このパッチにはリアルなRF-4EとRF-86F、飛行隊が配備された基地名、新旧の飛行隊マーク、記念文字などが描かれた。

第501飛行隊 FINAL YEAR

第501飛行隊が製作したRF-4E/RF-4EJのファイナルイヤーパッチでカメラを構えるスプークが描かれた。下部にはTACネームなどが入れられた。

052

F-4ファントムのマスコット「スプーク」の仲間たち

アメリカ空軍や海軍の機体には愛称（ニックネーム）が付けられ、この愛称は基本的にメーカーから提案されたものを米国防総省が承認することになっている。

こうした愛称で有名なのは、海軍の戦闘機として採用されたグラマンのキャット・シリーズで、F4Fワイルドキャット（ヤマネコ）、F6Fヘルキャット（地獄のネコ）、F7Fタイガーキャット（トラネコ）、F8Fベアキャット（ジャコウネコ）、F-14トムキャット（雄ネコ）などがある。いっぽう、マクダネルの戦闘機にはFHファントム（幽霊）、F2Hバンシー（死を予言する妖精）、F3Hデモン（悪魔）、F-101ブードゥ（ブードゥ教の呪術）、F-4ファントムII（幽霊II）など「妖怪」に関する愛称が付けられた。これらの戦闘機の中で、マスコットとしてダントツの人気だったのが、F-4ファントムの「スプーク」（ファントムおじさん）だ。

スプークは、飛行隊のサブパッチや記念パッチなどにもたびたび登場したほか、航空自衛隊では戦競パッチやF-4ファントムの飛行時間パッチで使用された。

F-4ファントムの退役が近づくと、ラストフライトパッチや、カメラを持った複数の「PHOTOGRAPHER」パッチが製作され、飛行機ファンを盛り上げた。

百里基地航空祭に登場した"スプーク"。

F-4ファントム
500時間

F-4ファントム
1000時間

F-4ファントム
1000時間

F-4ファントム
2000時間

F-4ファントム
3500時間

F-4ファントム
4500時間

RF-4ファントム
1500時間

F-4サポーター
今日は飲み会!

F-4ファントム
第301飛行隊

F-4ファントム
飛行開発実験団

F-4ファントム
PHOTOGRAPHER
ニコンバージョン

RF-4ファントム
PHOTOGRAPHER
第501飛行隊

F-4ファントム
PHOTOGRAPHER
飛行開発実験団

RF-4Eファントム
PHOTOGRAPHER
第501飛行隊

RF-4Eファントム
PHOTOGRPHER
第501飛行隊

RF-4ファントム
PHOTOGRAPHER
第501飛行隊

RF-4Eファントム
PHOTOGRAPHER
第501飛行隊

RF-4Eファントム
PHOTOGRAPHER
第501飛行隊

F-4ファントム
Photography 2020
ニコンバージョン

F-4ファントム
Photography 2020
キャノンバージョン

053

第3飛行隊 F-1

F-86F飛行隊は、築城基地で編成された第1飛行隊が最初で、直後に浜松基地に移動、続いて第2飛行隊が誕生した。第3飛行隊は1956年10月1日に浜松基地で編成され、後に千歳、松島、八戸、三沢基地に移動して、1977年9月26日にはF-1を受領した。すでに第1飛行隊と第2飛行隊は解散したため、第3飛行隊は、最古の飛行隊となった。

第3飛行隊
第3飛行隊のパッチは武者の兜と矢をモチーフにしているデザインで、飛行隊が創設された当時から現在まで、このデザインは継承されている。

第3飛行隊
第3飛行隊のF-86F時代からF-1の初期頃まで使用されたサブパッチは、青森県をイメージした形で、「3」の文字がデザインされている。

第3飛行隊 3TFS
飛行隊マークの武者の横顔のシルエットの上に、銀でF-1を描いた第3飛行隊のサブパッチ。

第3飛行隊 FIGHTER WEAPONS
F-1の戦技課程パッチで、赤い星とF-1が描かれているが、制式なデザインのパッチなのかは不明。

第3飛行隊 1994年戦競
第3飛行隊の'94年戦競パッチは、F-1から発射されたAIM-9サイドワインダーが、赤い星(飛行教導隊)をぶち抜くデザイン。

第3飛行隊 1995年戦競
中央には「3」の文字、左右にはF-1が敵の戦車を攻撃しているシーンを再現した、第3飛行隊の'95年戦競パッチ。

第3飛行隊 1992年戦競
兜をかぶった武者、中央には「F-1 DRIVER」を描いた第3飛行隊の'92年戦競(GUNNERY MEET'92)パッチ。

第3飛行隊 1997年戦競
隊長機の機首に炎のイラストが描かれた'97年戦競。このパッチは隊長機と同じデザイン。

T-2高等練習機をベースに開発されたF-1支援戦闘機。

第3飛行隊 1996年戦競
赤い星の艦艇を攻撃するイメージのイラストと、「轟沈」の文字を描いた第3飛行隊の'96年戦競パッチ。

第3飛行隊 1995年戦競
第3飛行隊の'95年戦競パッチは、月桂冠の間をすり抜けるF-1のバックに赤文字で「V4」の文字が描かれた。

第3飛行隊 1997年戦競
赤い星のターゲットに25ポンド爆弾と20mm弾丸を撃ち込む、第3飛行隊の'97年戦競パッチ。「撃」の文字を描いたバージョンなどが存在した。

第3飛行隊 1997年戦競
このパッチも第3飛行隊'97年戦競で、ポーズを取る「ねぶた」、「精鋭無比」の文字が描かれ、飛行隊名も日本語標記。

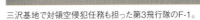

三沢基地で対領空侵犯任務も担った第3飛行隊のF-1。

第3飛行隊 1998年戦競
ロイヤル・ストレートフラッシュに因んでトランプを描いた第3飛行隊の'98年戦競パッチは、白と赤のバリエーションの2色が存在した。

第3飛行隊 2000年戦競
F-1としては最後の戦競出場となった'00年戦競では、第3飛行隊はASM-1を発射するF-1と、飛行隊マークの武者の横顔が描かれた。

第3飛行隊 1999年戦競
'99年戦競のサブパッチは爆弾に寄り添い、右手で20mm弾を遊ぶ、可愛い武者が描かれた。文字はすべて日本語標記。

第3飛行隊 1999年戦競
このパッチもサブパッチとして使用されたデザインで、菱形の中に赤い2本のラインと武者の横顔、「精鋭無比」の文字が入れられた。

第3飛行隊 創設40周年記念
飛行隊マークとなっている武者の横顔と、F-1の航跡で「40」の文字を描いた、飛行隊創設40周年記念パッチ。複数のカラーが存在した。

第3飛行隊 創設40周年記念
これは飛行隊の制式な創設40周年記念パッチで、F-1のエアインテイクには同じデザインのステッカーが貼られた。

第3飛行隊 2000年戦競
ASM-1空対艦ミサイルが武者のコスプレをしている、第3飛行隊の'00年戦競パッチ。ミサイルには小さく「ASM-1」と描かれた。

第3飛行隊 F-1運用修了
第3飛行隊のF-1戦術戦闘機運用修了パッチは、同じく武者の横顔となっている部隊マークとF-1のイラストと、「戦術戦闘機F-1 1977-2001」の文字。

第3飛行隊 F-1 FINAL YEAR
このパッチも第3飛行隊のF-1ファイナルパッチで、兜と矢、F-1のイラスト、「F-1 FINAL YEAR 1977-2001」の文字。

第3飛行隊 F-1 FINAL
第3飛行隊のF-1ファイナルパッチは、両手で矢を持つ可愛い武者がF-1に乗っているデザイン。

第3飛行隊 F-1 FINNAL
第3飛行隊は、戦競でたびたび白縁付きの赤いラインのマーキングで参加したが、このパッチはファイナル記念塗装を施したF-1の垂直尾翼を再現している。

第6飛行隊 F-1

　1959年8月1日、F-86F飛行隊としては珍しく、千歳基地で編成された第6飛行隊は、後に新田原基地に移動、1964年10月26日に現在の築城基地に移動した。そして1981年2月28日にF-1に機種改編、2006年3月8日にF-2に改編したため、F-1を使用していた期間は約13年だった。

第6飛行隊
第6飛行隊のパッチは、高千穂の峰の逆鉾と神武天皇東征の故事に因んで、張り切った矢はアラート、剣は堅い国の守りを意味している。

第6飛行隊 1990年戦競
逃げ回る戦車をロックオンした第6飛行隊の'90年戦競パッチには、飛行隊のモットー「見敵必殺」の文字が描かれた。

第6飛行隊は約60年間、築城基地をホームベースにしている。
（写真：渡辺俊彦）

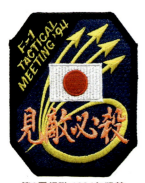

第6飛行隊 1994年戦競
小松基地で行われた'94年戦競パッチは、オレンジ色で「見敵必殺」の文字を描いた派手なカラーを使用した。

第6飛行隊 1995年戦競
'95年戦競パッチにも「見敵必殺」の文字を描いた第6飛行隊のパッチは2種類のカラーが製作された。

第6飛行隊 1996年戦競
不気味な死神を描いて参加した第6飛行隊のF-1の機首には、パッチに描かれている「剣」「必沈」「天誅」などのモットーが描かれた。

第6飛行隊 1996年戦競
このパッチも'96年戦競で、F-1のシルエットとGCS-1誘導爆弾が描かれた（誘導爆弾が、戦競で使用されたことはない）。

第6飛行隊 1997年戦競
この年の第6飛行隊の戦競パッチにも、死神が使用された。このパッチには飛行隊マークが描かれているが、無いパッチや英語標記パッチなども存在した。

第6飛行隊 1997年戦競
このパッチも'97年戦競で、F-1の機首には各機異なる可愛い死神が描かれた。このパッチは260号機。

第6飛行隊 1997年戦競
機首にはワンポイントで死神、垂直尾翼には黄色で大きなシェブロンを描いて参加した第6飛行隊の戦競優勝記念パッチ。

第6飛行隊 天ヶ森射爆撃訓練
三沢基地の北側に位置する天ヶ森射爆撃訓練場で、25ポンド訓練弾を投下するF-1が描かれたパッチ。

第6飛行隊は部隊マークとパッチのデザインが同じだ。
（写真：渡辺俊彦）

第6飛行隊 1998年戦競
F-1の垂直尾翼をモチーフにしたパッチで、「戦競'98」と飛行隊のモットー「見敵必殺」の文字が入れられた。

第6飛行隊 創設30周年記念
中央にはF-1のイラスト、ロープに囲まれた部分には記念文字が描かれた、飛行隊創設30周年記念パッチ。非常に小さいサイズ。

第6飛行隊 創設40周年記念
赤い星をロックオンした、第6飛行隊の創設40周年記念パッチに描かれた文字は、飛行隊名などはすべて日本語標記。

第6飛行隊 航空自衛隊創設50周年記念
第304飛行隊のF-15Jと、第6飛行隊のF-1には共通のデザインの空自創設50周年記念塗装が行われ、同じデザインのパッチが製作された。

第6飛行隊 F-1最終射爆撃訓練
2005年に天ヶ森射爆撃訓練場で、F-1飛行隊として最後の訓練を実施した記念パッチには、ターゲットに進入するF-1が描かれた。

第6飛行隊 T-2/F-1ファイナル
2006年にT-2とF-1がほぼ同時に姿を消したファイナルパッチは、夕日をイメージしたカラーが美しい。

第6飛行隊 F-1 LAST FLIGHT
2006年3月9日に行われた第6飛行隊のラストフライトパッチにはデフォルメされた可愛いF-1が描かれた。

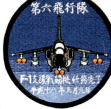

第6飛行隊 6TFS FINAL SQ
このパッチはF-1ファイナルスコードロン（最後のF-1飛行隊）で、F-1のイラストの周囲には翼があしらわれたデザイン。

第6飛行隊 任務終了
2006年3月8日で第6飛行隊のF-1戦闘機が任務終了した記念パッチで、オレンジ色の爆弾を抱えたF-1が印象的なパッチ。

第6飛行隊 F-1 FINAL
海に沈む夕日が美しいF-1のファイナルパッチには、「栄誉を忘れない」という意味の言葉が描かれた。

第6飛行隊 LAST F-1 SQ
F-1時代に使用されていたサブパッチには、最後は「LAST F-1 SQ」や「2005」など、さまざまな文言のパッチが非常に多く製作された。

第6飛行隊 F-1 273号機最終定期検査
第8航空団の検査員が、2005年にF-1 273号機の最終定期検査を実施した記念パッチには、「LAST PHASE」の文字が描かれた。

第6飛行隊 FINAL
第6飛行隊は、最後のF-1に美しい記念塗装が行われた。このパッチは記念塗装機の垂直尾翼を再現した記念パッチ。

第8飛行隊 F-1

第8飛行隊は8番目のF-86F飛行隊として1960年10月29日に松島基地で編成され、後に小松、岩国、小牧、そして1978年に三沢基地に移動した。1980年2月29日には国産のF-1を受領して、2番目のF-1飛行隊となった。後に後継機のF-2Aに改編することになっていたが、開発が大幅に遅延したため、1997年3月17日にF-4EJ改を受領した。

第8飛行隊
日本中を飛び回るF-1の航跡で、飛行隊名の「8」を大きく描いた第8飛行隊のパッチのデザインはF-86F時代から、現在（F-2）まで継承されている。

第8飛行隊 PANTHER
第3飛行隊はF-86F時代からF-1初期まで小さなサブパッチを使用していたが、第8飛行隊もブラックパンサーと「PANTHER」の文字を描いた小さなサブパッチを使用していた。

第8飛行隊1994年戦競
AIM-9サイドワインダーと赤い怪しい機体が描かれた第8飛行隊の'94戦競パッチには、意気込みを込め「ALL KILL」の文字も入れられた。

第8飛行隊 1996年戦競
'96戦競では、F-1の垂直尾翼に黄色と黒で大きな稲妻を描いて参加した。このパッチは垂直尾翼の戦競パッチで、ブラックパンサーが強調された。

第8飛行隊 1995年戦競
黄色の稲妻とブラックパンサーの横顔が描かれた、第8飛行隊の'95戦競パッチはやや小さい。

第8飛行隊 LAST F-1
第8飛行隊のラストF-1パッチで、F-1が使用されていた期間と、戦競で使用された黒と黄色の稲妻をモチーフにしたデザインで、フルカラーも存在した。

第8飛行隊 創設30周年記念
F-86FとF-1の航跡で「30」の文字、赤い星を踏み潰すブラックパンサーがデザインされた、第8飛行隊の創設30周年記念パッチ。

North American F-86D/F

F-86F飛行隊

F-86Fは、航空自衛隊の創設後に日米間の相互安全保障(MSA)の規定に基き、航空自衛隊初のジェット戦闘機として導入された。また、三菱重工でもライセンス生産され、第1飛行隊から第10飛行隊が編成された。さらに戦技研究班(ブルーインパルス)でも使用されたほか、偵察機型に改造されたRF-86Fは第501飛行隊に配備された。退役が近づくと飛行時間の残った機体は総隊司令部飛行隊で最後まで使用された。

第1飛行隊
最初のF-86F飛行隊となった、第1飛行隊のパッチはタツノオトシゴと黄色と黒のチェッカー。このチェッカーのデザインは、第1航空団で今も継承されている。

第2飛行隊
非常に短期間で解散となった第2飛行隊のパッチは、モットーの「不撓不屈」と、飛行隊を意味する「2」が入れられた。

第3飛行隊
第1飛行隊と第2飛行隊はすでに解散したため、第3飛行隊は現存する最古の飛行隊。パッチは創設当時から兜と矢がデザインされている。

第4飛行隊
創設から解散するまで重大事故ゼロだった第4飛行隊のパッチは、飛行隊を意味する文字などは一切なし。

第5航空団
松島基地の第4航空団隷下で編成された第5飛行隊のパッチは、黒のペガサスで「5SQ」の文字が描かれたシンプルなデザイン。

第6飛行隊
F-86FからF-1、現在はF-2を使用している第6飛行隊のパッチは、高千穂の峰の逆鉾と神武天皇の故事にちなんでいるデザイン。

第7飛行隊
迫力満点の獰猛なトラの顔が描かれた、第7飛行隊のパッチ。両サイドに小さなF-86F、上部には「4W 7SQ」の文字が入れられた。

第7飛行隊
第7飛行隊は途中からデザインを変更した珍しい飛行隊で、新しいデザインは中央に「7」の文字と、2機のF-86Fが描かれた。

第8飛行隊
第3飛行隊、第6飛行隊は創設当時からのデザインを継承しているが、第8飛行隊の日本地図と「8」の文字を描いたデザインは今も健在だ。

第9飛行隊
赤縁付きの黄色い電光と2発のAIM-9サイドワインダー空対空ミサイルがデザインされた、第9飛行隊のパッチ。

日の丸の中にAIM-9サイドワインダーを持つイーグルが描かれた第10飛行隊のパッチ。下部のリボンの中には氏名が描かれた(当時はTACネームが存在していなかった?)。右はOBが作った創設50周年記念。

第501飛行隊
オレンジ色のフライトスーツを着て片手に望遠鏡、片手に地図を持って偵察するキツツキが描かれた、第501飛行隊のパッチ。

戦技研究班(ブルーインパルス)
通称「ハチロクブルー」と呼ばれていたF-86F時代のブルーインパルスのパッチ。基本的なデザインは継承されているが、細部は異なっている。

総隊司令部飛行隊
飛行時間の余ったF-86FとRF-86Fを最後まで使用していた、入間基地の総隊司令部飛行隊のパッチ。3色のシェブロンは北部、中部、西部方面航空隊を意味する。

F-86D飛行隊

F-86Fに続いて導入されたのは、同じF-86シリーズのF-86D。機首にレーダーや自動射撃管制装置、エンジンはアフターバーナーを追加搭載した全天候迎撃機型で、機銃を廃止して2.75インチロケット弾24発を収納するバッグを胴体下面に装備していた。第101飛行隊から第105飛行隊までの4個飛行隊が編成されたが、F-104の導入が決まっていたため第104飛行隊名は欠番となった。

第101飛行隊
F-86Fはセイバーと呼ばれたが、F-86Dはセイバードッグと呼ばれたためか、第101飛行隊のパッチはロケット弾をくわえた犬。

第102飛行隊
第102飛行隊は小牧基地に配備されたため、パッチは名古屋城のシャチホコと赤いライトニングがデザインされた。

第103飛行隊
大きな怪しい鳥の中央にはレーダースコープ、飛行隊名の標記は「F.I.S」となった、第103飛行隊のパッチ。

第105飛行隊
第101飛行隊と同様にパッチにはロケット弾を抱えた目つきの悪いブルドッグが描かれた。下部には氏名を入れるスペースがある。

Lockheed F-104J

F-104J飛行隊

戦後、ジェット戦闘機が続々と開発されると、超音速時代に突入した。航空自衛隊もF-86Fの後継機として、当時「最後の有人戦闘機」として世界中に売り込んでいた、ロッキードF-104の導入を決定。航空自衛隊での呼称は、単座型はF-104J、複座型はF-104DJで、第201飛行隊から第207飛行隊が編成された。退役後も飛行時間が残っていた機体は無人標的機に改造され、無人機運用隊で使用された。

第201飛行隊
航空自衛隊では最初のF-104飛行隊となった第201飛行隊のパッチは、北海道に生息するヒグマで、下部には「201SQ」と描かれている。

第201飛行隊 千歳まるよんOB会
1999年7月2日に千歳市内で「まるよんOB会」が行われ、このパッチは参加記念として製作された。

最後の有人戦闘機としてデビューしたF-104。

第202飛行隊
このパッチはF-104J時代の後期から使用されたと思われるパッチで非常に古い。衝撃波を表すラインは消去された。

第203飛行隊
第201飛行隊に続いて千歳基地で編成された第203飛行隊のパッチは、日の丸をバックにやや太めなF-104と衝撃波。

第201飛行隊 ラストフライト
飛行隊マークに挟まれたF-104と、「F-104J EIKO」「1963-1974」の文字が描かれた第201飛行隊のファイナルパッチ。「EIKO（栄光）」とは、F-104の愛称。

第202飛行隊
飛行隊創設当時から使用された第202飛行隊のパッチは衝撃波を意味するラインと、第5航空団を意味する「V」、埴輪がデザインされた。

第205飛行隊
小松基地で編成された第205飛行隊のパッチは、可愛い地元加賀獅子がデザインされた。複数の色違いが存在していた。

第206飛行隊
第305飛行隊の母体となった第206飛行隊のパッチは、日の丸をバックに水戸の偕楽園の梅をシンプルにデザインした。

第204飛行隊
九州の新田原基地で編成された第204飛行隊は、パッチの中央に九州の地図とF-104のイラストが入れられた。

第207飛行隊
真っ赤なF-104がサイドワインダーを抱えたデザインの第207飛行隊は、最後までF-104を使用していた飛行隊（無人機運用隊を除く）。

第207飛行隊 那覇
第207飛行隊のパイロットが使用していたサブパッチで、沖縄を象徴する守礼の門とシーサーがデザインされた。

無人機運用隊
UF-104無人標的機（フルスケールドローン）を運用していた無人機運用隊のパッチはサソリと南十字星が描かれた。

F-104 FIGHTER WEAPONS SCHOOL
新田原基地の第5航空団はファイターウエポンスクール（戦技課程）を実施、このパッチは課程修了者に与えられた。

航空教育集団

戦闘機、輸送機、ヘリコプター、あらゆる空自パイロットを教育・養成する教育部隊のパッチ

　航空自衛隊パイロットを目指す学生の教育を実施しているのは、静浜基地の第11飛行教育団と防府北基地の第12飛行教育団（装備機種T-7）、芦屋基地の第13飛行教育団（T-4）と浜松基地の第1航空団（T-4、T-400）、松島基地の第4航空団（F-2B）のほか、新田原基地の第23飛行隊（F-15 ※F-15飛行隊のコーナー参照）が編成されている。

第21飛行隊 T-2/F-2B

　航空自衛隊創設以来、松島基地の第4航空団にはF-86Fが配備されていたが、T-2が導入されると1975年3月に臨時T-2訓練隊が編成され、1976年10月1日に制式に第21飛行隊が発足した。T-2の退役に伴い、2004年3月29日に複座型のF-2Bに機種改編を修了、現在はF-2の機種転換訓練を実施している

T-2は国産初の超音速ジェット練習機となった。

第21飛行隊
第21飛行隊は2022年頃にパッチのデザインを変更した。新しいデザインは、垂直尾翼に描かれている飛行隊マークをモチーフにしている。

第21飛行隊
新しい飛行隊パッチと同時に採用されたサブパッチは、手で「21」を表現。

第21飛行隊
T-2に続いてF-2Bを受領すると、第21飛行隊はパッチのデザインを一新した。このパッチは日の丸をイメージして、F-2Bの平面形などが描かれた。

第21飛行隊 F-2
伊達政宗のシルエットと、F-2Bを描いた第21飛行隊のサブパッチ。当時のパッチには、伊達政宗がたびたび登場した。

第21飛行隊
F-2受領7周年記念
第21飛行隊がF-2Bに改編して7周年を迎えた時に製作された記念パッチ。宮城県周辺の地図と、F-2がデザインされた。

第21飛行隊
整備補給群
第4航空団の整備補給群が製作した、F-2B飛行時間100時間達成記念パッチの中には、「高品質が安全につながる」という意味の文字が描かれている。

第21飛行隊
APOLLO
F-2Bに改編した当時から使用されていたサブパッチで、F-2と衝撃波をイメージしたライン、新しいコールサイン「APOLLO」の文字などが描かれた。

第21飛行隊 松島
修復
東日本大震災で、甚大な被害を受けた松島基地。三菱重工で修復された最初のF-2Bが戻ってきた時の記念パッチ。

第21飛行隊
Glad To Be Back Home
このパッチは松島基地に復帰した、第21飛行隊のF-2B記念塗装のベントラルフィンに描かれたイラストをパッチにした、制式なデザイン。

第21飛行隊
創設30周年記念
トランプをイメージしたデザインの第21飛行隊創設30周年記念パッチ。F-2BとT-2がデザインされているが、上下の決まりは無い。

第21飛行隊
MEMORIAL RETURN
このパッチも第21飛行隊のF-2Bが松島基地に戻ってきた記念で、パッチ中央には「絆」の文字が大きく描かれた。

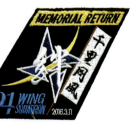

第21飛行隊
創設30周年記念
このパッチも飛行隊創設30周年記念で、刀を構えた伊達政宗がデザインされ、記念塗装機のシリアルナンバーも描かれた。

第21飛行隊 創設40周年記念
珍しい形をした、第21飛行隊創設40周年記念パッチ。左上には飛行隊マークと桜の花をデザインして「40」の文字、中央には不死鳥のイラストが描かれた。

第21飛行隊
飛行隊が創設されたT-2時代の第21飛行隊パッチは、機首や主翼先端、垂直尾翼などを赤く塗ったT-2前期型の正面形が描かれた。

第21飛行隊 創設15周年記念
T-2の航跡で「21」の文字、中央のリボンの中には15周年の記念文字を描いた、第21飛行隊創設15周年記念パッチ。

第21飛行隊 創設20周年記念
T-2前期型と、当時は第21飛行隊の中に編成されていたブルーインパルス(戦技研究班)のT-2が描かれた、創設20周年記念パッチ。

第21飛行隊 T-2 LAST YEAR 2004
第21飛行隊のT-2運用最後を記念して製作されたパッチ。当時、飛行隊にはT-2前期型、T-2後期型、F-1迷彩機、ブルーインパルス、記念塗装機が所属していたため複数のパターンのパッチが存在した。

第21飛行隊 1997年松島基地航空祭
T-2とT-4が描かれた、1997年松島基地航空祭のパッチには、松島基地の滑走路などがデザインされた。

第21飛行隊 T-2 Forever
T-2の退役を記念して製作されたパッチは、夕日に向け、フルアフターバーナーで離陸するT-2が描かれた美しいカラーリング。

第21飛行隊 ラストT-2
第21飛行隊は用途廃止になったT-2に、ド派手な記念塗装を行った。このパッチは、記念塗装機をモチーフにしたデザイン。

第21飛行隊 T-2 LAST FLIGHT
原田坊の句「松島や あぁ松島や 松島や」をもじって、「あぁ あ〜がすや T-2や」と、描かれた記念パッチ(「あ〜がす」とは、当時の第21飛行隊のコールサイン)。

第21飛行隊のF-2は、複座型のF-2Bのみ。

第22飛行隊 T-2/解散

第21飛行隊新編から約2年後の1978年4月に、松島基地で第22飛行隊が誕生した。装備機は第21飛行隊と同様に機首や垂直尾翼を赤く塗ったT-2前期型と、全面グレイのT-2後期型を使用していたが、F-2Bに改編することなく、2001年3月27日に解散した。

第22飛行隊 創設20周年記念
1998年4月、アメリカ空軍創設50周年のロゴマークと良く似たデザインの第22飛行隊創設20周年記念パッチ。このイラストは記念塗装機の機首に描かれた。

第22飛行隊
第22飛行隊の初期のパッチは、帽子(キャノピー)を被り、めがね(エアインテイク)をかけた可愛いT-2がデザインされた。

第22飛行隊
第22飛行隊は、後半にパッチのデザインを変更した。新しいパッチにはT-2と第4航空団を意味する飛行隊マークが描かれた。

第22飛行隊 第22sq Final
第22飛行隊のファイナル記念塗装機のスペシャルマーキングのデザインを流用した、T-2 FINAL記念パッチ。

飛行教育航空隊 第23飛行隊 F-15

防衛政策の見直しから、戦闘機飛行隊が1個飛行隊、削減されることになり、2000年10月6日に第202飛行隊が解散され、同日付で航空教育集団隷下に第202飛行隊の任務を受け継ぎ、機体と隊員などは平行移動して、飛行教育航空隊第23飛行隊が誕生した。

第202飛行隊の隊員、機体、任務を受け継いで生まれた第23飛行隊

飛行教育航空隊
馬に跨る騎士がデザインされた、飛行教育航空隊のパッチ。騎士が持つ盾の中には第23飛行隊の前身となる第202飛行隊のマーク「埴輪」が描かれた。

第23飛行隊
中世の騎士が剣と盾を持って、戦闘態勢をとるスタイルをモチーフにした第23飛行隊のパッチには「FIGHTER TRAINING」の文字が描かれている。

飛行教育航空隊 整備小隊
飛行教育航空隊の整備小隊が製作したパッチで、描かれている馬は都井岬に生息するたてがみの赤い野生の馬。

飛行教育航空隊 整備小隊
このパッチも都井岬周辺に生息する野生の馬がモチーフにされた、楕円形の整備小隊用サブパッチ。

第23飛行隊
都井岬の野生の馬と、飛行隊名の「二三」をデザインした飛行隊マークを使用したサブパッチで、複数のカラーが存在した。

第23飛行隊 EAGLE INSTRUCTOR
F-15のパイロットが使用しているイーグルドライバーパッチの第23飛行隊バージョンで、文字は「EAGLE INSTRUCTOR」。

第23飛行隊 The 23rd SQUADRON
第23飛行隊の教官用サブパッチで、夕日をイメージした美しいカラーを使用している。パッチの中には教官を意味する英文字が入れられている。

第23飛行隊 創設10周年記念
炎をイメージしたド派手な創設10周年記念塗装機とイーグルヘッドが描かれた、第23飛行隊の創設10周年記念パッチ。

第23飛行隊 創設20周年記念
このパッチは、第23飛行隊の創設20周年記念で、スペシャルマーキングを施したF-15イーグルの垂直尾翼をデザインしている。

第31教育飛行隊 T-4

航空自衛隊最初の「航空団」となった浜松基地の第1航空団には、T-33Aを装備する教育飛行隊が配備されていたが、T-4導入に伴いT-33Aを使用して最後まで残っていた第33教育飛行隊と入れ替わるかたちで、1989年10月2日に第31教育飛行隊が編成され、現在に至っている。

第31教育飛行隊
浜松基地で編成された第31教育飛行隊のパッチは、ウイングマークとT-4。現在使用されているのはブラックとグリーンのロービジの刺繍製だが、創設当時のパッチはビニール製で凹凸のある珍しいパッチだった。

第31教育飛行隊
現在、第31教育飛行隊のパイロットが使用しているサブパッチ。T-4の航跡はチェッカーで、中央には「31」の文字、下部の余白部分にはTACネームが入る。

第31教育飛行隊 100,000時間
第31教育飛行隊が、2010年6月3日に無事故100,000時間を記録した記念パッチには、記念文字とドルフィン(T-4の愛称)が描かれた。

第31飛行隊 航空自衛隊創設60周年記念
このパッチは航空自衛隊創設60周年記念で、サブパッチの中には富士山と創設記念文字が追加された。

第31教育飛行隊 航空自衛隊創設50周年記念
第31/32教育飛行隊は、空自創設50周年で共通のデザインの記念塗装を行った。第31教育飛行隊のカラーはブルーで、このパッチは塗装機をモチーフにしている。

第1航空団 200,000時間無事故
第1航空団は2012年5月31日に無事故200,000時間を達成。2機のT-4がデザインされたパッチが製作された(バックのブルーは第31教育飛行隊、レッドは第32教育飛行隊を意味する)。

第31教育飛行隊 111,111時間無事故
第31教育飛行隊の無事故111,111時間達成記念パッチの中央には、大きな文字で「111,111」と描かれた。

第31教育飛行隊 FTB
新しい教育課程としてスタートした戦闘機基本訓練課程(FTB)のパッチには、F-15とF-2がシルエットで描かれた。

第31教育飛行隊 CHECKER in KOMATSU
E-767配備に伴い滑走路工事のため第31教育飛行隊のT-4は、1997年4月から11月まで小松基地に展開した。小松に展開した時は、T-4の主翼や垂直尾翼の一部を蛍光オレンジで塗っていた。

第31教育飛行隊 創設20周年記念
飛行隊創設20周年記念パッチは、飛行隊カラーのブルーを基調にして、イーグルが「20th」の文字を抱えたデザイン。

第31教育飛行隊 創設20周年記念
このパッチも第31教育飛行隊創設20周年記念で、飛行隊名や記念の文字などが描かれたシンプルなデザイン。

黒と黄色のチェッカーは第1航空団共通の部隊マーク。手前の機体は第13飛行教育団からの借用機。

第32教育飛行隊 T-4

第31教育飛行隊に続いて1990年3月31日には、同じく浜松基地の第1航空団隷下に第32教育飛行隊が新編された。第31/32教育飛行隊は現在、戦闘機パイロットを目指す学生に対し、基本操縦後期課程と戦闘機基本訓練課程(FTB)を実施している。

浜松基地第32教育飛行隊のT-4。

第32教育飛行隊
第31教育飛行隊が編成された当時のパッチはビニール製だったが、第32教育飛行隊のパッチは四角形と円形を組み合わせたユニークな形状で、T-4の航跡で飛行隊名の「32」をデザインしている。

第32教育飛行隊
第1航空団伝統のチェッカーと鷹の顔を描いた第32教育飛行隊の小さなサブパッチ。下部の余白部分にはパイロットのTACネームが入る。

第32教育飛行隊 TEAM BLINK
このパッチもサブパッチとして使用されていたデザインで、制式な飛行隊パッチのスタイルの中に、漢字で「参拾弐」の文字が描かれた。

第32教育飛行隊「32」
教育課程の中にFTB(戦闘機基本訓練課程)が追加された頃に、複数のサブパッチが誕生した。このパッチは隊長機?で、シリアルナンバーの下2桁(32)はシャドー付き。

第32教育飛行隊 Team BLINK
当時、芦屋基地の第13教育飛行隊から借用していたレッドドルフィンのT-4も在籍していたため、サブパッチのバリエーションは非常に多かった。

第32教育飛行隊 航空自衛隊 創設50周年記念
空自創設50周年では、第32教育飛行隊のT-4にも記念塗装が行われ、同時に記念パッチも製作された(複数のカラーバリエーションがあった)。

第32教育飛行隊 松島基地展開
E-767配備に関連して浜松基地滑走路の補強工事のため第31教育飛行隊は小松基地に展開したが、第32教育飛行隊は松島基地に展開した。このパッチは第32教育飛行隊が製作した、松島基地展開記念パッチ。

第32教育飛行隊 FTB
第32教育飛行隊のFTBパッチ。下部には「Fighter Trainig Basic」と描かれた、大きなサイズのパッチ。

第32教育飛行隊 FTB
戦闘機基本訓練課程が導入された当時のFTBパッチで、デザインは第31教育飛行隊と共通で、パッチの枠は飛行隊カラーの赤になっている。

第32教育飛行隊 100,000時間無事故
第32教育飛行隊は、1991年3月12日に無事故100,000時間達成。制式なパッチのスタイルを流用した、記念パッチが作製された。

第32教育飛行隊 HAMAMATUS A.B
浜名湖名物の「ウナギ」の上部には第1航空団を意味する黄色と黒のチェッカー、下部には飛行隊カラーの赤のリボンの中に飛行隊名が描かれたウナギパッチ。

当時、飛行隊の中ではこのウナギパッチは人気が高く、非常に多くのバリエーションが製作された。このパッチには基地名と飛行隊名が入れられた。

第32教育飛行隊 創設20周年記念
このパッチもウナギシリーズのバリエーションで、第32教育飛行隊創設20周年記念パッチも製作された。

第32教育飛行隊 創設20周年記念
このパッチは飛行隊創設20周年記念で、T-4の垂直尾翼と記念文字などが入れられた。「BLINK」は、飛行隊のコールサイン。

第32教育飛行隊 創設10周年記念
第32教育飛行隊の創設10周年記念の制式なパッチは、飛行隊カラーの赤を基調にしてT-4とドルフィンが描かれたが、記念文字は控えめなカラー。

第32教育飛行隊 創設20周年記念
このパッチは、羽根を銜えた鷹が描かれた飛行隊創設20周年記念パッチで、詳細は不明。

第32教育飛行隊 創設0周年記念
T-4の航跡と、浜名湖名物のウナギで「32」の文字、バックには富士山が描かれた飛行隊創設20周年記念パッチには、「TEAM BLINK」の文字も入れられた。若干デザインなどが異なる2種類が存在した。

第32教育飛行隊 創設30周年記念
このパッチは創設30周年の制式なデザインで、飛行隊カラーの赤い2匹のドルフィンとT-4、記念文字と飛行隊名などが描かれた、シンプルなデザイン。

第32教育飛行隊 創設30周年記念
制式な飛行隊パッチのデザインを流用して円形に変更、T-4のバックには日本を象徴する富士山、下部には記念文字が入れられている。

尾翼のチェッカーには、第31教育飛行隊は青、第32教育飛行隊は赤のストライプ。

第11飛行教育団 T-3/T-7

航空自衛隊が創設されると、直後の1956年には浜松基地で第1操縦学校が編成された。後に小月基地（現在の海上自衛隊小月航空基地）に移動して、1959年には第11飛行教育団と改称、1964年には静浜基地に移動して現在に至っている。編成当時はT-6を装備していたが、後にT-34A、T-3と機種改編し、現在はT-7を使用している。

第11飛行教育団

現在使用されている第11飛行教育団のパッチは、部隊マークの富士山の上に金色のイーグルがデザインされた。

第11飛行教育団

T-3からT-7に機種改編した後も、長い間使用されていた旧第11飛行教育団のパッチには、富士山をバックに駿河湾上空を飛ぶT-3。若干の色違いが存在した。

第11飛行教育団 第1教育飛行隊

T-7を受領すると第1教育飛行隊と、第2教育飛行隊別々のパッチが設定された。このパッチは第1教育飛行隊。

第11飛行教育団 第1教育飛行隊

このパッチは、第1教育飛行隊のフルカラーバージョン（学生用）で、T-7の下に描かれている「AMAGI」は飛行隊のコールサイン。

第11飛行教育団 第2教育飛行隊

第2教育飛行隊のデザインは、第1教育飛行隊と比べると若干T-7のアングルが異なるほか、周囲の文字なども異なっている。「FUYO」は飛行隊のコールサイン。

第11飛行教育団 Last year T-3

第11飛行教育団で使用されていたT-3のラストイヤー記念パッチは、特徴のあるT-3の垂直尾翼がモチーフにされた。

第11飛行教育団 第1教育飛行隊

T-3を装備していた時代の第11飛行教育団 第1教育飛行隊のパッチ。右側には第1教育飛行隊を意味する文字が描かれている。

第11飛行教育団 第1教育飛行隊 FINAL STAGE

このパッチも第1教育飛行隊が製作したT-3のラストフライトパッチで、T-3はゴールドに輝き、タイトルは「FINAL STAGE」となっている。

第11飛行教育団 整備小隊

T-7導入記念に整備小隊が製作した記念パッチで、富士山とハイレートクライムを行うT-7の勇姿がデザインされた。

第11飛行教育団 第1教育飛行隊 T-3 LAST STAFF

第1教育飛行隊が製作した、T-3ラストスタッフパッチはT-3と飛行隊マークの組み合わせで、黄色と青の2色のバージョンが製作された。

第11飛行教育団 T-7 SHIZUHAMA

T-7導入記念パッチで、富士山上空でフライトするT-7と、非常に見えにくいが下部には黒文字で「新機種導入記念」と描かれた。

第11飛行教育団 芙蓉

第11飛行教育団 第2教育飛行隊のパイロットが使用しているサブパッチで、赤いラインの中には「2」の文字が隠れている。

第11飛行教育団 第1教育飛行隊 天城

このパッチも第1教育飛行隊が製作した、T-3ラストスタッフ＆ラストスコードロン記念パッチで、「T-3」と「天城」の文字が大きく描かれた。

第11飛行教育団 創設50周年記念

富士山と「11」の文字をアレンジした飛行隊マークを流用した、創設50周年記念パッチ。このマークは、当時のT-7全機の胴体にも描かれた。

T-34メンターをベースに開発されたT-3。

第12飛行教育団 T-3/T-7

浜松基地で編成された第1操縦学校に続いて、防府基地で分校が編成された。1959年に第1操縦学校が第11飛行教育団と改称されると、第1操縦学校分校は、第12飛行教育団となった。第11飛行教育団と同様に現在はT-7を使用している。

T-34は航空自衛隊の前身となる保安隊時代から使用されていた初等練習機。

第12飛行教育団
毛利藩の紋章をモチーフにした部隊マークと、「12FTW」「HOFU」の文字を描いた、第12飛行教育団のパッチ。現在はグリーン系のカラーを使用中。

第12飛行教育団 飛行教育群
第12飛行教育団の飛行教育群パッチは、T-7と部隊マークをモチーフにしたデザインで、ズバリ「飛行教育群」と描かれた。

第12飛行教育団 飛行準備教育群
第12飛行教育団に入校する直前の飛行準備教育群のパッチは、可愛いヒナを見守る親鳥が描かれている。

第12飛行教育団 第1教育飛行隊
T-7導入と同時に制定された第1教育飛行隊のパッチには、「天から舞い降りる新しい翼となるT-7」が、モチーフになっている。

第12飛行教育団 第2教育飛行隊
第1教育飛行隊と同様に、第2教育飛行隊は同じデザインで飛行隊名や下のリボンの色が異なるパッチが採用された。

第12飛行教育団 第2教育飛行隊
T-3時代の旧第2教育飛行隊パッチで、滑走路から飛び立つデフォルメされたT-3が面白い。

第12飛行教育団 航空学生教育群学生隊
航空自衛隊のパイロットを目指す、航空学生教育群学生隊のパッチは可愛いヒヨコ。文字など一切無いのが特徴。

第12飛行教育団 七型
T-7導入時に整備補給群が製作した記念パッチには、大きな文字で「七型」の文字と、シルエットでT-7が描かれた。

第12飛行教育団 Thank You T-3, Hello T-7
T-3からT-7に機種改編する記念パッチには、「ありがとうT-3、こんにちわT-7」の文字と両機のイラストが描かれた（白と赤の塗りわけパターンが逆になっているのが良く分かる）。

第12飛行教育団 整備小隊
2003年にT-7が導入された当時に、整備小隊が製作した記念パッチ。このパッチにも可愛いT-7が描かれている。

第12飛行教育団 防府基地 創設60周年記念
滑走路が描かれた防府基地上空を飛ぶT-7をモチーフにした、防府基地創設60周年記念パッチ。

第12飛行教育団 T-3 LAST TEAM
第12飛行教育団に最後まで残っていたT-3のパッチで、「T-3 LAST TEAM」「FINAL YEAR 1979-2004」の文字が入れられた。

第12飛行教育団 新機種導入記念
第12飛行教育団のT-7を担当する整備小隊が製作した記念パッチ。右下の余白部分には個人名が入る。

第12飛行教育団 整備小隊
このパッチも2003年に整備小隊が製作したT-7導入記念デザインで、下部の余白部分には個人名が入る。

第13飛行教育団 T-1/T-4

第13飛行教育団のルーツは、操縦教育課程を実施する第2操縦学校として宇都宮基地（現在は陸自の駐屯地）で編成され、1959年には第13飛行教育団と改称したが、国産のT-1配備にともない1961年に芦屋基地に移動した。長い間T-1を使用していたが、2000年にはT-4に機種改編している。

第13飛行教育団
現在使用されている第13飛行教育団のパッチは、垂直尾翼に描かれている「13」の文字をデザインした「十三」と、イーグルヘッドがデザインされたもの。

第13飛行教育団 飛行群
数年前に新しく採用された飛行群パッチのデザインは、上から見たT-4のみとシンプル。「FTG」は飛行群を意味する。

第13飛行教育団 第1教育飛行隊
T-4が導入されると、新たに第1教育飛行隊のパッチが製作された。新しいデザインは飛行隊マークとT-4で、下部には飛行隊名が入れられた。時期によって若干色などが異なる。

第13飛行教育団 第2教育飛行隊
T-4導入と同時に第2教育飛行隊もパッチのデザインを変更した。新しいデザインはT-4の垂直尾翼をモチーフにして大きな「2」を描いた。

第13飛行教育団 第2教育飛行隊
第2教育飛行隊のサブパッチは、レッドドルフィンのバックに第2教育飛行隊を意味する「Ⅱ」が描かれている。このパッチは複数のカラーバリエーションが存在する。

第13飛行教育団 只今移動訓練中
第13飛行教育団が芦屋基地の滑走路工事のため、2003年9月から2004年6月まで浜松基地に展開した時のパッチで、「只今移動訓練中」と描かれた。

第13飛行教育団 浜松、築城移動
同じく、芦屋基地の滑走路工事のため第13飛行教育団のT-4は浜松基地と築城基地にも展開。パッチには当時の第8航空団パッチと、第1航空団のチェッカーが入れられた。

第13飛行教育団 浜松基地展開
このパッチも第13飛行教育団の浜松基地展開記念で、レッドドルフィンのT-4と飛行隊マークに加え富士山が描かれた。

T-1は、戦後初めて国内で開発されたジェット練習機となった。

第13飛行教育団
T-4機種改編15周年 T-4初飛行30周年記念
第13飛行教育団がT-4に改編して15周年、同時にT-4初飛行30周年を記念するパッチ。文字は上向きと下向きに描かれ、パッチを付ける向きなどは制限が無い。

第13飛行教育団のT-4のニックネームはレッドドルフィン。

第13飛行教育団 第1教育飛行隊
第1教育飛行隊のサブパッチで、「ASHIYA PILOT」は一般用、「Instructor Pilot」は教官パイロット用、「STUDENT PILOT」は学生用。

第13飛行教育団 創設60周年記念
第21飛行隊の創設30周年記念パッチと同様に、重ねたトランプをイメージしたデザインの創設60周年記念パッチ。文字は日本語バージョンと英語バージョンが存在した。

第13飛行教育団 がんばろう 西日本
たびたび台風などで甚大な被害を受けた西日本を応援するため、2018年の芦屋基地航空祭では機体にリボンを巻いた応援塗装が行われ、パッチも製作された。

第13飛行教育団 T-4学生卒業1,000人記念
第13飛行教育団がT-4に改編して、学生卒業1,000人達成記念パッチは、優雅に泳ぐドルフィンがデザインされた。

第13飛行教育団 航空自衛隊創設70年記念
第13飛行教育団が制作した空自70周年記念パッチには、ブラックドルフィンが描かれた。

第13飛行教育団 第2教育飛行隊
このパッチも第2教育飛行隊で、T-1が導入されたごく初期に使用されていたデザインと思われる。

第13飛行教育団 第2教育飛行隊
このパッチはT-1時代の旧第2教育飛行隊のサブパッチで、デフォルメされたT-1と第13飛行教団、第2教育飛行隊の文字が描かれた。

第13飛行教育団 LAST STAFF
第1教育飛行隊と第2教育飛行隊が製作した、T-1ラストスタッフパッチは共通のデザイン。左は第1教育飛行隊で周囲の色は青、左上の文字は「1962 to 1999」。右は第2教育飛行隊で周囲の色は赤、左上の文字は「1962 to 2000」となっている。

第13飛行教育団 第2教育飛行隊
T-1時代の旧第2教育飛行隊のパッチは、伝統の飛行隊マークに加え羽ばたくイーグルと大きな「2SQ」の文字が描かれていた。

第41教育飛行隊 T-400

輸送機や捜索機などのパイロットの教育を実施するため1991年にビジネスジェット機のビーチジェット400をT-400の名称で導入、1994年に美保基地の第3輸送航空隊隷下に第41教育飛行隊が編成された。美保基地で新たにKC-46A飛行隊が新編されたのに伴い、第41教育飛行隊は2021年に浜松基地に移動、第1航空団に編入された。

ビーチジェット400AをベースにしたT-400。

第41教育飛行隊
第41教育飛行隊のパッチは、飛行隊名の「41」をデザインした旧飛行隊マークに鷹の顔、コールサインなどが描かれた。

第41教育飛行隊
美保基地から浜松基地に移動すると、サブパッチのデザインは変更された。新しいデザインは羽根を広げる鷲と富士山、飛行隊名は漢字表記のみとなった。

第41教育飛行隊 Lanner
美保基地時代に使用されていたサブパッチで、飛行隊マークのほかタマゴから生まれたばかりの可愛いヒヨコが描かれていた。

第41教育飛行隊 T-400
このパッチも美保基地時代の初期に使用されていたデザインで、「T-400」の文字と、下部には「Beach Jet」の文字が描かれた。

T-400 Project Team
T-400が導入された当時のプロジェクトチームのパッチには、「T-400」の大きな文字とT-400のイラストが入れられた。

第41教育飛行隊
ごく初期に使用された第41教育飛行隊パッチのデザインはプロジェクトチーム時代からデザインを踏襲、文字は「Air Lift & Rescue Trainer」と「41st Flight Training SQ」となった。

第41教育飛行隊 創設10周年記念
2005年に創設10周年を迎えた第41教育飛行隊の記念パッチは、フルカラーの飛行隊マークと、記念文字。

第41教育飛行隊 創設20周年記念
このパッチは、第41教育飛行隊の創設20周年記念で、中央には大きな「20」の文字。「Lanner」は飛行隊のコールサイン。

第33教育飛行隊・第35教育飛行隊 T-33A

1964年にT-33Aを装備して創設された第33教育飛行隊は1989年に解散、1973年に創設され、最後までT-33Aで教育課程を実施していた第35教育飛行隊も1990年に解散している。

第33教育飛行隊
浜松基地でT-33Aを使用して教育課程を実施していた第33教育飛行隊のパッチは、親鳥が飛ぶための羽根を雛鳥に与えている。

第35教育飛行隊
「35」の大きな文字とT-33Aが描かれた、第35教育飛行隊のパッチ。時期によって大きさや文字などが若干異なった。

第35教育飛行隊 Last Staff
第35教育飛行隊に最後まで残っていた隊員のパッチには、マンガの主人公が描かれた（色違いも存在した）。

警戒航空団

第601&603飛行隊（E-2C/D）、第602飛行隊（E-767）など、空の監視や航空管制を行う部隊のパッチ

1986年に三沢基地で、E-2C早期警戒機を装備する警戒航空隊第601飛行隊が編成された。後にボーイングE-767早期警戒管制機が導入されると浜松基地に配備され、1999年には司令部が浜松基地に移動、同時に第601飛行隊第1飛行班（E-2C）と第601飛行隊第2飛行班（E-767）と改称された。組織改編に伴い、飛行隊名称、組織が変更されたが（部隊マークには変更なし）、2014年にはE-2Cを運用する飛行警戒監視隊は飛行警戒監視群となり、隷下に第601飛行隊（三沢）、さらに第603飛行隊（那覇）が新編され、E-767を使用する飛行警戒管制隊は第602飛行隊に改称された。2020年、警戒航空隊は警戒航空団と改称、飛行警戒管制群が新設され、E-767を運用する第602飛行隊が置かれた。

警戒航空団 司令部 HEADQUARTERS
このパッチは下部のリボンの中に「AWC WING」と描かれた警戒航空団 司令部で、鷹の顔の上には「E-767・E-2C」、下部には「HEADQUARTERS」の文字が描かれた。

警戒航空隊 MISAWA
グレイのロービジカラーとなった、この警戒航空隊のパッチには「E-2C」「MISAWA」の文字が描かれている。

警戒航空隊 NAHA
このパッチもグレイバージョンの警戒航空隊のパッチで、鷹の顔の周囲には「E-2C」「NAHA」と描かれている。

警戒航空群 Misawa
警戒航空群時代のパッチは、日の丸から顔を出す鷹がデザインされている。基地名は「Misawa」と表記された。

警戒航空群 HAMAMATSU
E-767が導入されると、司令部が三沢基地から浜松基地に移動。このパッチの文字は「E-767」「HAMAMATSU」となった。

警戒航空隊 NAHA
警戒航空隊時代のデザインを継承した、警戒航空隊のフルカラー時代のパッチ。

第601飛行隊
この飛行隊は、第601飛行隊～第601飛行隊第1飛行班～飛行警戒監視隊～第601飛行隊と、飛行隊名がたびたび変更されたが、パッチは創設時代のデザインを継承した。

第602飛行隊
浜松基地に配備されている第602飛行隊のパッチは飛行隊マークと同じフクロウで、このパッチはフライトクルー（PILOT）用。
MiG-25強行着陸事件をきっかけに導入が決まったE-2C。

第603飛行隊
第601飛行隊と第603飛行隊の飛行隊マークは、機体を共用しているため同じデザインで、パッチのデザインも共通しているが下部の文字は「603」。

臨時警戒航空隊
このパッチは、警戒航空隊のごく初期に制作されたデザインで、ユニークなE-2Cと「空中早期警戒」の文字が周囲に描かれた。

警戒航空隊 電子整備隊
整備補給群の電子整備隊が制作した初期のパッチには、デフォルメされた可愛いE-2Cホークアイ。

第602飛行隊 E-767 AWACS
第602飛行隊のクルーが使用しているサブパッチで、グレイとブラックを使用したロービジカラー。バックには眼を光らせた梟（ふくろう）が描かれているが、猫バージョンも存在した（右）。

第601飛行隊 E-2C 飛行時間 777時間
ブラックとグリーンを基調にしたE-2Cの飛行時間パッチで、梟の目と「777」の文字と鷹の目のみトーンダウンした赤。

第601飛行隊 E-2C 飛行時間4,000時間
パイロットにとって飛行時間4,000時間とは、「死線(4,000)を超える」という意味が隠され、やっと一人前と認められる?節目の飛行時間。

第601飛行隊 E-2D
E-2Cの後継機となるE-2Dアドバンスドホークアイのパッチには、「D」を意味するデルタが中央に大きく描かれた。

E-767 AWACS
E-767が導入される直前に製作されたE-767 AWACSのパッチには、日米両国の国旗があしらわれた(基地名はMISAWAとなっている)。

第601飛行隊 E-2D
E-2Dは三沢基地の第601飛行隊から配備が始まっている。このパッチはE-2Dのパイロットが使用しているサブパッチで、グレイカラーのほかピンクバージョンも存在する。

E-767 INTEGRATION TEAM
E-767導入時に製作された日米統合チームのパッチで、E-767のほか日米の国旗がバックに描かれた。

AWACS E-767
このパッチはE-767導入当時に製作されたデザインで、2機のE-767が日本周辺を警戒監視しているイメージのデザイン。

E-767 AWACS
このパッチも日本上空を警戒監視するE-767が描かれた、グリーンバージョンのロービジカラー。

第603飛行隊
第603飛行隊関連のパッチは少ないが、このパッチには沖縄本島の地図のほかヤンバルクイナや椰子の木などがデザインされた。

第602飛行隊 梟眼
可愛い梟が描かれた、第602飛行隊のサブパッチ、カラーは2種類あり、下部の文字などは若干異なった。

第602飛行隊 整備小隊
E-767の整備を実施している整備小隊が製作したパッチには、デフォルメされたE-767と上部には「MAINTENANCE SQ」の文字が入れられた。

第602飛行隊 第2整備群
浜松基地で、E-767 AWACSの整備を担当している第2整備群のパッチは、フクロウとデフォルメされたE-767。

第602飛行隊 警戒航空隊 浜松基地
警戒航空隊時代に製作されたこのパッチには、フクロウの顔と「梟目」の文字、下部には「警戒航空隊 浜松基地」と入っている。2種類のカラーが存在した。

ボーイング767をベースにしたE-767。

**第602飛行隊
RED FLAG ALASKA 15-3**
2015年にアラスカで行われた「レッドフラッグ」演習に参加した時の記念パッチには、ロートドームにフクロウや記念文字が描かれた。

**第601飛行隊
COPE NORTH GUAM 1999**
1999年にアンダーセン空軍基地で実地された「コープノースグアム」演習に参加した時に製作されたパッチの周囲に、記念文字が追加された。

**第601飛行隊
COPE NORTH GUAM 2000**
このパッチは、2000年に行われた「コープノースグアム」演習参加記念パッチで、前年のデザインを流用して、一部の文字のみが変更された。

**第601飛行隊
COPE NORTH GUAM 2000**
このパッチも「コープノースグアム2000」で、羽根を広げたフクロウとE-2C、日米両国の国旗がデザインされた。

**第601飛行隊
COPE NORTH GUAM 09**
「コープノースグアム09」演習のパッチは、サングラスをかけたコウモリと、南国の白い雲をバックに飛ぶE-2C。

**第601飛行隊
COPE NORTH GUAM 2005**
このパッチは、2000年のデザインを継承しているが、ベースの色が変更されたほか、文字の標記も若干異なった。

警戒航空隊 創設10周年記念
このパッチは創設10周年記念の制式なデザインで、羽根を広げたコウモリと記念文字のほか、月桂冠などが入れられた。

第601飛行隊 COPE NORTH GUAM 2012
2012年の「コープノースグアム」演習パッチもサングラスをかけたコウモリが主役で、椰子の木と「GUAM」の文字が描かれた。

警戒航空隊 創設10周年記念
警戒航空隊創設10周年記念パッチはネームタグサイズの長方形で、同じデザインは記念塗装のE-2Cの胴体にも描かれた。

**警戒航空隊
航空自衛隊
創設50周年記念**
警戒航空隊の航空自衛隊創設50周年記念パッチは、記念塗装を施したE-2Cと記念文字などが描かれた。

**警戒航空隊
第1整備群
創設20周年記念**
三沢基地でE-2Cの整備を実施している第1整備群の創設20周年パッチは、赤い日の丸の中にデザインされたが、グリーンをベースにした英語バージョンも存在した。

警戒航空団創設40周年記念
第601飛行隊のコウモリと第602飛行隊のフクロウ、E-2CとE-767が描かれた、警戒航空団の創設40周年記念パッチ。

**第601飛行隊
創設30周年記念**
第601飛行隊の創設30周年記念パッチは、E-2Cの巨大なロートドームの中に記念文字が描かれた。フルカラーとロービジバージョンが製作された。

**第601飛行隊
飛行時間10万時間
無事故**
E-2Cが三沢基地に配備されてから、2009年7月30日に無事故飛行10万時間を達成した記念パッチは、シャンパンを持ったコウモリが喜んでいる。

航空支援集団

||||| 大型の固定翼を中心に、人員、物資輸送や空中給油をおこなう飛行隊のパッチ |||||

　航空支援集団隷下には、第1輸送航空隊（小牧）、第2輸送航空隊（入間）、第3輸送航空隊（美保）が編成され、C-1、C-2、C-130H、KC-767、KC-46が配備されているが、現在、入間基地の第2輸送航空隊に配備されているC-1は、2024年度末に姿を消すことになっている。

第1輸送航空隊 第401飛行隊

　第1輸送航空隊が1978年3月31日に小牧基地で編成されると同時にC-1とYS-11を装備する第401飛行隊が誕生した。C-130Hが導入されると第401飛行隊はC-130H飛行隊となり、使用していたC-1とYS-11は第402飛行隊と第403飛行隊に配置換えとなった。

第1輸送航空隊
地球と名古屋城のシャチホコ、第1輸送航空隊の「1」、C-130HとKC-767が描かれた第1輸送航空隊のパッチ。

第1輸送航空隊
このパッチはフルカラーの第1輸送航空隊で、基本的なデザインは共通だが形はやや楕円形となった。海外派遣が多いためか、国旗も描かれている。

第1輸送航空隊 飛行群
第1輸送航空隊に所属する機体の定期整備を実施している検査隊のパッチは、第1輸送航空隊の「1」と、C-130HおよびKC-767。

第1輸送航空隊 飛行群
第1輸送航空隊飛行群パッチには、第401飛行隊と第404飛行隊のマークがデザインされている（現在、第401飛行隊のマークは変更されている）。

第1輸送航空隊
C-130Hが配備された当時に使用された第1輸送航空隊のパッチで、このデザインの一部は現在も継承されている。

第401飛行隊
第401飛行隊は2023年にパッチのデザインを変更した。新しいパッチはライオンの横顔で、垂直尾翼の飛行隊マークも同様に変更された。

第401飛行隊
最近まで使用されていた第401飛行隊の旧パッチはペガサスで、複数のカラーバリエーションが存在していた。

C-130Hが導入された当時の第401飛行隊の部隊マークは"シャチホコ"。

第401飛行隊
第401飛行隊が創設された当時の旧パッチは、オレンジ色をバックにペガサスがデザインされた。

イラク派遣時に採用されたブルーの塗装を施したC-130H。

第401飛行隊 PILOT
C-130にはパイロットのほか機上整備員など非常に多くのクルーが搭乗するため、識別するためのサブパッチが製作された。このパッチはパイロット用。

第401飛行隊 FLIGHT ENGINEER
このパッチは、カッコイイC-130Hが描かれたフライトエンジニア用パッチ。

第401飛行隊 LOADMASTER
このパッチは「龍」の文字が描かれた、ロードマスター用。

第401飛行隊 NAVIGATOR
日本を中心とした地図とC-130がデザインされたナビゲーター用パッチ。

第1輸送航空隊 イラク復興支援空輸隊
イラクやクウェートなどの復興支援を実施した空輸隊のパッチには、デザート仕様の地図と中央には「IRAQ」の文字が描かれた。

第1輸送航空隊 イラク復興支援派遣輸空隊
イラク復興支援を実施した第1輸送航空隊 派遣輸送航空隊のパッチは、全てがデザートカラーとなっているのが特徴。

第1輸送航空隊 イラク復興支援
このパッチもイラク復興支援に参加した第1輸送航空隊隊員のサブパッチで、獰猛なサソリが描かれた砂漠仕様。

第1輸送航空隊 イラク復興支援
同じくイラク復興支援に参加した記念パッチで、円形のパッチの中に描かれていたイラクの地図とC-130Hのみがパッチ化された。

第1輸送航空隊 第1回イラク復興支援
第1回目のイラク復興支援で、アルト・アル・セーラム空軍基地に展開した、第1輸送航空隊 第401飛行隊の地上整備員用パッチ。

第401飛行隊 JASDF C-130H
C-130Hが配備された当時に採用されたパイロット用のサブパッチで、グリーン迷彩のC-130Hが描かれている。

第1輸送航空隊 創設30周年記念
長い間、使用されてきたC-130Hの正面形をデザインしたサブパッチに、記念文字などを追加した、創設30周年記念パッチで複数のカラーバージョンが存在した。

第401飛行隊 1TAW 401SQ
このパッチもパイロット用のサブパッチで、下部に描かれている「1TAW 401SQ」の文字は、「第1輸送航空隊 第401飛行隊」を意味する。

第401飛行隊 コープノースグアム 07-2
2007年に行われたコープノースグアム演習を支援した、第401飛行隊のパッチは電車の切符をイメージしたデザインが面白い。

第401飛行隊 RED FLAG ALASKA 19-2
このパッチはアラスカで行われた、レッドフラッグアラスカ演習を支援した時のデザインで、C-130Hの正面形が描かれた。

第2輸送航空隊 第402飛行隊

第2輸送航空隊の歴史は古く、1958年10月20日に木更津訓練隊として編成された。後に1968年5月31日、入間基地に移動して木更津航空隊から入間航空隊と改称、1978年3月31日に第2輸送航空隊と改称して同時に第402飛行隊が誕生した。

2024年度末で運用が終了する第402飛行隊のC-1。

第2輸送航空隊
入間基地をベースにして全国に飛び回るイーグルがデザインされた、第2輸送航空隊のパッチ。現在はグレイとなったが、時期によって色調は若干異なった。

第402飛行隊
パイロットが肩に付けている第402飛行隊のパッチは、大きな荷物を背負ったペリカンで、「COSMO」は飛行隊のコールサイン。

第2輸送航空隊
第402飛行隊のパイロットは、胸に第2輸送航空隊のパッチを付けている。このパッチは、バックやカバーなどに使用されたもので、18cm×18cmと特大サイズ。

第2輸送航空隊
C-1を受領した当時の第2輸送航空隊の旧パッチで、現在も使用されている日本の上空を飛ぶイーグルのデザインと、無塗装のC-1が描かれている。

第402飛行隊 コロナ対策
世界中でコロナが蔓延していた時も第402飛行隊のペリカンは、マスクを付けて日本中を飛びまわっていた。このパッチは制式に採用された。

第402飛行隊 飛行時間4000時間
第402飛行隊の飛行時間パッチは、獅子の顔。このデザインの小さなパッチは短期間だったが、C-1の機首に描かれたこともあった。

第402飛行隊 創設40周年記念
国旗に飛行隊名と創設40周年記念文字、C-1の正面形を描いた、シンプルなデザインの飛行隊創設40周年記念パッチ。

第2輸送航空隊 創設50周年記念
グラデーションの美しいC-1が描かれた、第2輸送航空隊創設50周年記念パッチ。このパッチは記念塗装機のC-1のエンジンポッドに描かれた。

第402飛行隊 クリスマスバージョン
第402飛行隊のペリカンがサンタクロースのコスプレをした、クリスマスバージョン。このパッチは2023年の12月限定で制式に採用された。

第402飛行隊 2000 MILLENNIUM
西暦2000年はいろいろなイベントが行われ、第402飛行隊は日の丸をイメージした記念パッチを製作した。

第2輸送航空隊 創設60周年記念
C-1の大きなレドームに「60」の文字を描いた、ユニークなデザインの第2輸送航空隊創設60周年記念パッチ。

第2輸送航空隊 創設60周年記念
第2輸送航空隊は創設60周年に合わせてC-1の全面に歌舞伎をイメージした、ド派手な記念塗装機を登場させ、記念パッチのバックも歌舞伎をイメージしたデザインとなった。

第402飛行隊
現在、使用されている第402飛行隊のサブパッチで、物資を投下するC-1をモチーフにしている。日本地図の下側にはTACネーム（氏名）が入る。

第402飛行隊 LOADMASTER
第402飛行隊はC-1とU-4を使用中。このパッチはロードマスター（機上整備員）用で、「Kawasaki C-1」と「GalfstreamⅣ」(U-4の民間名)が入っている。

第402飛行隊 DEFENSE EXCHANGE
第402飛行隊のU-4が初めてオーストラリアに展開した時の記念パッチで、パッチの中には「THE FIRST STEP」の文字が描かれた。

第3輸送航空隊 第403飛行隊

1978年3月31日に3番目の輸送航空隊として、鳥取県の美保基地で第3輸送航空隊が編成され、同時に第403飛行隊が誕生した。当時の装備機はYS-11とC-1だったが、YS-11に続いてC-1も退役し、現在はC-2飛行隊となっている。

第3輸送航空隊 飛行群
C-1が配備された直後の飛行群の旧パッチは、ほうきに跨って空中を散歩する魔女が描かれ、魔女の宅急便と呼ばれた。

第3輸送航空隊
伝説のペガサスがモチーフにされた、第3輸送航空隊のパッチ。このデザインは現在使用されている。

第3輸送航空隊 飛行群
第3輸送航空隊のパッチと同様に飛行群のバックには白山、羽根を広げるイーグルが描かれ、「Team spirit」の文字も入っている。

第3輸送航空隊 飛行群
大きな荷物を背負ったウサギがサメに乗っているデザインとなった、飛行群の旧パッチ。3個の星は第3輸送航空隊を意味する。

第3輸送航空隊 検査隊
このパッチは検査隊が使用していたデザインでC-1、YS-11、T-400が描かれているが、現在この3機種はすべて美保基地から姿を消した。

第403飛行隊
第403飛行隊のパッチは、美保基地が所在する鳥取県が舞台となった日本神話「因幡の白兎」に登場する大国主命と兎が描かれている。左は旧カラー、中央の赤いパッチは学生用、右のグリーンのパッチは教官用。

第403飛行隊 創設20周年記念
周囲には月桂冠が配置され、中央には記念文字とC-1が描かれた第403飛行隊の創設20周年記念パッチ。

第403飛行隊 BLUE WHALE
C-2は、独特のスタイルからホエール(クジラ)と呼ばれ親しまれているため、パッチには「BLUE WHALE」と描かれた。

第403飛行隊 DUBAI AIR SHOW 2019
第403飛行隊のC-2がドバイで開催されたエアショーに参加した時に製作されたパッチで、飛行隊パッチに描かれている「因幡の白兎」も描かれた。

第1輸送航空隊 第404飛行隊

航空自衛隊が最初の空中給油機としてKC-767の導入を決定すると、2009年に小牧基地の第1輸送航空隊の隷下で第404飛行隊が新編された。KC-767は空中給油任務のほか、現在は退役が近いC-1に代わって定期便としても使用されている。

第404飛行隊
第404飛行隊が配備されている小牧基地周辺は古来馬の市場として栄えていたため、飛行隊パッチには馬の横顔が描かれた。

第404飛行隊 空中給油
KC-767の主な任務は空中給油だが、ジョッキにビールを注いでいるのが面白い。このパッチは飛行隊が創設された初期に製作された。

第404飛行隊 SISTER SQUADRON
航空自衛隊の第404飛行隊と、イギリス空軍の第33飛行隊は同じ空中給油飛行隊で、姉妹飛行隊となった記念パッチ。

第404飛行隊
KC-767導入当時に採用されたサブパッチで、「BOEING 767 TANKER」と描かれている。同じデザインで、ゴールドバージョンも存在した。

第404飛行隊 BOOM
米空軍では「ブーマー」と呼ばれるブームオペレーションを担当する操作員用のパッチ。給油ブームのフィンには「404SQ KC-767J」と描かれた。

第3輸送航空隊 第405飛行隊

航空自衛隊初のKC-767空中給油機を装備する第404飛行隊に続いて、2020年12月15日にはKC-46Aを装備する第405飛行隊が、美保基地の第3輸送航空隊隷下に編成された。

第405飛行隊
大山に棲むとされている烏天狗をモチーフにした、第405飛行隊のパッチ。フルカラーのほかグレイバージョンも存在している。

第405飛行隊 KC-46A
第405飛行隊のKC-46Aをモチーフにしたサブパッチには、日本の上空を飛ぶKC-46Aがデザインされた。

特別航空輸送隊 第701飛行隊

航空自衛隊は、1987年10月に、当時日本航空と全日空が使用していたボーイング747を政府専用機として2機採用を決定した（航空自衛隊の制式呼称はB-747）。最初の機体は1991年11月13日に到着、導入当時は総理府が管理していたが、1992年4月1日に航空自衛隊に移管され、特別航空輸送隊第701飛行隊が誕生した。2019年3月24日にはボーイング777への機種改編式が行われ、ボーイング747は3月31日退役した。

特別航空輸送隊
世界中を飛び回るB-747がモチーフにされ、航跡の中に飛行隊名を描いた特別航空輸送隊のパッチ。現在はB-777を使用しているが、パッチのデザインは変更されていない。

特別航空輸送隊 隊司令
特別航空輸送隊の隊司令パッチで、政府専用機の垂直尾翼と胴体に描かれているストライプがデザインされた。

特別航空輸送隊 司令部
このパッチは司令部勤務の隊員用で、隊司令用のパッチと同じデザインだが上部の文字が異なるほか、色調が若干異なる。

第701飛行隊 FLIGHT CREW
第701飛行隊のクルー用パッチで、北極星と飛行隊のコールサイン「Cygnus」が描かれている（右側に氏名などが入る）。

初の政府専用機となったボーイング747。

第701飛行隊 MAINTENANCE
第701飛行隊の整備クルー用パッチで、バックに描かれている「47C」は政府専用機となったB-747-400のボーイング社の社内呼称「B.747-47C」に因んで描かれた。

第701飛行隊 747 FINAL
夕日に向かって飛び立つB-747政府専用機をモチーフにしたファイナルパッチで、グラデーションが美しい。「CREW」の文字が入ったパッチは隊員用。

特別航空輸送隊 747 FINAL
このパッチはB-747政府専用機のファイナルパッチで、制式なパッチのリボンの中の文字が「1993～747 FINAL～2019」の文字に変更されている。

政府専用機 Crew
ボーイング777が導入されると、クルーパッチのデザインが変更された。新しいパッチは「日本国 政府専用機」の文字と白鳥がデザインされた。

特別航空輸送隊 創設30周年記念
このパッチは創設30周年記念で、制式なパッチのデザインをベースに、下部には「30th」の文字、下部のリボンの中の文字は「ANNIVERSARY」に変更された。

特別航空輸送隊 創設30周年記念
創設20周年では記念パッチなどが製作されなかったが、30周年記念では複数のバリエーションのパッチが製作された。このパッチは白鳥がデザインされた。

特別航空輸送隊 BOING 777
新しい政府専用機となったボーイング777のパッチで、世界中を飛び回る2機の政府専用機がデザインされた。

飛行点検隊

航空支援集団隷下にある飛行点検隊は、全国に点在する航空交通管制施設の機材などの定期点検、評価、検査のため1958年に美保基地で編成された。後に入間基地に移動、長い間YS-11FCを使用していたが、2021年3月には退役し、現在はU-125とU-680Aを使用している

飛行点検隊
現在はU-125とU-680Aで航空施設などの点検を実施している飛行点検隊のパッチは、チェスと伝統の赤と白のチェッカー。

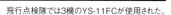

飛行点検隊では3機のYS-11FCが使用された。

飛行点検隊 飛行隊
飛行点検隊のパッチ(左上)は創設直後から存在していたが、隷下にある飛行隊のパッチはYS-11FC退役前の数年前に制定された。

飛行点検隊 整備小隊
このパッチは飛行点検隊整備小隊で、U-125とYS-11FCがデザインされているが、現在は変更されている可能性大。

飛行点検隊 創設50周年記念 C-46D
飛行点検隊が創設された当時に装備していたC-46Dがデザインされた、創設50周年パッチ。この図柄は、当時の保有機に小さく描かれた。

飛行点検隊 創設50周年記念 YS-11FC
創設50周年では複数のパッチが製作された。このパッチはC-46Dの後継機として導入されたYS-11FC。

飛行点検隊 創設50周年記念 U-125
U-125の記念パッチは、垂直尾翼と正面形、平面形の3種類が製作された。「Flight Check」は任務時の飛行隊コールサイン。

飛行点検隊 創設60周年記念
退役が近づいたYS-11FCとU-125の垂直尾翼がデザインされた、飛行点検隊創設60周年記念パッチ。

飛行点検隊 創設60周年記念 U-125
このパッチも創設60周年記念で、上の創設50周年記念と良く似たデザインとなっている。

飛行点検隊 創設60周年記念 YS-11FC
このパッチはYS-11FCの平面形が描かれた、創設60周年記念パッチ。下部の「TRIER」は通常の訓練で使用されるコールサイン。

飛行点検隊 創設60周年記念 セオドライト
飛行隊の創設記念パッチは、使用している航空機がメインだが、飛行点検隊は点検機材のセオドライトをモチーフにしたパッチも製作した。

飛行点検隊 YS-11 ラストフライト
飛行点検隊で使用されていたYS-11FCのラストフライトパッチで、独特のダートサウンドを忘れるなと描かれた(ダートとはYS-11FCのエンジンメーカー名)。

飛行点検隊 YS-11 ラストフライト
このパッチはYS-11FCのラストフライトパッチで、YS-11の上下には「DART SOUND FOREVER」と描かれている。

飛行点検隊 YS-11 ラストフライト
飛行点検隊は伝統的に白と赤のチェッカーだが、YS-11退役記念パッチの周囲は、当時話題となったアニメに因んで黒と緑のチェッカー。

飛行点検隊 U-680A
YS-11FC退役とほぼ同時に配備が開始されたU-680Aのパッチには、「DEBUT 2020.3」の文字が描かれた。

079

航空救難団

救難、災害派遣、輸送を担う全国の航空救難隊とヘリコプター空輸隊のパッチ

航空救難のほか災害派遣などの任務を実地している航空救難団の司令部は入間基地に所在し、千歳、秋田、新潟、松島、百里、小松、浜松、芦屋、新田原、那覇基地に救難隊が配備されている。そしてパイロットや救難員を教育する教育救難隊は小牧基地に配備されている。また、レーダーサイトなどの近距離空輸を実施するヘリコプター空輸隊は三沢、入間、春日、那覇基地に配備されている。

1997年に撮影した那覇救難隊のKV-107。

航空救難団
要救助者の手を掴む救難員の手が描かれた盾を中央に、羽根を広げた鷹がデザインされた航空救難団のパッチ。初期は鷹が右を向いていたが、現在は左向きで、グレイカラーとなった。

航空救難団 飛行群
救難隊とヘリコプター空輸隊を意味する2個の頭が描かれた鷲と、隷下の飛行隊を意味する14個の星が描かれた、航空救難団飛行群のパッチ。

航空救難団 司令部
入間基地に所在している航空救難団の司令部パッチには、救難を意味する「RESCUE」の「R」と鳥の羽根、赤十字が描かれている。

航空救難団 創設50周年記念
航空救難団創設50周年の制式な記念パッチで、救難団パッチに描かれている盾を持つ鷹のバックには、当時装備していた5機種が上昇している。

航空救難団 創設60周年記念
航空救難団創設60周年記念パッチの中央には、航空救難団伝統の盾を持つ鷹が描かれた。このパッチは制式なラバー製だが、刺繍製の記念パッチも存在した。

航空救難団 航空自衛隊 創設50周年記念
航空救難団が製作した、空自創設50周年記念パッチ。UH-60Jのサブパッチとして使用されていたデザインの中に、記念文字が追加された。

航空救難団 航空総隊編入
航空救難団は航空支援集団隷下に所属していたが、航空自衛隊の組織改編に伴い、2013年に航空総隊に編入された。このパッチは航空総隊に編入された記念。

航空救難団 COPE ANGEL '92-1
沖縄本島東南に位置する、浮原島演習場で実施された日米共同救難訓練「コープエンジェル'92」のパッチで、嘉手納基地に配備されている「33ARS」の文字も描かれている。

航空救難団 COPE ANGEL 98
中央に要救助者を吊り上げるためのジャングルペネトレーターと、左右には日米の国旗が描かれたコープエンジェル'98パッチ。「SAREX」の文字は救出した、という意味。

航空救難団 COPE ANGEL 2000
このパッチも「コープエンジェル2000」で、沖縄本島の地図と日米の国旗がデザインされ、下部の文字は日本語標記。

航空救難団 COPE ANGEL 2002
日米共同救難訓練「COPE ANGEL 2002」のパッチも、中央に沖縄本島の地図と、左右に日米の国旗がデザインされた。

航空救難団 COPE ANGEL 2004
救難飛行隊をテーマにした映画に出演した飛行班長役の女優が肩に付けていたパッチは「コープエンジェル 2004」で、美しいエンジェルが描かれた。

航空救難団 COMBAT RESCUE
戦闘救難（CSAR）が要求されると、UH-60Jに自衛するディスペンサーなどが追加されたほか洋上迷彩が導入された。このパッチは戦闘救難型のUH-60Jのテストチーム。

航空救難団 UH-60J type JASDF
三菱重工で最後に生産された、航空自衛隊向けUH-60Jの記念パッチで、下部には「18-4592」のシリアルナンバーも描かれている。

航空救難団 The Last V-107A staff
浜松救難隊で最後まで使用されたKV-107の844号機に関わったパイロットや整備員などのスタッフ用記念パッチ。文字が異なるバージョンなども製作された。

航空救難団 機上整備員飛行時間4000時間
U-125Aに搭乗している機上整備員（RADIO OPERATOR）の飛行時間4,000時間パッチには、U-125Aとレーダーモニターが描かれた。

航空救難団 UH-60J JⅡ
1991年から導入が開始されたUH-60Jは、段階的に近代化改修が行われ、これは最新型のUH-60J JⅡの運用開始記念パッチ。

航空救難団 UH-60J
航空自衛隊で使用されているUH-60Jのサブパッチ。導入当時は白と黄色のレスキューカラーだったが、試験的に全面グレイの機体も存在した。

航空救難団 U-125A
このパッチはU-125Aのクルー用で、デフォルメされたU-125Aがデザインされた。現在は使用されていないが、以前は、隊員は搭乗する機体のサブパッチを肩に付けていた。

航空救難団 KV-107
航空救難隊で使用されたKV-107のサブパッチは、非常に多くのバリエーションが存在した。この機体の空自の制式名称は「V-107」。しかし川崎重工で生産されたため「KV-107」と標記されることが多かった。また試験的に全面グレイのKV-107も存在した。

航空救難団 広報
入間基地に所在する航空救難団の中にある、広報班のパッチ。非常に古いパッチで、なぜ、ツタンカーメンが描かれているか不明。

航空救難団 U-125A 整備小隊
航空救難団のU-125Aを担当する整備小隊が使用していたパッチは、リアルなU-125Aのバックに救難を意味する「救」の文字。上部に描かれている「ASCOT」はU-125Aのコールサイン。

航空救難団 MU-2
航空救難隊は、機体毎にパッチを製作していたが、このパッチはMU-2のクルー用で、MU-2関連のパッチは非常に少なかった。試験的にグレイに塗られたMU-2が存在した。

千歳救難隊

千歳救難隊
千歳救難隊のパッチは、巨大なボイヤント（救出機材）で北海道を救出しているデザイン。時期によって色調が異なった。

千歳救難隊
現在使用されている千歳救難隊のパッチは、基本的なデザインは継承されているが、北海道の中にはフクロウに似た顔が描かれた。

千歳救難隊 UH-60J 導入20周年記念
千歳救難隊にUH-60Jが配備されて20年目を記念して製作されたパッチで、洋上迷彩のUH-60Jをモチーフにしている。

千歳救難隊 創設60周年記念
千歳救難隊創設60周年記念パッチは、現在使用されているデザインの中に、記念文字が追加された。

秋田救難隊

秋田救難隊
数ある救難隊の中では一番最後に編成された秋田救難隊のパッチは、ズバリ秋田地方に伝わる「なまはげ」。現在はグレイになっている

秋田救難隊 三沢基地展開
秋田空港の滑走路工事のため、固定翼機(U-125A)が三沢基地に展開して任務に就いていた時のパッチには、「ねぶた」やりんごが描かれた。

秋田救難隊
このパッチは、なまはげが漫画チックに変身、文字の書体もユニークになっているが、詳細は不明。

新潟救難隊

新潟救難隊
新潟救難隊のパッチは、新潟県の鳥「朱鷺」が新潟県の木「雪椿」につかまっているデザインで、救難員（メディック）が「雪椿」を救出しているイメージ。

新潟救難隊 戦競 2008年
2008年に行われた救難戦競に参加した新潟救難隊のパッチ。戦闘機が参加する総隊戦競とは異なり、戦競パッチを製作する飛行隊は非常に少なかった。

新潟救難隊 創設35周年記念
当時使用していたKV-107とMU-2、周囲には稲穂や椿などが描かれた、新潟救難隊創設35周年記念パッチ。

新潟救難隊 戦競 2009年
新潟救難隊は2008年と2009年と2年連続で見事優勝して、「V2」と大きく描いた記念のパッチを製作した。

新潟救難隊 創設40周年記念
新潟県の鳥「朱鷺」がボイヤントを運ぶデザインの新潟救難隊創設40周年記念パッチは、6cm×12cmとやや小さなサイズ。

新潟救難隊 創設60周年記念
航空自衛隊記念パッチとしては珍しくピンクを基調にした、新潟救難隊創設60周年記念でも「朱鷺」が主役だ。

松島救難隊

松島救難隊
一見すると松の木のように見えるが、4個の島で「松島」を表現し、上下の文字で飛行隊の団結を表現した、松島救難隊のパッチ。

松島救難隊 創設50周年記念
黒と金を基調にした松島救難隊創設50周年記念の制式なパッチには、UH-60JとU-125Aのシルエットに加え、「50」の文字が描かれた。

松島救難隊 創設50周年記念
このパッチも松島救難隊創設50周年記念で、UH-60JとU-125A、「50」の文字のバックには、制式なパッチに描かれている4個の島が隠れている。

松島救難隊
松島救難隊が創設された当時のパッチで、通称「バートル」（KV-107）が巨大なクジラを救出しているのが面白い。

百里救難隊

百里救難隊
ロープを使用して、フクロウが救出任務を行っている、百里救難隊のパッチ。バックの赤は昼間、黒(青)は夜を意味し24時間任務に就いていることを表す。

百里救難隊
現在使用されているパッチのカラーはトーンダウンしてフクロウが可愛くなり、下部のリボンの中の文字も変化した。

百里救難隊 創設50周年記念
百里救難隊創設50周年記念パッチは、筑波山周辺を飛ぶUH-60JとU-125A編隊をフクロウが見守っている。

小松救難隊

小松救難隊
石川県の伝統工芸、加賀獅子の獅子顔をベースに、開いた口の中に「AIR RESCUE」の文字がデザインされた小松救難隊のパッチ。

小松救難隊
現在使用されている小松救難隊のパッチは、加賀獅子の顔を継承しているが、デザインは一新され文字の標記も変更された。複数のカラーが存在している。

小松救難隊 創設30周年記念
中央に大きな「30」の文字を描いた、小松救難隊創設30周年記念パッチは、飛行隊初期のパッチと同様に転写プリント製。

小松救難隊 創設50周年記念
小松救難隊はパッチのデザインを変更したが、創設50周年記念パッチは、オリジナルのデザインの中の下部の文字を変更したのみ。

浜松救難隊

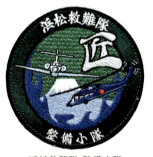

浜松救難隊
富士山と浜名湖に映る逆さ富士と、御前崎を描いた浜松救難隊のパッチ。下部の3本のラインは飛行隊、総括班、整備小隊を意味する。

浜松救難隊 整備小隊
富士山の周辺を飛ぶUH-60JとU-125A、大きな「匠」の文字を描いた、浜松救難隊の整備小隊パッチ。

浜松救難隊 LAST FLIGHT
浜松救難隊のKV-107ラストフライト記念パッチ。2009年11月3日に行われた入間基地航空祭の翌日、エプロンから「修武台記念館」までのわずか数分が最後のフライトとなった。

救難隊で捜索機として使用されているU-125A。

浜松救難隊 創設30周年記念
ロービジになった正規の飛行隊パッチの中に、金文字で創設30周年の文字を描いたシンプルな記念パッチ。

芦屋救難隊

芦屋救難隊
芦屋救難隊は小倉祇園太鼓を叩く少年から一転して、獰猛なトラのバックに玄界灘の荒波が入れられた。時期によって若干変化している。

芦屋救難隊
小倉祇園太鼓をデザインした芦屋救難隊のパッチ。太鼓には芦屋救難隊の救難エリアとなる第6救難区域の「6」を意味している。

救難隊で救難救助機として使用されているUH-60J。

新田原救難隊

新田原救難隊
太陽をイメージした赤い円の中に九州の地図を描き、救難物資を運ぶイーグルが描かれた新田原救難隊のパッチ。

新田原救難隊 創設50周年記念
制式な飛行隊パッチのデザインを継承し、救難物資は「50」の文字、下部のリボンの中の新田原救難隊の文字は、記念文字に変化した。

新田原救難隊 創設60周年記念
創設60周年記念パッチは、鷹の羽根や「60」の文字、バックには九州の地図などがデザインされた。

那覇救難隊

那覇救難隊
抱えられている鷹(要救助者)を沖縄の守り神シーサー(救助隊)が救出するシーンを再現した、那覇救難隊のパッチ。

那覇救難隊 創設40周年記念
沖縄の本土復帰と同時に編成された那覇救難隊の創設40周年パッチには、沖縄本島の地図とハイビスカス、記念文字などが入っている。

那覇救難隊 創設50周年記念
周囲には、沖縄伝統工芸ミンサー織りの模様、中央には大きな「50」の文字とハイビスカス、シーサーがデザインされた、飛行隊創設50周年記念パッチ。

救難教育隊

救難教育隊
救難隊のパイロットや救難員の教育を実施している教育救難隊のパッチは、赤十字の上でボイヤントロープを持つ鷹で、救難のプロを意味している。

救難教育隊 創設50周年記念
オリジナルの飛行隊パッチの中に、創設50周年記念文字などが描かれた飛行隊創設50周年記念パッチ。

救難教育隊
救難教育隊が発足した当時の旧デザインで、周囲の文字は救難教育隊を意味している。

三沢ヘリコプター空輸隊

三沢ヘリコプター空輸隊
三沢の「三」を意味する3本線が描かれたチヌーク族の横顔と、「CHINOOK」の文字が描かれた三沢ヘリコプター空輸隊のパッチは「M」の形をしている。

三沢ヘリコプター空輸隊 2017年戦競
2017年に行われた救難戦競のパッチで、周囲は迷彩とし、中央には日の丸の中にチヌーク族の横顔が描かれた。

三沢ヘリコプター空輸隊 創設20周年記念
チヌークのローターで「20」の文字がデザインされた、三沢ヘリコプター空輸隊の創設20周年記念パッチ。

入間ヘリコプター空輸隊

入間ヘリコプター空輸隊
入間基地周辺などに点在するお茶畑の上空を飛ぶチヌークがデザインされた、入間ヘリコプター空輸隊のパッチ。

入間ヘリコプター空輸隊 CH-47J LR
胴体側面のスポンソンを大型化した長距離型のCH-47J LRのパッチは、同機の特徴が現されている。

入間ヘリコプター空輸隊 創設20周年記念
航空救難団が創設50周年を迎えた年に、入間ヘリコプター空輸隊は創設20周年を迎え、記念パッチを製作した。

ヘリコプター空輸隊のCH-47J。現在は長距離型のCH-47J LRとなっている。

春日ヘリコプター空輸隊

春日ヘリコプター空輸隊
春日ヘリコプター空輸隊が創設された当時のパッチは、九州の地図とチヌークのCH-47Jシルエット。

春日ヘリコプター空輸隊
現在使用されているパッチは九州上空を飛ぶCH-47Jチヌークで、文字などは上下のリボンの中に移動した。

那覇ヘリコプター空輸隊

那覇ヘリコプター空輸隊
那覇ヘリコプター空輸隊が創設された当時のパッチで、迫力あるCH-47Jチヌークがデザインされている。

那覇ヘリコプター空輸隊
現在使用されているパッチのカラーはトーンダウンされているほか、チヌークは長距離型のCH-47J LRとなっている。

那覇ヘリコプター空輸隊 創設20周年記念
三沢ヘリ隊の記念パッチと同様に、那覇ヘリコプター空輸隊創設20周年記念パッチもチヌークのローターで「20」の文字を再現した。

飛行開発実験団

航空自衛隊で装備する航空機やウエポンなど、装備品の開発&試験を行う部隊のパッチ

前身となる「実験航空隊」は、航空自衛隊が装備する航空機やミサイルなどのウエポン、装備品の開発や研究、試験などを実地する部隊として、1955年12月に浜松基地で編成されたが、約2年後には現在の岐阜基地に移動した。1974年4月11日には「航空実験団」と改称、1989年3月には「飛行開発実験団」と改称して、現在に至っている。

F-4EJの運用終了を記念して、飛行開発実験団は旧塗装を復活させた。

飛行開発実験団 司令部
人工衛星の軌道と衝撃波、部隊マークの左右に月桂冠が描かれた飛行開発実験団 司令部のパッチ。現在はグリーンのカラーが使われている。

航空実験団
このパッチも航空実験団と改称された当時のデザインで、ショックウエーブ(衝撃波)と軌跡がデザインされ、「APW」の文字が小さく描かれた。

航空実験団
航空実験団時代に使用されていたサブパッチで、長良川の「鵜」とシェブロン、「APW」などの文字が描かれた。

飛行開発実験団 司令部
シェブロンや人工衛星の航跡などがデザインされた、飛行開発実験団 司令部のサブパッチ。右側に描かれている「HQ」は司令部を意味する。

航空実験団
実験航空隊から航空実験団に改称した当時のパッチで、英語標記は「AIR PROVING WING」となった。

飛行開発実験団 飛行隊
この飛行開発実験団の飛行隊パッチは、実験航空隊当時のデザインを使用しているが、上部の標記は「FLIGHT TEST SQ」となった。

飛行開発実験団 飛行隊
テストパイロットスクール創設50周年に合わせてデザインが変更された、飛行開発実験団 飛行隊パッチの現用デザイン。

飛行開発実験団 飛行隊
飛行開発実験団 飛行隊パッチの旧デザインで、翼を広げた「始祖鳥」と部隊マークの組み合わせ。フルカラーとグレイバージョンが存在した。

飛行開発実験団 ADTW FLIGHT
現在、飛行開発実験団のテストパイロットが使用しているサブパッチ。「X」は実験機を意味している。

飛行開発実験団 テストパイロットスクール
飛行開発実験団で実施しているテストパイロット課程修了者に与えられるパッチで、複数のカラーバリエーションが存在した。

飛行開発実験団 テストパイロットスクール
現在使用されているテストパイロットスクールのパッチは、デザインなどは継承されているが、下の文字は「J.A.S.D.F」から「Koku-Jieitai」となった。

実験航空隊 飛行隊
ヘルメットを被った有名な長良川の鵜飼いの「鵜」が小魚をくわえ、バックには衝撃波をイメージしたデザインが使用された、実験航空隊時代の飛行隊のパッチ。

飛行開発実験団FSX TEST TEAM
F-1の後継機は日米共同開発となり計画当時の呼称は「FSX」で、後に「FS-X」表示に変更された。このパッチはFSXの開発チーム。

飛行開発実験団 FS-X 初飛行
次期戦闘機となるFS-Xの初飛行記念パッチには、「THE FIRST FS-X PROTOTYPE」と「MAIDEN FLIGHT Oct. '95」の文字が描かれた。

飛行開発実験団 XF-2
飛行開発実験団の整備小隊が製作したXF-2のパッチで、試作された単座型2機と複座型2機のパッチが存在した。

飛行開発実験団 F-2試験飛行終了
F-2の試験飛行が終了した記念パッチには、試作1号機のイラストと終了を意味する文字が描かれた。

飛行開発実験団 F-2 TEST TEAM
飛行開発実験団のF-2テストチームのサブパッチ。試作1号機から4号機までのパッチが存在した。

飛行開発実験団 T-2 CCV TEST TEAM
フライバイワイヤなどの飛行試験に使用するため改造されたT-2の2号機を改造したT-2 CCVのテストチームパッチ。

飛行開発実験団 T-X
T-3の後継機となる次期練習機(T-7)の開発チームパッチ。当時は名称が決まっていなかったため、パッチには「T-X」と描かれていた。

飛行開発実験団 T-4
T-4のテストチームパッチで、XT-4の1号機がモチーフにされているが、パッチに描かれているT-4は試作1号機とはカラーリングが異なっていた。

現在もテストカラーが残されている飛行開発実験団のF-2A(XF-2A)。

飛行開発実験団 TANKER TEST SQ
飛行開発実験団が小牧基地で実施していたKC-767の運用試験パッチで、上部には「TANKER TEST SQ」の文字が描かれた。

飛行開発実験団 KC-767 AAR TEST
KC-767を使用して空中給油試験を実施した時に製作されたパッチの中央には、給油プローブが描かれた。

飛行開発実験団 C-1FTB
海上自衛隊のP-1が搭載するXF7-10エンジンのテスト時に製作されたパッチには、XF7-10を搭載したC-1 FTBテストベッドが描かれた。

飛行開発実験団 C-X
C-1の後継機となるC-X開発チームの整備群が製作したパッチ。赤と白の試作1号機と、迷彩の試作2号機のパッチが存在した。

飛行開発実験団 XC-2 TEST CREW
飛行開発実験団で各種試験を実施していたXC-2のクルーパッチには、試作2号機のイラストとシリアルナンバーが描かれた。

飛行開発実験団 XC-2 LEONIS
飛行開発実験団の整備担当用のサブパッチは、グレイを基調にしたロービジカラー。なぜライオンが描かれているかは不明。

飛行開発実験団 XC-2 SPS TEST TEAM IWO-TO
2012年に硫黄島で実施されたXC-2の自衛システム（SPS）試験パッチには、硫黄島で見ることができる星座が描かれた。

飛行開発実験団 XC-2 TEST TEAM
空挺降下や空中物資投下試験のため、XC-2の2号機を使用して美保基地に展開して実施した試験時に製作されたパッチ。

飛行開発実験団 XC-2
XC-2の初期に実施された試験パッチで、中には「1ST STAGE FLT TEST TEAM」と描かれている。

飛行開発実験団 THE FINAL ROAR
航空自衛隊で最後までF-4ファントムを使用していたのは飛行開発実験団で、退役時には複数のパッチが製作された。このパッチは岐阜城をバックに飛ぶF-4ファントム。

飛行開発実験団 収塵ポッド運用修了
大気中に漂う放射性物質を収集する、集塵ポッドの運用修了記念パッチ。このポッドはF-4EJのみが運用可能で、F-4EJ改とT-4には搭載できなかった。

飛行開発実験団 GOOD BYE PHANTOM
飛行開発実験団で製作されたF-4ファントムの退役記念パッチで、スプークとF-4ファントム、バックには「X」の文字が描かれた。

飛行開発実験団 F-4EJ Phantom II
最初のF-4ファントムとして導入され、最後まで飛行開発実験団で使用されたF-4EJ 301号機が描かれたファイナル記念パッチ。

飛行開発実験団 PHINAL PHANTOM
飛行開発実験団のファイナルF-4ファントムパッチには、お腹に「終」の文字が入れられたスプークが描かれた。PHANTOMにちなんでFINALのFがPHになっている。

飛行開発実験団 PHINAL PHANTOM CREW
飛行開発実験団が製作した、ファイナルF-4ファントムクルーのパッチは、スプークのお腹の文字が「X」。下部の余白部分にはTACネームなどが入る。

飛行開発実験団 計測隊
創設60周年に合わせてデザインが一新された、飛行開発実験団 計測隊のパッチには怪しい機体が描かれている。

飛行開発実験団 計測隊 創設60周年記念
航空機が搭載している機材や計器などの試験、評価などを実施している計測隊の創設60周年パッチにもさまざまな怪しい機体などが描かれた。

X-2先進技術実証機のパッチ

防衛装備庁と三菱重工が開発した、先進技術実証機X-2は、2016年4月22日に初飛行した。その飛行で岐阜基地に空輸され、防衛装備庁と飛行開発実験団で、飛行試験が実施された。

飛行開発実験団 X-2先進技術実証機
X-2先進技術実証機のパイロットなどが使用していたパッチは、テストカラーのX-2と試験を意味する「X」の文字が描かれた。少数だがグレイバージョンのパッチも存在した。

飛行開発実験団 XAAM-4 プロジェクトチーム
AIM-7の後継機として開発された国産のXAAM-4の開発プロジェクトチームのパッチは、黄色、白、赤に塗り分けられたテストカラーのXAAM-4。

防衛装備庁岐阜試験場
X-2先進技術実証機の試験を実施していた防衛装備庁岐阜試験場は、岐阜基地内に同居している(防衛装備庁のパッチは、別に存在している)。

飛行開発実験団で飛行試験が行われたX-2。

飛行開発実験団 XASM-3 実用試験
2017年に飛行開発実験団で実施されたXASM-3の実用試験パッチは、F-2から発射されたXASM-3が描かれた。

飛行開発実験団 AAM-4改 実用試験
2007年から2008年に実施されたAAM-4の改良型となるAAM-4改のプロジェクトチームのパッチには、「AAM-4改」の文字が入れられている。

飛行開発実験団 AAM-5初発射
AAM-3の後継となる、国産のAAM-5空対空ミサイルの初発射試験記念パッチにはミサイルのイラストの後ろに、大きな「5」の文字が描かれた。

飛行開発実験団 UAV試験開発チーム
F-4EJ改などに搭載して試験を実施した、UAV(多用途小型無人機)の試験、開発を実施していたチームのパッチ。

飛行開発実験団 中継ポッド
XASM-3空対艦ミサイルのテレメトリー中継ポッドの運用試験プロジェクトチームのパッチには、ポッドのイラストや部隊マークなどが描かれた。

飛行開発実験団 創設60周年記念
全面ブラックに塗ったF-4ファントムの垂直尾翼をモチーフにした、飛行開発実験団 創設60周年記念パッチ。

飛行開発実験団 創設50周年記念
記念パッチは比較的派手なデザインが多いが、飛行開発実験団の創設50周年パッチは羽根を広げた「鵜」と金文字。

飛行開発実験団 各務原飛行場百周年
岐阜基地の前身となる各務原飛行場開設百周年記念パッチは、スプークと記念塗装が施されたデジタル迷彩がバックに使用されている。

飛行開発実験団 創設60周年記念
飛行開発実験団 創設60周年記念の制式なデザインパッチには、空対空ミサイルを発射するF-35、XF-2、T-2 CCVなどがデザインされた。

飛行開発実験団 創設60周年記念
このパッチは、飛行開発実験団員の中でF-4の整備を担当する隊員が製作、黒のバックに黒い衣装を着たスプークが両手でピンクのハートを作っている。

飛行開発実験団 テストパイロットスクール課程 創設50周年記念
飛行開発実験団で実施しているテストパイロット課程創設50周年記念パッチは、試験中の機体に付けられる計測ブームで「X」を再現。

ブルーインパルス

ブルーインパルス（第11飛行隊）

各地の航空祭で人気を独占するブルーインパルスは、アメリカ空軍サンダーバーズの影響を受け、1958年に行われた浜松基地航空祭で3機のF-86Fで編隊飛行を行ったのがルーツで、後に第1航空団にブルーインパルスの前身となる「空中機動研究班」が発足した。ブルーインパルスが一般に知られるきっかけになったのは1964年に行われた東京オリンピックで、国立競技場上空にカラースモークで五輪を描いて注目を浴びた。F-86Fが退役すると松島基地の第4航空団に移動してT-2に機種改編、第21飛行隊の中に「戦技研究班」として発足。その後T-4を受領すると第11飛行隊として独立した。

現在、ブルーインパルスで使用されているT-4練習機。

ブルーインパルス
ハチロクブルー（F-86F）からT-2ブルー時代の、ブルーインパルスのパッチ。伝統の翼と矢、地球をバックに編隊で飛ぶブルーインパルスがモチーフとなっている。

F-86F ブルーインパルス
ハチロクブルー（F-86F）時代のサブパッチで、日の丸をバックにブルーのハチロクが描かれた小さなパッチ。

ブルーインパルス
現在使用されているブルーインパルスのパッチで、初期のパッチと比べると編隊で飛ぶ飛行機の向きや、機数など細かい部分が変化している。

ブルーインパルス DOLPHIN KEEPER
整備員用のサブパッチは基本的にはパイロット用と同じデザインだが、地上を表す緑の部分と、カラースモークを曳くブルーインパルスが描かれた。

ブルーインパルス ACRO PROJECT
このパッチは飛行開発実験団（ADTW）で、アクロ試験を実施した時に製作されたデザインで、「ACRO PROJECT」の文字が入れられている。

ブルーインパルス DOLPHIN RIDER
T-4ブルーインパルスのパイロットが使用しているサブパッチで、日の丸をバックにT-4の愛称となる可愛いイルカがモチーフになっている。

ブルーインパルス T-4
T-4が採用された当時に製作されたと思われるパッチで、「DOLPHIN RIDER」の文字が描かれているが、T-4の塗りわけが微妙に異なっている。

ブルーインパルス T-2ファイナル
1995年に行われた航空祭ツアーが最後となった、T-2ブルーのファイナルツアーパッチは日本の上空を飛ぶブルーインパルスがデザインされた。

ブルーインパルス FINAL
このパッチも1995年に行われたT-2ブルーインパルスのファイナルツアーパッチで、エプロンに並ぶT-2の垂直尾翼が描かれた。

T-2 ブルーインパルス
当時、女子高校生のグループが塗装をデザインしたT-2ブルーインパルスのパッチで、機体の上面と下面のパッチが存在した。

ブルーインパルス Nellis AFB
1997年にネリス空軍基地で行われたアメリカ空軍創設50周年記念式典「ゴールデン・エアタトゥー」にブルーインパルスが招待された記念パッチで、T-4とネバダ州の地図が描かれた。

ブルーインパルス MISAWA AIR FESTIVAL
アメリカ空軍のサンダーバーズが36年振りに来日、三沢基地航空祭でブルーインパルスと競演した時の記念パッチで、ブルーとサンダーバーズのデザインが合体した。

ブルーインパルス MISAWA AIR FESTIVAL
このパッチも1994年にサンダーバーズとブルーインパルスが競演した時の記念パッチで、T-2とF-16、日米の国旗などがデザインされた、やや大きなパッチ。

ブルーインパルス 創設50周年記念
ハチロクブルー時代のパッチに「50」の文字や、矢のストライプの中に「1960-2010」などの文字が追加された、創設50周年の記念パッチで、細部が異なる数種類のパッチが存在した。

ブルーインパルス GOLDEN AIR TATTOO
このパッチは「ゴールデン・エアタトゥー」に参加したブルーインパルスの制式な記念パッチで、ネリス空軍基地で展示飛行を行った時に使用された。

ブルーインパルス 2009
2009年には再びサンダーバーズが来日、10月18日には三沢基地でブルーとの競演が実現、記念パッチが製作された。

ブルーインパルス 創設50周年記念
日本の上空にT-2とT-4の航跡でT-4のアウトラインを描き、「50」はキューピッドとなった、創設50周年記念パッチ。

ブルーインパルス 創設50周年記念
このパッチもブルーインパルス創設50周年記念で、中央には大きく「50」の文字が描かれた、ブルーのグラデーションが非常に美しいカラーリング。

ブルーインパルス 創設50周年記念
6機で飛ぶブルーインパルスとT-4の垂直尾翼をモチーフにした、創設50周年記念パッチで、ポジションナンバーは「50」。

ブルーインパルス T-4改編20周年記念
ブルーインパルスがT-2からT-4に機種改編して20周年を記念したパッチで、中央にはT-4、右側には「20」の文字が追加された。

ブルーインパルス 創設50周年記念
F-86F、T-2、T-4と、ハチロク時代の第1航空団を意味する黒と黄色のチェッカーと、第4航空団を意味するシェブロンがデザインされた、創設50周年記念パッチ。

2代目ブルーインパルスは、国産初の超音速ジェット練習機となったT-2。

ブルーインパルス T-4改編20周年記念
T-4がクロスする瞬間をデザインした、ブルーインパルスT-4改編20周年記念パッチで、T-4の機体上下の塗りわけが良く分かるデザイン。

**ブルーインパルス
展示飛行1,000回記念**
2011年に行われた那覇基地航空祭で、展示飛行1,000回を記録した記念パッチには歴代の機体が描かれた。

**ブルーインパルス
創設55周年記念**
ブルーインパルス創設55周年にも、記念パッチが製作された。F-86FとT-2、T-4の3種類が製作され、それぞれブルーのグラデーションの美しいパッチとなった。

**ブルーインパルス
創設60周年記念**
1960年に誕生して60周年を迎えた記念パッチには、T-4の航跡で「6」、地球で「0」がデザインされた。

**ブルーインパルス
2024年ツアー**
松島基地の行事「観藤会」から藤の花のイメージをベースに、空自創設70周年を祝福した2024年のツアーパッチ。(写真:周本壮史)

ブルーインパルス 2023年ツアー
東日本大震災での芦屋への訓練移転から、松島帰還10年目になる2023年のツアーパッチ。編隊はフェニックス隊形。(写真:伊藤久巳)

ブルーインパルス 2022年ツアー
キューピッドと中央に6機のデルタ編隊をデザインした、2022年ツアーパッチ。(写真:伊藤久巳)

**ブルーインパルス
2020年ツアー**
カラースモークを曳きながら飛ぶブルーインパルスが描かれた2020年パッチ。この年は創設60周年だったため、ツアーパッチの中にも記念の文字が描かれた。

**ブルーインパルス
2018年ツアー**
「サクラ」と上昇するブルーインパルスがデザインされた2018年ツアーパッチには、「Challenge for the Creation」の文字が入れられた。

**ブルーインパルス
2021年ツアー**
カラースモークを曳きながら飛ぶブルーインパルスと、カラフルな鳥が描かれた2021年のツアーパッチには「共に前へ GO Together」の文字が描かれた。

**ブルーインパルス
2019年ツアー**
スモークを曳きながら6機のT-4がデルタ・ロールを行うデザインとなった2019年ツアーパッチ。

**ブルーインパルス
2017年ツアー**
2017年のツアーパッチは、デルタ編隊で上昇するブルーインパルスのバックには富士山と「Challenge for the Creation」の文字。

**ブルーインパルス
2016年ツアー**
重ねられたT-4の主翼がモチーフにされた2016年のツアーパッチ。主翼に描かれた日の丸を利用して、「2016」と表現しているのが面白い。

ブルーインパルス 2015年
パープルとピンクのチェッカーをベースにデルタループを行うT-4が描かれた2015年のツアーパッチ。

ブルーインパルス 2014年
2機のT-4が上面と下面を見せるバック・トゥ・バックを行う2014年のツアーパッチには、空自創設60周年の文字も。

航空祭では圧倒的な人気を誇るブルーインパルス。

ブルーインパルス 2013年ツアー
首からレイをかけたドルフィンと、デルタ編隊のブルーインパルスが描かれた、2013年のツアーパッチ。

ブルーインパルス 2013年ツアー
東日本大震災の影響で移動した芦屋基地から、ホームベースの松島基地に戻ることができた2013年のツアーパッチには、「Return to MATSUSHIMA!」の文字が入れられた。

ブルーインパルス 2011〜2013年
このパッチも東日本大震災の影響で九州において訓練を続けていたことを表現したもの。パッチには感謝の言葉が描かれた。

ブルーインパルス Return to Matsushima
このパッチも2013年3月31日にブルーインパルスがホームベースの松島基地に戻った記念で、下部には記念文字などが描かれた。

ブルーインパルス 2012年ツアー
演技の中でも人気が高い「サクラ」がデザインされた2012年のツアーパッチで、周囲にはサクラの花びらがデザインされた。

ブルーインパルス 絆
東日本大震災当日、芦屋基地に展開したブルーは直接の被害は免れた。この年の展示飛行では、隊員は「絆」の文字が描かれたパッチを付けたほか、T-4のインテイクには「絆」のステッカーが貼られて展示飛行を実施した。

ブルーインパルス 2011年ツアー
東日本大震災が発生した2011年のツアーパッチはサンライズがモチーフにされ、「がんばろう日本!」の文字も入れられた。

ブルーインパルス 2010年ツアー
2010年はブルーインパルスの創設50周年で、ツアーパッチにはT-2とT-4がT-4のアウトラインを描き、「50」の文字はキューピットで再現された。

ブルーインパルス 2009年ツアー
地球をバックにレインフォールを披露するブルーと、単独機の航跡の中に「TOUR 2009」の文字を描いた2009年ツアーパッチ。

ブルーインパルス 2008年ツアー
2機で実施するレターエイトの「8」をイメージしたデザインの、2008年のツアーパッチ。

ブルーインパルス 2007年ツアー
ランディングライトを点灯しながらデルタ編隊で洋上を飛行するブルーインパルスと、水中で遊ぶドルフィンが描かれた2007年ツアーパッチ。

ブルーインパルス 2006年ツアー
T-4ブルーインパルスが第11飛行隊として創設11年を迎えた2006年のツアーパッチは、2つの「11th」の文字が目立っている。

ブルーインパルス 2005年ツアー
飛び跳ねるドルフィンと編隊で飛ぶブルーインパルスの2005年のツアーパッチの中には、T-4ブルーインパルス創設10周年の文字も描かれた。

ブルーインパルス 2004年ツアー
この年から採用された新しい課目「サクラ」の花がデザインされた2004年ツアーパッチ。

ブルーインパルス 2003年ツアー
2003年のパッチは、ホームベースの松島基地から飛び立つ6機のブルーインパルスと上空から見守るT-4が描かれた。

ブルーインパルス 2002年ツアー
2002年のツアーパッチは、2001年のパッチのデザインを流用し、上部の文字は「2002」、T-4は1機追加された。

ブルーインパルス 2001年ツアー
日の丸をイメージした赤い丸をバックに、デフォルメされたかわいいT-4が描かれた2001年のツアーパッチ。

ブルーインパルス 2000年ツアー
2000年はいろいろなイベントが行われ、ブルーインパルスは第11飛行隊として創設5年を迎えた節目の年となった。上部には「Millennium Tour 2000」と描かれた。

ブルーインパルス 1999年ツアー
1999年のツアーパッチは、デルタ編隊で飛ぶブルーインパルスとカラースモークがデザインされている。機体の色は金銀2色が存在した。

ブルーインパルス 1998年ツアー
1998年のツアーパッチはT-4の機首アップで、機首のナンバーはその年にちなみ「98」となっている。

ブルーインパルス 1997年ツアー
初めてアメリカで展示飛行を実施したブルーインパルスの1997年ツアーパッチには世界地図が描かれた。

ブルーインパルス Jr.

ブルーインパルスがT-2からT-4に機種改編する直前に、エンジン小隊の有志がオートバイを改造したバイクで地上走行チームを編成したのが、ブルーインパルスJr.だ。1993年8月22日に行われた松島基地航空祭は朝から雨が降るあいにくの天気で、この年が最後となるT-2ブルーの展示飛行がキャンセルになり、まだポジションナンバーが未記入だったブルーインパルス塗装のT-4が単機でフライト(後席には、T-4ブルーの塗装考案者の斉藤章二氏が同乗)したのみだったが、この年の松島基地航空祭でブルーインパルスJr.が衝撃的なデビューをして訪れた観客を魅了、2023年には創設30周年を迎え、今でも松島基地航空祭の影の主役として、毎年、展示飛行(走行)を行っている。

ブルーインパルスJr.
初代ブルーインパルスJr.のパッチ。T-4の愛称のドルフィン(イルカ)に対抗して、Jr.のパッチは愛称のシャチが主役となった。

ブルーインパルスJr.
このパッチは2代目のデザインで、シャチを強調するため大きく変身し背びれが突出、チーム名は下部リボンの中に移動した。

ブルーインパルスJr. サブパッチ
制式なパッチと同時に肩に付けるサブパッチが製作された。パッチには「NOT TAC MEET(戦競には参加出来ない)」と、描かれている。

ブルーインパルスJr. 航空自衛隊創設50周年記念
ブルーインパルスJr.は、空自創設50周年を記念して、独自の記念パッチを作成。この年は胴体の日の丸を空自創設50周年のロゴマークに変更して展示飛行(走行)を実施した。

ブルーインパルスJr. 2005年ツアー
本家、ブルーインパルスと同様に、2004年頃からブルーJr.もツアーパッチを製作。2005年のツアーパッチは4機の密集編隊が描かれた。

ブルーインパルスJr. 2006年ツアー
金色の富士山と荒波が描かれた、有名な浮世絵をイメージしたブルーJr.の2006年ツアーパッチ。発想がユニークだ。

ブルーインパルスJr. ポジションナンバー
可愛いブルーJr.のパッチと同時に制定されたポジションナンバーのパッチには、T-4の尾翼が描かれている(ブルーJr.も1番機から6番機まで存在する)。

ブルーインパルスJr. 2007年ツアー
この年、ブルーJr.は機種を一新。新しい機体(バイク)は屋根付きで、通称「ピザ屋のバイク」。2007年のツアーパッチには新車?と赤い富士山が描かれた。

ブルーインパルスJr. 創設5周年記念
ブルーJr. 創設5周年記念パッチの主人公は、創設当時の隊長かと思っていたが、実は女性隊員に扮したナレーターだった。

ブルーインパルスJr. 創設15周年記念
このパッチは、創設当時から使用されているサブパッチのデザインをベースにした創設15周年記念(ゴールドバージョン)で、周囲には記念文字などが入れられている。

ブルーインパルスJr. 創設30周年記念
飛べないブルーJr.は2023年に創設30周年を迎え、バイクとシャチのほか記念文字が描かれたパッチを作った。

松島基地航空祭の陰の主役、ブルーインパルスJr.。

ブルーインパルスJr. 創設25周年記念
2018年のツアーパッチは、獰猛なシャチとブルーJr.のほか、中央には創設25周年記念の文字などが描かれた。

航空自衛隊のその他の組織

|||||||||||| 航空総隊、航空方面隊、航空団、飛行群などのパッチ ||||||||||||

航空自衛隊は戦闘機飛行隊や救難隊などを統括する航空総隊（司令部：横田）、輸送機飛行隊などを統括する航空支援集団（府中）、練習機飛行隊などを統括する航空教育集団（浜松）、航空自衛隊の装備機や装備品の試験、評価などを実施する航空開発実験集団（府中）などから成る。航空総隊の隷下には北部航空方面隊（三沢）、中部航空方面隊（入間）、西部航空方面隊（春日）、南西航空方面隊（那覇）のほか、警戒航空団（浜松）、航空戦術教導団（横田）などが編成されている。

航空自衛隊
航空自衛隊のパッチは中央に空の守りを強調するイーグルが描かれている。防衛大臣など特定の人が使用するほか、政府専用機の内側ドアなどに描かれている。

航空総隊
米空軍横田基地に司令部が所在する航空総隊のパッチ。右は初期のデザインでフルカラーの中にF-104が描かれているが、現在はグレイバージョンとなり、中央はデルタ翼機に変更された。

宇宙作戦群
2020年に自衛隊初の宇宙領域専門部隊として創設された宇宙作戦群のパッチは、宇宙をイメージしたデザインとなっている。

北部航空方面隊
三沢基地に司令部が所在する北部航空方面隊のパッチは、デザインされたイーグルで、方面隊名は日本語標記。

第2航空団飛行群
2機のF-15の中央にT-4が描かれた第2航空団飛行群のパッチ。
（写真：航空自衛隊）

第2航空団
第201飛行隊と第203飛行隊で使用していたT-4が、2022年末に第2航空団で共用することになり、垂直尾翼には「山の神」と称されるヒグマがデザインされた新しいマークが採用され、パッチも製作された。

第3航空団司令部
第3航空団を意味する「3」と、下北半島がデザインされた、第3航空団のパッチ。時期によって色調は若干変化している。

中部航空方面隊
現在使用されている中部航空方面隊のパッチはグレイバージョンで、方面隊名は移動、下部のリボンの中は英語標記になった。

中部航空方面隊
以前使用されていた中部航空方面隊のパッチは、総隊カラーの赤、黄、青を使用した派手なカラーリングで、下部のリボンの中の方面隊名は日本語標記。

第6航空団司令部
第306飛行隊と同様に「6」がデザインされたバックに、F-15が描かれた第6航空団司令部のパッチ。
（写真：航空自衛隊）

第7航空団飛行群
第7航空団飛行群のパッチは、百里基地から飛び立つイーグルがデザインされている。(写真：航空自衛隊)

第6航空団 飛行群
小松基地周辺の地図に加えF-15イーグル、左右にはドラゴンとゴールデンイーグルヘッドが描かれた、第6航空団 飛行群のパッチ。

第7航空団司令部
戦闘機をイメージしたシルエットの中に桜と「7」がデザインされた第7航空団司令部のパッチ。
(写真：航空自衛隊)

第5航空団司令部
第5航空団を意味するローマ数字の「Ⅴ」のバックに、宮崎県を彷彿させる椰子の木が描かれた、第5航空団司令部のパッチ。

西部航空方面隊
滑走路が無い春日基地に司令部が所在する西部航空方面隊のパッチは、羽根を広げたイーグルと桜の花。

西部航空方面隊 創設50周年記念
西部航空方面隊の創設50周年記念パッチは、デザインされた九州の地図と日の丸で、6cm×8cmと小さい。

第5航空団飛行群
新田原基地が星で描かれた九州上空を飛行するF-15がデザインされた、第5航空団飛行群のパッチ。(写真：航空自衛隊)

第8航空団司令部
現在はF-2航空団となった築城基地第8航空団司令部のパッチは、築城基地から飛び立つ2機のF-2が描かれている。

第8航空団 飛行群
第8航空団飛行群のパッチは、第6飛行隊と第8飛行隊の部隊マークに加え、中央にはF-2とT-4が配置されている。

第8航空団司令部
第304飛行隊と第6飛行隊が所在していた当時の第8航空団司令部パッチは、お腹に天狗（第304飛行隊）が描かれたイーグルと、第6飛行隊のマークがデザインされた。

南西航空方面隊
南西航空混成団から2017年7月に改編された南西航空方面隊のパッチは、沖縄本島の地図と羽ばたくイーグルで、上下には方面隊名が描かれた。

南西航空混成団
南西航空混成団のパッチは、沖縄を強調する守礼の門と金色に輝くイーグルがデザインされ、航空団名は日本語表記。

097

第9航空団 飛行群
第9航空団 飛行群のサブパッチは、沖縄本島上空を飛行するF-15とT-4、上部には「9TH AIR WING」の文字が入れられた。

第9航空団司令部
第9航空団を意味する数字の「9」と、南西域の象徴として沖縄本島の地図。隊員が花のように明るい存在を意味するハイビスカスが描かれている。

第9航空団 飛行群
第204飛行隊と第304飛行隊、南西支援飛行班の各部隊マークと、F-15とT-4がデザインされた、第9航空団 飛行群のパッチ。

航空戦術教導団
2014年8月1日に編成された航空戦術教導団。司令部は米軍横田基地で、パッチは刀に巻きつく獰猛な蛇をモチーフにしている。

第83航空隊
第9航空団が創設されるまで存在していた第83航空隊のパッチは、F-15イーグルと沖縄本島の地図に加え、ハイビスカスの花。

警戒航空団
E-2C/DとE-767を装備している警戒航空団は、浜松基地に司令部が所在する。パッチには浜松のほか、E-2C/Dが配備されている三沢と那覇の文字が描かれた。

飛行教導群
創設当時から日の丸をバックにガイコツが描かれた飛行教導群のパッチには、部隊名を示す文字などは一切無し。

電子作戦群
航空戦術教導団の隷下に新設された電子作戦群のパッチは、日本中を飛び回る航空機がデザイン化された。

偵察航空隊
RQ-4Bグローバルホーク受領と同時に新編された偵察航空隊のパッチは地球を掴むイーグル（臨時偵察航空隊時代も同じデザイン）。

飛行開発実験団
人工衛星と衝撃波、左右には月桂冠があしらわれた飛行開発実験団のパッチ。現在はグリーンバージョンが使用されている。

航空支援集団
輸送航空隊などを統括する航空支援集団のパッチは、3個の桜の花と富士山をモチーフにしている。

航空救難団
全国に配備されている救難隊を統括する航空救難団のパッチの中央には、要救助者に手を差し伸べるシーンが描かれた盾とイーグル。

第1輸送航空隊
C-130HとKC-767、バックには名古屋城のシャチホコと「1」の文字が描かれた第1輸送航空隊のパッチには日の丸も。

第2輸送航空隊
入間基地に配備されている第2輸送航空隊のパッチは日本中を飛びまわるイーグルで、C-1とC-2の垂直尾翼に描かれている。

第3輸送航空隊
美保基地から遠望できる大山をバックに飛び跳ねるユニコーンが描かれた、第3輸送航空隊のパッチ。

特別輸送航空隊
政府専用機を運用する特別輸送航空隊のパッチは、世界中を飛び回る政府専用機で、航跡の中に飛行隊名が描かれている。

航空教育集団
浜松基地に司令部が所在する航空教育集団のパッチは、一人前のパイロットが羽根を広げて飛び立つイメージのデザインで、中央には桜が描かれた（現在はグレイバージョンが存在する）。

第1航空団司令部
第41教育飛行隊が移動してくるまで使用されていた第1航空団のパッチには富士山をバックに飛ぶT-4が描かれていた。

第1航空団司令部
第1航空団に第41教育飛行隊が編入されると、パッチのデザインは一新された。新しいパッチはT-4とT-400の正面形と伝統のチェッカー。

第1航空団 飛行群
飛行群のパッチも第41教育飛行隊が編入されると同時に、中央の文字が描かれたストライプの上側にはT-4、下側にはT-400が描かれたデザインに変更された。

第4航空団司令部
ブルーインパルスのホームベースとして知られている松島基地第4航空団のパッチは、星と編隊で飛ぶ航空機。「HQ」は司令部を意味する。

第4航空団 飛行群
第4航空団を意味するシェブロンとF-2が描かれた、第4航空団の飛行群パッチには、"MATSUSHIMA"の文字も描かれた。

飛行教育航空隊
教育集団の組織改編に伴い新設された飛行教育航空隊のパッチは、馬に跨る騎士で、盾の中には解散した第202飛行隊のマークが残された。

航空総隊司令部支援飛行隊・電子戦支援隊・電子飛行測定隊
(現：中部航空方面隊司令部支援飛行隊・電子作戦群)

防空やミサイル防衛など国防の要となる航空総隊(司令部：府中)には、かつて、航空総隊司令部 支援飛行隊(T-33A、B-65、T-4、U-4)のほか、電子戦訓練や電子情報などを収集する電子戦支援隊(EC-1、YS-11EA)と、電子飛行測定隊(YS-11EB)が編成されていた。2012年3月12日にその司令部機能が在日米空軍横田基地に移動した後、2014年8月1日に隷下の航空部隊が改編されて、支援飛行隊は中部航空方面隊司令部 支援飛行隊に、電子戦支援隊と電子飛行測定隊は新編された航空戦術教導団隷下の電子作戦群直下に移動したが、飛行隊の活動拠点は入間基地のままだ。

総隊創設40周年記念塗装機のT-33A。

総隊司令部飛行隊
総隊司令部飛行隊のパッチの赤、黄色、青のシェブロンは当時の3つの航空方面隊(北部・中部・西部)を意味し、「総飛」の文字が入っていた。

総隊司令部支援飛行隊
支援飛行隊と改称しても3色のシェブロンは健在だが、文字は総隊司令部支援飛行隊を意味する「支飛」となった。

総隊司令部飛行隊 司令部
総隊のパッチと同じデザインで、下部のリボンの中には「航空総隊司令部飛行隊」の文字、7個の星は隷下の部隊数を表している。

総隊司令部支援飛行隊 HFG DOLPHIN RIDER
T-4を受領後に採用されたパイロット用のサブパッチで、T-4の愛称となる可愛いドルフィンが描かれた。

総隊司令部支援飛行隊 GULFSTREAM IV
総隊司令部支援飛行隊が使用しているU-4のパイロットのサブパッチで、ガルストリームIVは、U-4の民間呼称。

総隊司令部飛行隊 初海外オペレーション
総隊のU-4が2009年2月に初めてグアムに展開した時の記念パッチで、グアム島上空を飛ぶU-4と記念文字などが描かれた。

総隊司令部飛行隊 創設40周年記念
1997年に創設40周年を迎えた総隊司令部飛行隊のパッチにはT-33Aと3色のシェブロンがデザインされた。

総隊司令部飛行隊 U-4飛行時間500時間
U-4のパイロットの飛行時間500時間パッチで、オリジナルのデザインの下部の文字は「U-4 500 HOURS」に変更された。

総隊司令部飛行隊 創設50周年記念
総隊司令部飛行隊の創設50周年記念パッチは総隊の3色のストライプと大きな「50」の文字が描かれ、記念塗装のT-33Aの尾翼にも同じマーキングが行われた。

総隊司令部飛行隊 創設50周年記念
このパッチも総隊創設50周年記念で、国旗をイメージした赤い円の中に3色のシェブロンと記念文字が描かれた。

総隊司令部飛行隊 創設40周年記念
このパッチも総隊司令部飛行隊の創設40周年記念パッチで、同じく3色のシェブロンとT-33Aがデザインされ、記念文字が描かれた。

総隊司令部飛行隊 創設50周年記念
総隊創設50周年では4機のT-33Aに記念塗装が行われた。1番機は3色のストライプ、2番機は赤と白のストライプ、3番機は黄色と青のストライプ、4番機は青と黄色のストライプが描かれ、計4枚の記念パッチが製作された。

**総隊司令部飛行隊
電子戦支援隊**

現在は電子戦隊と改称した電子戦支援隊のパッチは、ヘルメットをかぶった可愛いカラスで、このカラスは現在、電子戦隊のEC-1に描かれている。

**総隊司令部飛行隊
電子戦支援隊
空自50周年記念**

電子戦支援隊が製作した、航空自衛隊創設50周年記念パッチで、このパッチにもヘッドセットを付けた可愛いカラスが描かれた。

**総隊司令部飛行隊
電子飛行測定隊**

怪しいグレイのYS-11EBが描かれた、電子飛行測定隊のパッチ。「SI SQ」は、電子測定隊を意味する。

**総隊司令部飛行隊
電子飛行測定隊
EC-1**

電子飛行測定隊が使用していたEC-1のクルーパッチで、ユニークなデザインの3種類のパッチが存在した。

総隊司令部飛行隊 電子飛行測定隊 YS-11EB

オリジナルのYS-11のエンジンを換装し、プロペラは3枚となった、電子飛行測定隊のYS-11EBのパイロット用パッチ。

**総隊司令部飛行隊
電子飛行測定隊
Signal Recon**

くもの巣にかかった航空機や船舶、レーダーなどの獲物がデザインされた、電子飛行測定隊のサブパッチ。

**総隊司令部飛行隊
電子飛行測定隊
SPY MISSION**

このパッチも電子飛行測定隊のサブパッチで、くもの巣には国籍標識、上部には「SPY MISSION」の文字が描かれた。

**総隊司令部飛行隊
電子飛行測定隊 YS-11EB
飛行時間2,000時間**

電子飛行測定隊のYS-11EBのクルーの飛行時間2,000時間パッチには、胴体上下にフェアリングが追加されたYS-11EBが描かれた。

総隊司令部飛行隊 電子戦管理隊

カラスが烏天狗に変身し、電波を発するデザインの電子戦管理隊のパッチ。「EDS」は、電子戦管理隊を意味する。

**総隊司令部飛行隊
電子戦管理隊**

同じくカラスが烏天狗に扮したデザインの電子戦管理隊のパッチで、「EDS」の文字は「電管」に変更されている。

**総隊司令部飛行隊
組織改編**

航空自衛隊の組織改編に伴い、2014年に総隊司令部飛行隊は中部航空方面隊司令部支援飛行隊と改称。このパッチには「2014 Final」と描かれた。

**総隊司令部飛行隊
組織改編**

このパッチはサブパッチとして使用されていたデザインで、同じく組織改編記念。パッチには「1957-2014」の文字が追加された。

電子戦支援隊のYS-11EA。当時は美しいカラーリングだった。

中部航空方面隊司令部支援飛行隊

航空総隊司令部は2012年3月12日に横田基地に移動し、その後2014年8月1日に航空総隊司令部支援飛行隊は、中部航空方面隊司令部支援飛行隊と改称された。現在はT-4とU-4を使用している。

中飛支の部隊マークは総隊時代のデザインを継承している。

中部航空方面隊支援飛行隊
現在使用されている中部航空方面隊支援飛行隊のパッチは、総隊司令部支援飛行隊時代と変わらない。

中部航空方面隊支援飛行隊 隊本部
中部航空方面隊支援飛行隊の隊本部の隊員用で、「CADF Headquarters」の文字が描かれている。現在はグレイのカラーが使用されている。

中部航空方面隊 支援飛行隊 622 Return To Base
エンジントラブルの影響で、長い間飛行停止となっていた中支飛のT-4の622号機が、2020年11月に復活した記念パッチ。

電子作戦群 電子飛行測定隊・電子戦隊

2014年8月1日、航空総隊（横田）に航空戦術教導団が編成されると同時に、入間基地に電子作戦群が誕生した。その隷下に、航空総隊司令部支援飛行隊の電子戦支援隊と電子飛行測定隊が編入された。その際に、電子戦支援隊は電子戦隊に改称された。

電子作戦群 電子飛行測定隊
新生、電子飛行測定隊のパッチはフクロウと電子信号を意味する波長、バックには飛行隊名の「Signal Intelligence」の「SI」がデザインされた。

航空戦術教導団 電子作戦群
新たに新設された航空戦術教導団の隷下に編成された、電子作戦群のパッチにはライトニング？がデザインされている。

電子作戦群 電子飛行測定隊
電子作戦群に編入すると電子飛行測定隊はパッチのデザインを一新。現在使用されているパッチは、文字が消されている。

電子作戦群 電子戦隊
電子戦支援隊は電子戦隊と改称すると、不気味なカラスのイラストと黄色の電波がデザインされ、周囲には飛行隊名が描かれた。

電子戦支援隊時代のカラスの部隊マークが描かれた電子戦隊のEC-1。

電子作戦群電子戦隊 YS-11EA、EC-1
このパッチは電子戦隊で使用されているサブパッチで、電波を発するカラスは右向きになった。下部には装備しているYS-11EAとEC-1の文字が入れられた。

電子作戦群電子戦隊EC-1
2024年度末に退役するEC-1のパッチには、デフォルメされたかわいいEC-1が描かれた。

支援飛行班（飛行隊）

司令部勤務のパイロットの技量保持などのため、各航空方面隊隷下に置かれているのが支援飛行班（飛行隊）で、青森の三沢基地の第3航空団には北部支援飛行班、福岡の春日基地の西部航空方面隊には西部航空方面隊司令部支援飛行隊、沖縄の那覇基地には第9航空団に南西支援飛行班が配置されている。入間基地の中部航空方面隊司令部支援飛行隊については、そのルーツがより上級の航空総隊司令部支援飛行隊にあるため、100～102ページを参照いただきたい。

第3航空団北部支援飛行班
明治時代、天皇の騎兵訓練場として使用されていた三沢基地。北部支援飛行班のパッチは、騎馬訓練場に因んで向き合う馬と「北」の文字。

第3航空団北部支援飛行班
パイロットが使用しているサブパッチで、第3航空団のマークとT-4、「NF」は北部航空方面隊を意味している。

西空司令部支援飛行隊
福岡空港に隣接する春日分屯基地に所在する西空司令部支援飛行隊のパッチは、玄海灘の荒波と、右下に志賀島から出土した金印がデザインされた（第3航空団と第9航空団は支援飛行班、西空司令部のみ支援飛行隊と呼ばれる）。

第83航空隊時代の南西支援飛行班で運用されていたB-65。

西空司令部支援飛行隊 創設30周年記念
2002年に創設30周年を迎え、中央には飛行隊パッチのイラスト、周囲には記念の文字が入れられたパッチが製作された。

南西航空混成団 南西支援飛行班
第9航空団と改称される前の南西航空混成団時代の南西支援飛行班パッチは、守礼門上空を飛ぶ航空機。

第9航空団 南西支援飛行班
第9航空団が創設されると支援飛行班のパッチのデザインは一新された。新しいデザインはシーサーが強調された。

第9航空団 南西支援飛行班
パイロットが使用しているサブパッチは、イーグルドライバーのデザインを流用して中央にはシーサーが描かれた。

航空自衛隊基地・基地開設記念

航空自衛隊の戦闘機や輸送機、練習機などが配備されている基地の中には、空自が独自に使用している基地のほか、空自と海自、空自と陸自が同居している基地、民間と滑走路を共用している基地、民間空港の一角を使用している基地、滑走路を持たない基地などが、北は北海道から南は沖縄まで全国に配置されている。

航空自衛隊基地の中には独自でパッチを製作している場合も多いほか、開設記念に合わせてパッチを製作している基地も意外と多い。

千歳基地

千歳基地 開設60周年記念
「北の守り」を意味する、フルアフターバーナーで国籍不明機をインターセプトするF-15が描かれた、千歳基地開設60周年記念パッチ。

千歳基地 開設60周年記念
このパッチはオフィシャルなデザインで、「60」の文字は次へ進むという意味の「GO FOR NEXT」の「GO」の文字を兼ねた基地開設60周年記念パッチ。

千歳基地 開設50周年記念
千歳基地開設50周年記念パッチは、北海道の地図と記念文字だけが描かれている、シンプルなデザイン。

千歳基地 開設50周年記念
このパッチも、千歳基地開設50周年記念で、北海道の地図と雪の結晶が描かれた全体のカラーはトーンが抑えられている。

千歳基地 開設40周年記念
1997年に製作された千歳基地開設40周年記念パッチには、千歳に配備された歴代のF-86D、F-104J、F-4EJ、F-15J戦闘機がデザインされた。

入間基地

入間基地 開設50周年記念
入間基地開設50周年記念パッチには、基地のパッチに描かれているイーグルと記念文字などが入れられている。

入間基地
入間基地のオリジナルパッチで、羽根を広げたイーグルがデザインされている。基地内には数ヶ所、同じデザインのマンホールがある。

静浜基地

静浜基地 開設60周年記念
1958年に開設された、静浜基地の開設60周年記念パッチには富士山と「60」の文字、下部のリボンの中には感謝の言葉が描かれた。

静浜基地 開設50周年記念
尾翼に描かれている富士山をモチーフにした飛行隊マークと、「50」の文字をデザインした静浜基地開設50周年記念パッチ。

百里基地

百里基地 開設50周年記念
基地開設50周年記念パッチは滑走路をイメージしたデザインで、当時、百里基地に配備されていた機体や航空機の支援車両などが描かれた。

浜松基地

浜松基地 開設60周年記念
日本を象徴する富士山と、後ろから登る旭日の中には「60」の文字とT-4が描かれた基地開設60周年記念パッチ。「祝六〇周年」の文字も。

浜松基地 開設50周年記念
基地開設50周年ではT-4にスペシャルマーキングが施され、この機体の垂直尾翼をモチーフにした記念パッチが製作された。

小牧基地

小牧基地
シャチホコのバックには地球が描かれ、小牧基地から飛び立つ星（航空機）がデザインされた、航空自衛隊小牧基地のパッチ。

小牧基地 開設50周年記念
「5」の文字の中にはC-130HとUH-60Jが描かれ、「0」の文字の中にはシャチホコが描かれ、「5」と「0」を組み合わせた面白い形の記念パッチ。

小牧基地 開設60周年記念
小牧基地は、開設60周年に合わせて2種類の記念パッチを作製した。このパッチは飛行機の航跡と地球儀で「60」の文字をデザインしている。

小牧基地 開設60周年記念
このパッチは、編隊で飛ぶKC-767、U-125A、KC-130H、UH-60Jと、「60」の文字がデザインされている。

奈良基地

奈良基地 開設50周年記念
滑走路が無い航空自衛隊奈良基地の開設50周年記念パッチは、有名な地元の五重の塔がデザインされている。

奈良基地
デザインされた鹿と、バックには隷下の部隊を意味する5本のストライプが描かれた、奈良基地のパッチ。

小松基地

小松基地 開設50周年記念
小松基地の開設50周年記念パッチは黒をベースに銀色で記念文字を描いた非常にシンプルなデザイン。

美保基地

美保基地 開設50周年記念
航空祭に合わせてYS-11とC-1、T-400に開設50周年記念塗装が行われた、美保基地開設50周年記念パッチは「50」の文字と可愛い飛行機。

美保基地 開設60周年記念
C-1とYS-11が姿を消してから迎えた美保基地開設60周年のパッチは、美保基地から離陸するC-2をイメージしたデザイン。

防府南基地

防府南基地
学生の飛行準備課程教育を実施している防府南基地のパッチは、イーグルの横顔と3発のミサイル。

防府基地

防府基地 開設60周年記念
防府基地は教育任務によって北基地と南基地に区別されるが、このパッチは防府基地開設60周年記念で、滑走路を有する北基地上空を飛ぶT-7が描かれている。

芦屋基地

芦屋基地 開設50周年記念
T-4の航跡で「50」の文字がデザインされ、「0」は日の丸をイメージした、シンプルなデザインの芦屋基地開設50周年記念パッチ。

芦屋基地 開設60周年記念
芦屋基地は開設50周年に続いて、開設60周年でも可愛いレッドドルフィン(芦屋のT-4の愛称)が描かれた記念パッチを作製。

春日基地

春日基地
西部航空方面隊の司令部が所在するパッチは、梅の花と3機の航空機をシンプルにデザインしている。

築城基地

築城基地 開設50周年記念
F-86Fが初めて航空自衛隊に引き渡された基地として知られている築城基地の開設50周年記念パッチには、大戦機が描かれた。

築城基地 開設50周年記念
築城基地開設50周年記念パッチには、当時配備されていたF-1とF-15Jのほか「50」の文字が描かれている。

築城基地 航空自衛隊創設50周年記念
築城基地が製作した航空自衛隊創設50周年記念パッチは、オリジナルの記念パッチのデザインをアレンジしたもの。

新田原基地

新田原基地 開設50周年記念
新田原基地開設50周年記念パッチは、9機編隊の航跡と「50」の文字。数種類のカラーが存在し、このパッチは新田原基地に所属していた機体に描かれた。

那覇基地

那覇基地 開設50周年記念
沖縄が本土復帰と同時に開設された、那覇基地の開設50周年記念パッチは、沖縄に伝わる「シーサー」がデザインされた。

那覇基地 開設25周年記念
那覇基地の開設25周年パッチには、沖縄本島の地図のほか当時配備されていた第302飛行隊と南西航空混成団のマークが描かれた。

那覇基地
沖縄本島の地図と、那覇基地の位置を意味する星。美しいデイゴの花がデザインされた、那覇基地のパッチ。

硫黄島基地隊・無人機運用隊

太平洋戦争末期の激戦地となった硫黄島は、アメリカ軍の上陸後は航空基地として使用された。現在は海上自衛隊が管理する航空基地だが、航空自衛隊も同居している。空自は基地隊が所在し、定期的に行われる移動訓練の支援などを実施している。1994年にはF-104Jを無人標的機に改造したUF-104Jを装備した無人機運用隊が新編されたが、3年後の1997年には解散した。米軍が上陸後、長い間硫黄島は「いおうじま」と呼ばれていたが、2006年には「いおうとう」と制式に改称された。

硫黄島基地隊
現在使用されている硫黄島基地のパッチには硫黄島の地図とサソリ、南十字星などがデザインされ、フルカラーとロービジのパッチが存在している。

硫黄島基地隊
以前使用されていた硫黄島基地隊のパッチで、下部には「硫基隊」の文字が描かれ、硫黄島も「IWOJIMA」標記。

硫黄島基地隊 創設30周年記念
硫黄島基地隊の創設30周年記念パッチには目つきの悪い（サングラス?）サソリが描かれ、硫黄島の標記は「IWOTO」になった。このパッチも2色のカラーが存在する。

硫黄島基地隊
このパッチは、肩に付けるサブパッチで、左は黒をベースに赤い文字とサソリ、右は黒をベースにグリーンの文字で、英文字の有無など細部が異なる。

無人機運用隊
無人標的機（フルスケールドローン）のUF-104Jを運用していた、無人機運用隊のパッチには、F-104のシルエットとサソリが描かれた。

無人機運用隊 DRONE PILOT
無人機運用隊のUF-104Jのパイロットが使用していたサブパッチで、UF-104のシルエットがデザインされた。

無人機運用隊 DRONE KEEPER
同じく、無人機運用隊の整備員が使用していたサブパッチで、デザインはパイロットと共通で下部の文字が異なる（「KEEPER」は整備を意味する）。

無人機運用隊 第1回 UF-104シューティング'95
1995年、硫黄島で行われた第1回空対空射撃訓練に参加した記念パッチで、UF-104に襲い掛かるF-4とF-15がデザインされた。

無人機運用隊 第3回 UF-104シューティング'97
最後の空対空射撃訓練となった、1997年のUF-104シューティングミートパッチには「LAST」の文字が描かれた。第3回のみカラーが異なるパッチが存在した。

無人機運用隊 ファイナルシューティング
第3回目の空対空射撃訓練（シューティングミート）では、複数のパッチが製作された。このパッチには撃墜されたUF-104 14機のスコアが描かれた。

無人機運用隊 第2回 UF-104シューティング'96
2回目の空対空射撃訓練の参加パッチで、第1回とデザインは同じだが、文字は「SECOND」に変更されている。

無人機運用隊 第2回 UF-104シューティング'96
第2回のシューティングミートのパッチで、ゴールドの文字と赤いサソリが描かれたサブパッチとして使用された。

第305飛行隊のF-15Jと編隊を組む、無人機運用隊のUF-104J。
（写真：航空自衛隊）

航空自衛隊のユニークなパッチ

航空自衛隊には戦闘機や輸送機、練習機、救難機などを装備する飛行隊のほか、整備を担当する整備小隊や武器を扱う武器小隊、航空機の定期検査などを実施する検査隊、基地全般の警備や施設管理などを実施する基地隊や基地業務隊、飛行場地区を管理する飛勤隊、離発着の管制を行う管制隊、天候などの情報を提供する気象隊などなど、多くの組織が編成されている。近年はパッチの規制が厳しいため、普段は目にすることが少ないが、こうした組織にユニークな部隊パッチが非常に多い。

第3航空団 武器小隊
第3航空団の武器小隊が製作したパッチは、可愛いCBLS-200ディスペンサーで、大きく開いた口から25ポンド訓練弾が飛び出している。

特別航空輸送隊 整備小隊
ボーイング777政府専用機のエンジンをモチーフにした面白いパッチで、非常に分かりにくいが上下には部隊名などの英文字が描かれている。

第402飛行隊 AIRDROP MASTER 2015
航空自衛隊と陸上自衛隊が共同で実施している物資投下訓練、「エアドロップマスター」では、毎回パッチが製作されている。2015年のパッチは女性自衛官がデザインした。

第31教育飛行隊
第31教育飛行隊と第32教育飛行隊は、通称「ウナギシリーズ」と呼ばれる静岡県名産の「ウナギ」をモチーフにしたパッチを複数製作していた。

航空保安管制群
府中基地に司令部が所在する航空保安管制群のパッチは、管制塔とイーグルヘッド。「ATCG」は航空保安管制群を意味する。

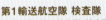

見島分屯基地 第17警戒隊
見島分屯基地に所在する第17警戒隊のパッチは、山口県に古くから伝わる大きな凧、「鬼ようず」をモチーフにしている。

第1輸送航空隊 検査隊
小牧基地の第1輸送航空隊 検査隊のパッチは「1」をデザインして、デフォルメされたC-130Hが大きく描かれている。

小松基地 気象隊
小松基地気象隊のパッチは、ウェザーブリーフィングでカエルに扮した気象担当者が天気図を使って気象情報を説明しているのが面白い。

入間基地 飛勤隊
入間基地の滑走路やエプロンなどの管理のほか、外来機の誘導や支援などを実施している飛勤隊（飛行場勤務隊）のパッチ。「BASE OPERATIONS」は飛勤隊を意味する。

第9航空団 検査隊
那覇基地の第9航空団検査隊のパッチは、大漁旗を彷彿させる飛び跳ねる鯛がモチーフにされた、面白いデザイン。

国際共同訓練のパッチ

　航空自衛隊の戦闘機飛行隊が初めて海外の演習に参加したのは1999年にグアム島のアンダーセン空軍基地周辺で実施された「コープノース・グアム」演習で、後にアラスカで実施された「レッドフラッグ・アラスカ」演習などにも参加している。

　国内では在日米軍と定期的に共同訓練を行う一方で、2015年10月にイギリス空軍のタイフーンが三沢基地に初飛来して「ガーディアンノース'16」を実施、2019年9月にはオーストラリア空軍のF/A-18A/Bが千歳基地に展開、「武士道ガーディアン2019」が実施された。

　2023年1月にはインド空軍のSu-30MK1が百里基地に展開し「ヴィーア・ガーディアン2023」が実施され、この年の7月にはフランス航空宇宙軍のラファールBが新田原基地に、8月にはイタリア空軍のF-35Aなどが小松基地に展開した。2024年7月にはドイツ空軍とスペイン航空宇宙軍のユーロファイターEF-2000などが千歳基地に、フランス航空宇宙軍のラファールBなどが百里基地に、8月にはイタリア空軍のEF-2000などが三沢基地に展開した。また、7月にはオーストラリアで「ピッチ・ブラック」演習が行われ、前回に続いてF-2A飛行隊が参加するなど、近年は各国空軍との共同訓練が活発化している。

GUARDIAN NORTH 16
2016年10月にイギリス空軍のタイフーンFGR4が三沢基地に初飛来し、日英共同訓練「GUARDIAN NORTH 16」が行われた。

GUADIAN NORTH 16
このパッチは航空自衛隊が製作した日英共同訓練のデザインで、F-2Aとタイフーン、日英の国旗をモチーフにしている。

2016年に初めてイギリス空軍のタイフーンが三沢基地に飛来した。

BUSHIDO GUARDIAN 2019
2019年9月にはオーストラリア空軍のF/A-18A/Bが千歳基地に展開、日豪共同訓練「BUSHIDO GUARDIAN 2019」が行われた。このパッチは航空自衛隊が製作したデザイン。（写真：鈴崎利治）

RAPID PACIFIC 2022
ド派手なスペシャルマーキングを施したドイツ空軍のユーロファイターが参加した、日独共同訓練「RAPID PACIFIC 2022」。このパッチは航空自衛隊が製作したデザインで、日独飛行隊名が描かれている。（写真：鈴崎利治）

VEER GUARDIAN 2023
2023年1月、インド空軍のスホーイSu-30MKIが初めて百里基地に飛来、日印共同訓練が行われた。このパッチは、インド空軍が作製した正式なデザイン。

VEER GUARDIAN 2023 第220飛行隊
百里基地に飛来したインド空軍のスホーイSu-30MKIフランカーは第220飛行隊で、このパッチは正式な飛行隊のデザイン。

VEER GUADIAN 2023
航空自衛隊が製作した日印共同訓練「ヴィーア・ガーディアン2023」のパッチは、武士と髑髏?の横顔とフランカーをモチーフにしている。（写真：数馬康裕）

VEER GUARDIAN 2023 Su-30MKI
第220飛行隊のニックネームは「デザートタイガース」で、サブパッチはニックネームに因んでトラ模様のSu-30MKIフランカー。

2023年にはインド空軍のロシア製スホーイSu-30MKIが百里基地を訪れた。

PEGASE 23

フランス航空宇宙軍はインド太平洋方面への展開訓練の一環として、2023年7月に新田原基地に展開。このパッチは航空自衛隊が製作した日仏共同訓練のデザイン。(写真：Jウイング)

PEGASE 23

フランス航空宇宙軍は新田原基地に展開後、グアムやインドネシアなどを訪れたため、独自に新田原やグアムなど複数のツアーパッチが製作された。

BUSHIDO GUARDIAN 2023

2023年9月に小松基地で実施された、日伊共同訓練「武士道ガーディアン 2023」の正式なパッチには、大きく「武士道」の文字が描かれた。(写真：赤塚 聡)

BUSHIDO GUARDIAN 2023

イタリア空軍100周年記念のロゴマークや石川県の郷土の花クロユリが描かれた、日伊共同訓練「武士道ガーディアン 2023」のパッチ。(写真：越野翔太)

百里基地に飛来したフランス航空宇宙軍のA-400M。

NIPPON SHIES

ドイツ空軍が製作した「NIPPON SKIES」パッチは、富士山とカラス天狗などが描かれたユニークなデザイン。(写真：鈴崎利治)

PACIFIC SKIES 24

2024年7月に千歳基地で、航空自衛隊のほかドイツ空軍とスペイン航空宇宙軍、フランス航空宇宙軍が参加して行われた「PACIFIC SKIES 24」のパッチ。(写真：鈴崎利治)

NIPPON SKIES

日本側が製作した「PACIFIC SKIES 24」演習のパッチで、富士山と太陽、F-15イーグルとユーロファイターがデザインされた。(写真：鈴崎利治)

INDOPACIFIC JUMP 2024

三沢基地で実施された「RISING SUN 24」に参加した、イタリア空軍の「INDOPACIFIC JUMP 2024」ツアーパッチ。

WORLDTOUR 2024

ドイツ空軍は日本、ハワイ、オーストラリアなどで実施された国際共同訓練に参加、このパッチは「WORLDTOUR 2024」。

PITCH BLACK

第8飛行隊のF-2Aが参加して、2024年7月から8月にオーストラリアで実施された多国籍演習「PITCH BLACK 2024」のパッチ。

日米伊共同訓練 RISING SUN 24

日米伊の国旗に加え、F-35Aが描かれた、日米伊共同訓練「RISING SUN 24」の派手なパッチ。

「がんばろう日本」陸・海・空自被災地応援パッチ

近年、地震のほか大雨や台風など大規模な災害が連発しているが、2011年3月11日に発生した東日本大震災では津波に流される松島基地のF-2BやU-125A、仙台空港の小型機などの衝撃的な映像が映し出され、飛行機ファンを震撼させた。発生直後から各自衛隊のほか米軍も加わり懸命な復旧作業が行われたのは記憶に新しい。この時、支援に参加した米軍が付けていた"OPERATION TOMODACHI"「友」パッチは各自衛隊にも浸透したほか、自衛隊の各部隊でも応援パッチが製作された。

"OPERATION TOMODACHI"「友」
日の丸の中に「友」、下部には「がんばろう日本」の文字が描かれた、"OPERATION TOMODACHI"のパッチは、最初に米軍が使用した。

"WE WILL NEVER FORGET"「絆」
「がんばろう日本」のこのパッチの中央には「絆」、上部には「私たちは決して忘れない」と描かれている。

「がんばろう日本」第12飛行教育団
東北地方から遠く離れた山口県の第12飛行教育団でも応援パッチが製作され、応援メッセージのほか飛行隊マークと「絆」の文字が描かれた。

がんばっぺ宮城 よみがえれ東北 第4航空団検査隊
津波によって甚大な被害を受けた松島基地の第4航空団検査隊が製作した応援パッチには、「がんばっぺ宮城」「よみがえれ東北」と描かれた。

がんばろう東北 第3航空団基地業務群
三沢基地も被害を受けたが、第3航空団基地業務群でも東北地方の地図と「絆」「がんばろう東北」と描かれた応援パッチを製作。

よみがえれ！東北 北部航空方面隊
三沢基地に司令部が所在する北部航空方面隊が製作した応援パッチには、東日本大震災が発生した「2011.3.11」と、「決して忘れない」の文字。

がんばろう東北 第3航空団整備補給群
津波で機体を失った第21飛行隊は、三沢基地の第3航空団の支援を受け、教育課程を実施。このパッチは第3航空団整備補給群が製作。

がんばろう東北 Air Rescue
主に秋田救難隊などが使用していた「がんばろう東北」の応援パッチには、東北地方の地図と「絆」の文字、下部には"Air Rescue"の文字も。

東日本大震災対処 つながろう日本 第111航空隊
第111航空隊が製作した東日本大震災対処パッチで、厚木航空基地と三沢基地をベースに活動したルートなどが描かれている。

がんばろう東北 第21航空隊
このパッチは第21航空隊が製作した応援パッチで、災害現場で救助活動や物資輸送を実施するSH-60をイメージしたデザイン。

西部方面隊 救助活動
九州の高遊原駐屯地に司令部がある西部方面隊の救助活動パッチは、CH-47に物資を積み込むシーンを再現。「翡翠飛行隊」は第3飛行隊を意味する。

がんばろう日本 飛行開発実験団
岐阜基地の飛行開発実験団が製作した応援パッチは、日の丸と日本地図、「絆」と応援の文字などが描かれた。

がんばろう東北 三沢ヘリコプター空輸隊
千歳救難隊のパッチはボイヤント（救出機材）で北海道を吊り上げているが、三沢ヘリコプター隊のパッチは東北地方を救助。

頑張ろう日本 震災復興に願いを込めて 新田原基地
宮崎県の新田原基地では、中央に「絆」の文字を描いた、「頑張ろう日本 震災復興に願いを込めて」という応援パッチを作製。

がんばろや!! KOBE
阪神淡路大震災で甚大な被害を受けた方々を応援するため、主に那覇基地の隊員が制作したパッチで、当時は第302飛行隊のパイロットが付けていた。

海上自衛隊
JMSDF

海上自衛隊が創設されると、航空自衛隊同様、アメリカ海軍の影響を受け、航空隊パッチが製作されるようになったが、最初は対潜哨戒航空隊などが隊員の士気を高めるため積極的に製作したようだ。フライトスーツの右胸にネームタグを付けるのは、世界中のほとんどの飛行隊などと同様だが、左胸には何も付けないのが基本。航空隊パッチは右肩に付けているが、これはフライトベストを着用すると胸に付けたパッチが隠れるから肩に付けるようになった。一方、左肩は搭乗する航空機関連や飛行時間関連など個人の好みでパッチを付けていた。フライトジャケットの場合は、右胸にネームタグ、左胸に航空隊パッチを付けるのが一般的。初期の海自のパッチの特徴は空自パッチと比べるとサイズがやや大きかったが、現在は一般的なサイズに統一されている。フライトスーツなどがオレンジからグリーンに変更されると、パッチのカラーがトーンダウンされたのは空自と同じだ。2008年3月に行われた海上自衛隊の大規模な組織改編に伴い航空隊の一部が統一されたため航空隊数が減少し、パッチのデザインも変更されている。

対潜哨戒航空隊

海自の代表的任務、対潜哨戒活動を担ってきた航空隊パッチ

1954年7月に海上自衛隊が創設されると、最初に本格的な対潜哨戒機としてS2F-1が導入された。その後、P2V-7に続いて、この機体を川崎重工が独自に改修したP-2J、純国産のPS-1も生産された。さらにP-2Jの後継機として世界的ベストセラー対潜哨戒機P-3Cオライオンが採用され、現在は国産P-1の配備が進んでいる。

2008年～現在

2008年に海上自衛隊の大規模な組織改編が行われ、これに伴い、計9個あったP-3C航空隊は4個航空隊に統合された(このほか、教育集団に1個航空隊が編成されている)。そのため、これを機にパッチのデザインを一新した航空隊も多い。

第1航空隊

第1航空隊
組織改編に伴い新編された第1航空隊のパッチは、桜島上空で羽ばたく鳳凰をデザイン。フルカラーとロービジタイプが存在する。

第1航空隊 AIR CREW
深海に潜む潜水艦「忍」と、哨戒ミッションを実施する対潜哨戒機「狩」をイメージした第1航空隊のクルーパッチ。

第1航空隊所属の国産哨戒機P-1
(写真：鈴崎利治)

第2航空隊

第2航空隊
同じく新生第2航空隊のパッチは、伝統のデザインから一転して、北欧神話に登場する最高神オーディンの横顔となった。

第2航空隊
新編された当時のフルカラーの第2航空隊パッチ。下部に描かれている「Odin」は同隊のコールサインとなっている。

第3航空隊

新生第3航空隊のパッチは、旧第3航空隊時代の駿河湾の荒波と富士山が描かれているが、主役はシーイーグルとなった(複数のカラーが存在する)。

第3航空隊 創設(改称)3周年記念
新生第3航空隊の創設3周年記念は、シーイーグルの右手の指を3本立て、3周年をアピール。この時点ではP-3Cだったが、直後にP-1を受領した。

第3航空隊 創設5周年記念
羽ばたくシーイーグルの勇士がデザインされた、第3航空隊の創設5周年記念パッチ。3個の星は第3航空群を表している。

第3航空隊 創設5周年記念
このパッチも創設5周年記念で、シーイーグルの顔が大きく描かれた。シンプルなデザインで、下部に描かれた「5」の文字が強調されている。

第3航空隊 創設10周年記念
P-3Cから最初にP-1に機種改編した第3航空隊は、組織改編後の2018年に10周年を迎え、羽ばたくシーイーグルを描いた記念パッチを製作した。

第3航空隊 MISSION CREW
P-1にはコクピットクルーのほか、センサーマンなどミッションクルーが同乗、このパッチは特定のクルーが製作している。

第3航空隊 第32飛行隊
対潜哨戒航空隊隷下には2個の飛行隊が編成され、第3航空隊には第31飛行隊と第32飛行隊がある。このパッチは第32航空隊。

第5航空隊

第5航空隊
那覇航空基地の新生第5航空隊にパッチは、広大な海原上空を飛ぶ天馬（ペガサス）で、上部には守礼門がデザインされている。

第5航空隊 24H Watcher
対潜哨戒航空隊は24時間哨戒・監視任務を実施している。このパッチは昼夜を問わず任務を実施するパイロット用。

1954～2008年

2008年の海上自衛隊組織改編前のP-3C航空隊は、第1航空隊（鹿屋）、第2航空隊（八戸）、第3航空隊（厚木）、第4航空隊（八戸）、第5航空隊（那覇）、第6航空隊（厚木）、第7航空隊（鹿屋）、第8航空隊（岩国）、第9航空隊（那覇）のほか、教育集団には第203航空隊（下総）（改編後も変更なし）の計10個航空隊が編成されていた。

第1航空隊

第1航空隊
航空隊創設当時の司令指導方針は「No.1」で、「1」を掴むイーグルがモチーフにされた。左は創設当時のパッチで、イーグルは若干変化している。

第1航空隊 DEMONSTRATION TEAM
2004年に開設50年を迎えた鹿屋航空基地で結成されたP-3Cの展示飛行チームのパッチ。

第2航空隊

八戸航空基地に配備されていた旧第2航空隊のP-3C。

第2航空隊
八戸航空基地に配備されていた第2航空隊のパッチはモリと「2」の文字を組みあわせたデザイン。右のパッチはP-2J時代で、非常に古い。

第2航空隊 WORLD CUP WATCHERS
2002年に行われたワールドカップ開催期間中、日本周辺を警戒する第2航空隊の記念パッチ。ヘディングするP-3Cが面白い。

第2航空隊 Patron Two 2002
2000年代に突入するとP-3Cの垂直尾翼から派手な部隊マークが消え始めた。このパッチは消される直前に製作された派手な部隊マーク時代のパッチ。

第2航空隊 250,000時間無事故記念
航空隊創設以来、25万時間無事故を達成した時に製作された記念パッチで、P-2Jと旧部隊マークも描かれている。

第3航空隊

第3航空隊
最初にP-2JからP-3Cに改編した第3航空隊のパッチは、P-2Jからのデザインを継承しているが、機体の向きは右向きに変更された。

第3航空隊 横田基地友好祭2012
当時は米軍オープンハウスでも自衛隊の航空隊(飛行隊)がパッチなどのグッズ類を販売していた。第3航空隊は小さな記念パッチを販売した。

第3航空隊 AUSTRALIA派遣記念
第3航空隊がオーストラリア海軍100年記念観艦式に参加した時の記念パッチで、カラーリングが美しい。

第4航空隊

第4航空隊
航空隊名の「4」と鷲を組み合わせたデザインの第4航空隊パッチ。上部には航空隊のモットー「精強」の文字が入る。

第4航空隊
このパッチの左右には金モールが追加され、上部には「VP-4」、下部には「HACHINOHE」の文字が入れられている。

第4航空隊
P-2J時代に使用されていた第4航空隊のパッチ。上面には航空隊名と基地名が描かれ、下部には金モールが入っている。

第4航空隊 1Ready
1時間待機に就いている、第4航空隊パイロットのパッチ。下部に描かれている「BLACKY」は同航空隊のコールサイン。

第5航空隊

第5航空隊
第5航空隊のパッチに描かれている「天馬」は、P-2J時代から描かれていた部隊マークで、中央には基地名が描かれている。

第5航空隊 撃沈
第5航空隊のクルーが使用していたサブパッチで、「撃沈」の文字が描かれている。「PEGASUS」は航空隊のコールサイン。

第6航空隊

第6航空隊
P-3C受領に伴い新設された第6航空隊のパッチは、新しい時代を切り開くパイオニア精神を意味する天空の勇士「オリオン」。

第6航空隊 FINAL YEAR
海上自衛隊の組織改編に伴い、第6航空隊が廃止される記念にクルーが製作したパッチ。「LUCIFER」は飛行隊のコールサイン。

第7航空隊

第7航空隊
P-2JからP-3Cに改編が進む中、鹿屋航空基地で新設され、最後のP-2J航空隊となった第7航空隊のパッチは「北斗七星」。

第6航空隊 FINAL YEAR
このパッチも、2007年限りで第6航空隊が廃止されるのを記念して製作され、P-3Cがデザインされた。

第6航空隊 flight engineer
第6航空隊のフライトエンジニアが製作したサブパッチで、6cm×9cmと小さい。

第8航空隊

第8航空隊
P-3C航空隊の中では最初に廃止された、岩国航空基地の第8航空隊。パッチはユニークな「雷神」をモチーフにしている。

第9航空隊

第9航空隊
最後に編成された第9航空隊のパッチは、琉球王朝時代のシンボルである龍で、航空隊名の「9」を意味したデザインとなっている。

垂直尾翼に龍で「9」を描いたかつての第9航空隊のP-3C。

第9航空隊 MAINTENANCE
組織改編に伴い第9航空隊が廃止されることになり、整備小隊が製作した記念パッチ。航空隊が存在した「1995～2008」の文字が刻まれている。

対潜ヘリコプター航空隊

|||||||||| HSS-1/2、SH-60Jシリーズを装備した対潜ヘリ部隊のパッチ ||||||||||

海上自衛隊の対潜哨戒機には、P-3Cなどの固定翼機のほか護衛艦などに搭載可能な回転翼機(ヘリコプター)がある。最初にHSS-1シリーズ、続いてHSS-2シリーズを受領、後に本格的なSH-60Jシリーズを導入して館山、大村、大湊、小松島などに配備されていたが、2008年に実施された海上自衛隊の大規模な組織改編に伴いヘリコプター航空隊も大幅に改編された。

2008年～現在

第21航空群

第21航空群
館山航空基地に配備されている第21航空群のパッチには、隷下の硫黄島、舞鶴、館山、大湊航空基地名の文字が描かれている。

第21航空隊

第21航空隊
新たに編成された第21航空隊のパッチは、トランプのジャック。「Black Jack」は航空隊のコールサイン。

第21航空隊
このパッチも第21航空隊で、ジャックは右向きに変更されフルカラーとなったほか、下部の文字の標記も変更されている。

第21航空隊 硫黄島航空分遣隊
最後となったUH-60Jを運用している硫黄島航空分遣隊のパッチには、ジャックのほか硫黄島に生息するサソリも描かれている。

第21航空隊 創設15周年記念
第21航空隊の開隊(創設)15周年記念パッチは、トランプのジャックに代わり、房総地域を舞台にした「南総里見八犬伝」の主人公・伏姫が描かれた。

第21航空隊 21FS LINE
第21航空隊のラインメンテナンスを実施する、整備小隊のパッチ。メインローターとテイルを折り畳んだSH-60Kが主役となった。

第21航空隊
大規模な組織改編から15年を経過して製作された、第21航空隊の記念パッチの右側はSH-60「BLACK JACK」、左側はUH-60「GUARDIAN」の文字。

第22航空隊

第22航空隊
改編に伴い新設された大村の第22航空隊のパッチには新生航空隊を意味する、勢いよく飛び立つ龍がデザインされている。

第23航空隊

第23航空隊
舞鶴航空基地で新設された第23航空隊のパッチには、優雅に舞う鶴、地元の舞鶴クレインブリッジと、金剛院が入れられている。

第24航空隊

第24航空隊
現在使用されている第24航空隊のパッチは、阿波人形浄瑠璃「傾城阿波の鳴門」から一転して、小松島にゆかりのある「源義経」と鳴門海峡の荒波と渦潮のイメージとなった。描かれている文字やカラーの違いなど複数のバリエーションが存在する。

第24航空隊
小松島航空隊から改編した当時、第24航空隊のパッチは小松島航空隊の浄瑠璃「傾城阿波の鳴門」を継承した。

第24航空隊 創設50周年記念
小松島航空隊時代から数えて、創設50周年を記念して製作されたパッチ。8cm×8cmと小さい。

「シーキング」の愛称で親しまれたHSS-2B。

第25航空隊

第25航空隊
大湊航空基地第25航空隊のパッチは「ねぶた」がモチーフ。パッチの中の鉞(まさかり)の文字はコールサインの「BATTLEAX」に通じる。

第25航空隊 創設60周年記念
大湊航空隊時代から創設60周年を迎えて製作された記念パッチには、可愛い女性が描かれた。「BATTLEAX」は航空隊のコールサイン。

1954〜2008年
組織改編前には護衛艦に展開する第101、121、122、123、124航空隊のほか、護衛艦に展開しない大湊航空隊、小松島航空隊、大村航空隊、第101航空隊が編成されていた。

第101航空隊

第101航空隊
館山航空隊に配備されていた第101航空隊は、護衛艦に派遣されることがなかった。パッチには全国を飛び回る「ちごはやぶさ」が描かれている。

第101航空隊 S-61A
第101航空隊は、しらせ飛行科から余剰になったS-61Aを最後まで使用していた。このパッチはS-61Aのクルーパッチ。

第121航空隊

第121航空隊
第121航空隊のパッチは、テイルブームに描かれていた識別マーク(赤と青のストライプ)の上にSH-60が描かれている。

第121航空隊 創設25周年記念
第121航空隊の創設25周年記念パッチは、正式なパッチのデザインを流用して中央には「25」の文字、周囲は記念文字に変更された。

第121航空隊 First Delivery
初めて近代化改修型のSH-60Kが第121航空隊に配備された時に製作された記念パッチ。中央の「K」の文字が強調されている。

第121航空隊
最初にHSS-2を受領した当時のパッチで、護衛艦から飛び立つHSS-2が描かれている。「DDH」はヘリコプター搭載型護衛艦を意味する。

第122航空隊

第122航空隊 精強
第122航空隊が、エンデューリングフリーダム作戦に参加した記念パッチで、日本を強調する「日の丸」が描かれた。

対潜ヘリコプターの傑作機となったSH-60シリーズを独自に改良したSH-60K。

第122航空隊
HSS-2時代の第122航空隊パッチ。長崎の龍踊「長崎ニ龍踊」をモチーフに、フルカラーの可愛いドラゴンが潜水艦を掴んでいる。

第122航空隊
改編前の第122航空隊のパッチは潜水艦を掴むドラゴンで、海上自衛隊のパッチとしては珍しい形をしている。

第123航空隊

第123航空隊
このパッチも第123航空隊が製作したデザインで、月をバックに夜間の荒波上空を低空飛行するSH-60のナイトミッションを表す。

第123航空隊
第123航空隊のパッチに描かれているのは「ミサゴ」と呼ばれる鷹の一種で、上下逆に裏返すとくちばし部分が房総半島の館山となる。

第123航空隊 SH-60J
HSS-2からSH-60Jに改編した時に製作されたパッチで、前作の可愛い「ミサゴ」はリアルに変身、下部には「SH-60J」の文字が入れられた。

第123航空隊 舞鶴分遣隊
第123航空隊が舞鶴航空基地に分遣隊を派遣していた時代のパッチで、「DETACHMENT」は分遣隊を意味する。

第124航空隊

第123航空隊
同航空隊が1992年にハワイで実施された共同訓練「RIMPAC」に参加した記念パッチ。中央には可愛いHSS-2が描かれている。

第123航空隊
このパッチは同航空隊が編成された当時の古いデザインで、ヘルメットを被ってサムアップする海鳥がウインクしている。

第124航空隊
館山から大村航空基地に移動後の第124航空隊のパッチには、「カツオドリ」が描かれ、下部の三角形の中に「124」の文字が組み合わされて隠されているユニークなもの。

大湊航空隊

大湊航空隊
陸上型のHSS-2を使用していた大湊航空隊のパッチは、下北半島の上空を飛ぶ白鳥が、シンプルにデザインされている。

大湊航空隊 LAST OPERATION HSS-2B
海上自衛隊の中で最後までHSS-2Bを運用していた大湊航空隊の退役記念パッチ。テイル部分がパッチに描かれているのが珍しい。

小松島航空隊

小松島航空隊
徳島県の伝統芸能となる阿波人形浄瑠璃「傾城阿波の鳴門」のワンシーンを再現した、小松島航空隊のパッチ。

小松島航空隊
HSS-2を使用していた時代のパッチで、鳴門の渦潮の上空を飛ぶHSS-2をモチーフにしている。このパッチは非常に古く、時期によって細部が若干異なった。

小松島航空隊創設40周年記念
松の木の上を飛ぶ鷹が描かれた、小松島航空隊創設40周年記念パッチは、直径13cmと珍しく大きい。

大村航空隊

小松島航空隊 SEA KING SERIES
小松島航空隊はHSS-2、HSS-2A、HSS-2Bの3タイプを使用。このパッチはHSS-2Bシリーズの退役に合わせて製作された。

小松島航空隊
航空隊創設当時に製作されたパッチで、阿波踊りをする女性と鳴門の渦潮が描かれている。変色するほど非常に古いパッチ。

大村航空隊
大村航空隊のコールサインは、健康で愛くるしい女の子の「妖精」を意味する「BONNY」で、パッチにはイルカに乗る妖精が描かれている。

大村航空隊
HSS-2を使用していた初期の大村航空隊のパッチには、洋上を航行する護衛艦とHSS-2のフロート部分がデザインされている。

第61航空隊

|||||||||| 全国の海自航空基地間の輸送業務を担う第61航空隊のパッチ ||||||||||

航空自衛隊の輸送航空隊と同様に、北は青森県の八戸から、南は沖縄の那覇、東は南鳥島まで、全国に展開する航空基地間を結ぶ航空輸送を実施している第61航空隊。編成当時はR4D-6を装備していたが、後にYS-11MとLC-90、2014年からはYS-11Mに代わってC-130Rを使用している。

海上自衛隊は航空輸送を実施するYS-11Mを運用していた。

第61航空隊

定期的に訪れる小笠原諸島の鳥島に生息する「あほうどり」が大海原を飛ぶデザインを採用した、第61航空隊のパッチ。

第61航空隊

C-130R導入時に製作されたスペシャルバージョンパッチは、ちょっと派手なカラーリングで、地図などのデザインが異なった。

第61航空隊 夢

第61航空隊のC-130Rの転換訓練、機体導入、運用試験などの実用化に向けた研究を実施した、プロジェクトチームパッチ。

第61航空隊 C-130R

C-130Rの導入に伴い、同機の側面が描かれたサブパッチが製作された。

第61航空隊創設40周年記念

航空隊のオリジナルパッチのデザインをベースにして、中央には「40」、周辺を記念文字に変更した創設40周年記念パッチ。

第61航空隊 創設41周年記念

このパッチは航空隊創設41周年記念で、YS-11Mの41号機の垂直尾翼をモチーフにしているのが面白い。

第61航空隊創設42周年記念

創設41周年記念パッチはYS-11Mの垂直尾翼だったが、創設42周年記念パッチは、YS-11M 42号機の機首をモチーフにしている。

第61航空隊 LC-90

第61航空隊がLC-90を導入して20年を記念して製作されたパッチで、バックには大きな「60」の文字が隠れている。

第61航空隊

第61航空隊が創設された当時の旧パッチで、熊に跨る金太郎と厚木航空基地から遠望できる富士山が描かれた。

第61航空隊 CARGO

創設当時に使用されていたサブパッチで、荷物を運ぶカラスが可愛い。「CARGO」は輸送を意味する。

第61航空隊 Caravan

YS-11Mの退役が続くと、数種類のパッチが製作された。同航空隊のYS-11Mには最後までラクダの部隊マークが描かれていた。

第111航空隊

|||||||||||| 世界で米海軍と海自だけに存在する部隊、掃海ヘリ部隊のパッチ ||||||||||||

四周を海で囲まれている日本周辺の沿岸航路の安全を確保するため、第111航空隊は主に機雷掃海任務を実施しているほか、災害派遣などでも活躍している。KV-107を装備して1974年に下総航空基地で編成され、後に岩国航空基地に移動してMH-53Eに改編、現在はMCH-101を使用している。

海上自衛隊で最初の掃海ヘリコプターとなったKV-107Ⅱ。

第111航空隊
岩国航空基地に移動後、現在も使用されている第111航空隊のパッチには、機雷と掃海器具がデザインされている。

第111航空隊
下総航空基地時代のパッチで、下部の文字は「SHIMOFUSA」。時期によって航空隊名標記など、細部が若干異なった。

第111航空隊 SUMMER DEPLOYMENT
2021年と2022年の夏、岩国をベースに大湊、館山、那覇航空基地に展開した記念パッチ。MCH-101と日本地図が描かれている。

第111航空隊 侍
第111航空隊が2006年にMCH-101を受領後、2021年に飛行時間25,000時間無事故を達成した記念パッチ（CH-101も含む）。

第111航空隊 PACIFIC CROWN 21
2021年にイギリス海軍の空母クイーンエリザベス（R08）に搭載されているマーリンMk2&4と、第111航空隊が共同訓練を実施した記念パッチ。

第111航空隊 一撃
掃海ヘリコプターを装備しているのは、アメリカ海軍と海上自衛隊のみ。MH-53Eは大型機で、パッチのMH-53Eは迫力満点なアングル。

第111航空隊 MH-53E
正面から見ると、巨大なスポンソンが魅力のMH-53Eのパッチ。アメリカ海軍にも同じようなデザインのパッチがある。

第111航空隊 FLIGHT ENGINEER
第111航空隊の整備小隊が製作したパッチで、上部には「何を心配している？」と描かれているのが面白い。

第111航空隊
MH-53E

MH-53Eを装備していた時代の第111航空隊は、非常に多くのサブパッチを製作、このパッチもクルー用のサブパッチ。

左右の巨大なスポンソンが特徴的だった第111航空隊のMH-53E掃海ヘリ。

第111航空隊 海龍

MH-53Eのニックネームはシードラゴンで、日本語表記は「海龍」。下部には運用終了を意味する「SAYONARA 2017.3」、その上には「Good Job!」の文字が描かれた。

第111航空隊
SEA DRAGON

このパッチも第111航空隊のサブパッチで、シードラゴンとMH-53Eをモチーフにしている。ベースがグリーンなのが海自のパッチとしては珍しい。

第111航空隊
創設40周年記念

第111航空隊の創設40周年記念パッチの中央には不気味な機雷と「40」の文字、左右には鶴とシードラゴンがデザインされた。

第111航空隊
創設40周年記念

第111航空隊は創設40周年に合わせて2種類の記念パッチを作製。このパッチは、オリジナルデザインの一部を継承している。

第111航空隊「いせ」展開記念

第111航空隊のMH-53Eが、最初に護衛艦「いせ」(DDH-182)に展開した記念パッチ。MH-53Eが「いせ」に展開したのは、この時が最初で最後となった。

第111航空隊
PAR OF LAST
MH-53E

三菱重工が第111航空隊に残った最後のMH-53E(8631号機)の定期整備終了した記念パッチで、下部の文字がそれを意味している。

第111航空隊
LAST FLIGHT
MH-53E

MH-53Eのラストフライト記念パッチで、「20 FEB, 2017」の文字と、海に沈む夕日のグラデーションが美しい。

第111航空隊
GRIFFIN HM-111

1989年から導入された海上自衛隊のMH-53Eが、2017年に全機用途廃止となった記念パッチ。

現在、第111航空隊で運用されているMCH-101。

第81航空隊、第91航空隊

情報収集と訓練支援を主な任務とする海自ならではの航空隊パッチ

第81航空隊は、OP-3C画像情報収集機とEP-3電波探知収集機、第91航空隊は、UP-3D電子戦訓練支援機とU-36A訓練支援機を装備していたが、2020年の組織改編に伴い第81航空隊と第91航空隊は解散。新たに編成された第81航空隊に統合された。

第81航空隊
新生第81航空隊のパッチは、鋭い目つきをしたカラスがライトニングを握り締める不気味なデザインで、複数のカラーバリエーションが存在する。

第81航空隊 OLYMPUS
OP-3Cのクルーパッチで、同飛行隊が災害派遣時などに派遣される時のコールサインが「レスキューオリンパス」で、このパッチが製作さた。

第81航空隊 地獄耳
電波探知収集任務を実施する、EP-3のクルーパッチ。上下には任務を意味する「地獄耳」と、EP-3を意味する「電探機」の文字が描かれた。

第81航空隊 LOROP
OP-3C画像情報収集機は、主翼下面にLOROP（長距離側方偵察）ポッドを搭載して任務を実施している（Clairvoyanceは千里眼という意味）。

第81航空隊 雷神
第81航空隊とアメリカ海軍の第1艦隊偵察飛行隊（VQ-1）が共同訓練を実施した記念パッチで、雷神がモチーフにされている。

第81航空隊 FLIGHT ENGINEER
第81航空隊のフライトエンジニアパッチで、可愛い隊員がモチーフになっている（イヤーマフには「83」の文字）。

岩国航空基地の旧エプロンで撮影されたEP-3。

海上自衛隊初のジェット機となったU-36A。

第81航空隊
第81航空隊は後に、情報専任部隊として日本周辺を監視するという意味を込めパッチには日本地図と電光表示の「81」を描いた。

第81航空隊
旧第81航空隊創設直後のパッチは老練家、経験家、海千山千の男を意味する「オールドクロウ」と、電光表示の「81」の文字。

第91航空隊
中央に描かれている鷹は、強さの強調と強力な対抗、赤い目はU-36Aのシーカー、稲妻は電子戦などを意味している。

第91航空隊 UP-3D
第91航空隊時代に使用されていたUP-3Dのクルーパッチ。このパッチも複数のバリエーションが存在していた。

第91航空隊に配備されているUP-3D。

第91航空隊 解散記念
2020年に第81航空隊と第91航空隊は解散、新たに第81航空隊が新編された。このパッチは第91航空隊の解散記念。

第91航空隊 解散記念
赤いターゲットを銜えたUP-3D電子戦訓練支援機が描かれた、第91航空隊の解散記念パッチ。

第91航空隊 解散記念
このパッチも第91航空隊の解散記念パッチで、鋭い目をしたU-36Aが主役。近い将来U-36Aは退役が決定している。

第91航空隊 U-36A
海上自衛隊初のジェット機となったU-36Aのパッチで、導入当時はこのパッチが使用された(Fly Jetは最初のジェット機を表す)。

第51航空隊

ⅠⅠⅠⅠⅠ 航空機や装備品などの試験、評価、戦術研究などを行う第51航空隊のパッチ ⅠⅠⅠⅠⅠ

航空自衛隊の飛行開発実験団と同様に、海上自衛隊の航空機や装備品などの性能調査試験および評価、ウエポン類の試験や戦術の研究などを実施しているのが第51航空隊。1961年に八戸航空基地で新編され、後に下総航空基地に移動しているが、P-3C導入に伴い1981年に現在の厚木航空基地に移動している。

P2V-7を日本で独自に改修したP-2J。

第51航空隊
第51航空隊のパッチは、アメリカ海軍で試験飛行隊を意味する「V」と「X」を組み合わせた部隊マークと、伝統の鳳凰をモチーフにしている。

第51航空隊 XP-1
XP-1の開発を行ったプロジェクトチームパッチで、白と赤のテストカラーに身を包んだXP-1が描かれている。

第51航空隊 XP-1耐寒試験
2010年に八戸航空基地で実施されたXP-1の耐寒試験パッチ。氷詰めされたXP-1を見つめる雪だるまが可愛い。

第51航空隊 XP-1スリップ試験
2011年に八戸航空基地で実施されたXP-1の横滑り試験パッチ。左にはスリップ注意の道路標識も描かれている。

第51航空隊 SOFTWARE PROJECT
XP-1に搭載されている戦闘指示システムなどの評価、試験などを実施したプロジェクトチームパッチ。

第51航空隊 RVSM
2014年に硫黄島で実施されたRVSM（短縮垂直間隔）試験のパッチで、P-1の垂直尾翼先端に付けられた計測機器が強調されたデザイン。

第51航空隊 KOINOBORI 2018
富士山の上を兜をかぶったP-1がフライトしているシーンに加え、桜の花びらや優雅に泳ぐコイノボリが春のイメージを出している。

第51航空隊 P-1 PROJECT
2015年、P-1が初めてハワイに展開して試験を実施した記念パッチで、レインボーの中には「FEB 2015 HAWAII」の文字が隠れている

第51航空隊 再試験
2018年2月にハワイで実施された、AGM-84ハープーン空対艦ミサイル発射の再試験パッチ。P-1とAGM-84が描かれている。

第51航空隊 XP-1 PROJECT
このパッチはXP-1のプロジェクトチームで、川崎重工から厚木航空基地にXP-1の1号機がフェリーされてきた時のクルーが使用していた。

第51航空隊 Fly Jet
このパッチもプロジェクトチームで、正面から迫るXP-1をモチーフにしているほか、「RISING SUN」の文字が描かれた。

第51航空隊 XP-1 CHASER
第51航空隊で試験中のP-1をP-3Cでチェイスしたクルーパッチで、テストカラーのXP-1とP-3Cが編隊飛行している。

第51航空隊 派米訓練
2015年7月に初の海外派米訓練として、ハワイのカネオヘベイ基地に展開した記念パッチで、地球をバックに飛ぶP-1がデザインされている。

第51航空隊 ACOUSTIC
第51航空隊で、XP-1の音響試験を実施した記念パッチで、このパッチにもチェイスするP-3Cが描かれている。

初の本格的な国産哨戒機となったP-1の1号機。

第51航空隊 C-130R
海上自衛隊が導入したC-130Rを第51航空隊で評価や運用試験などを実施していたパッチで、デザインはC-130Rと航空隊マークの組み合わせ。

第51航空隊 C-130R Project Section
第51航空隊のC-130Rの各種試験を実施していたプロジェクトチームのパッチは、富士山をバックに飛ぶC-130R。

第51航空隊 MCH/CH-101 PROJECT TEAM
第51航空隊が岩国航空基地でMCH/CH-101の運用試験を実施していた、プロジェクトチームパッチ。

第51航空隊 MCH-101 PROJECT TEAM
このパッチは掃海型のMCH-101専門のプロジェクトチームパッチで、シャークティースを描いた新型の掃海器具が描かれていた。

第51航空隊 SH-60K
第51航空隊のSH-60Kプロジェクトチームパッチで、複数のカラーが存在し、中央のSH-60Kは基本的にグレイだが、テストカラーのパッチもあった。

第51航空隊 XSH-60K PROTYPE
SH-60Kの試作1号機試験を担当していた整備員用パッチは、日の丸をバックに飛ぶXSH-60Kの1号機。

第51航空隊 XSH-60K PROTOTYPE 02
このパッチもXSH-60Kの2号機を担当していた整備員用パッチ。2号機は量産型と同じグレイになったため、このパッチのXSH-60Kもグレイ。

第51航空隊 USH-60K
試作型のXSH-60Kは、制式に採用されるとSH-60Kとなった。XSH-60Kの1号機はテストベッドとなり、後にUSH-60Kと改称した。

第51航空隊 岩国分遣隊
US-2は、厚木航空基地に配備されている第51航空隊が、岩国航空基地に派遣隊を送り込んで各種の試験を実施していた。

第51航空隊 US-1A Kai
第51航空隊と新明和工業で各種の試験を実施していた当時のパッチで、名称は「US-1A Kai」だった。

第51航空隊 KOBE 2003
このパッチは神戸の新明和工業で各種試験を実施していた当時のパッチで、「US-1A改PROJECT」の文字が描かれている。

第51航空隊 US-2
第51航空隊が岩国航空基地で試験中の時代のパッチで、白と青の試作2号機のイラストとシリアルナンバーが描かれている。

第51航空隊 US-2着水試験
試作1号機が岩国航空基地に隣接するシーレーンで着水試験を実施した記念パッチで、上部には「OPEN SEA LANDING」の文字が描かれた。

第51航空隊 US-2着水試験
このパッチも着水試験だが、環境の悪い荒波状態の試験を行ったときのパッチで、巨大な荒波が試験を意味している。

第51航空隊 LEAD THE PROJECT
US-2の計画などの評価プロジェクトパッチで、パッチにはテスト内容と試験、評価などの文字が描かれている。

第51航空隊で試験を行ったXSH-60Kの2号機。

第51航空隊 US-2横風試験
2005年に鹿屋航空基地で行われたUS-2の横風試験パッチ(「風」の文字が横になっている)で、このパッチを見れば一目でテストの内容が分かる。

国産の練習機T-5の1号機は第51航空隊で評価試験などが実施された。

第51航空隊 US-2 耐寒試験
2005年に八戸航空基地で実施された耐寒試験パッチには、ニット帽を被ってマフラーを巻くUS-2が寒そう。

第51航空隊 US-2 耐寒試験 再計測
2005年の耐寒試験では評価の成果が満足に出なかったのか、翌年も耐寒試験が行われ、パッチには「再計測」の文字が追加された

第51航空隊 耐熱試験
八戸航空基地で耐寒試験を受けたUS-2は、真夏の沖縄に移動して耐熱試験が実施された。暑さに負けてヘタヘタになったUS-2が可愛そう。

第51航空隊 EMI TEST
2006年に硫黄島周辺で実施された、EMI（電波や磁気の影響をうけ、電子機器や回路などの誤作動）試験パッチ。

第51航空隊 UP-3C
各種テストベッドとして使用されているUP-3Cのパッチで、機首に計測ブームを追加した、白とグレイのUP-3Cがデザインされている。

第51航空隊 AIRBOSS
ハワイ沖で誘導ミサイル発射をモニタリングするAIRBOSS試験を実施した記念パッチで、UP-3Cのほかハワイ諸島の地図やフラガールが描かれた。

第51航空隊 AIRBOSS
このパッチもAIRBOSS（先進赤外線誘導ミサイル観測システム）の試験パッチで、AIRBOSSを追加した文字が目立っている。

第51航空隊 TWO SWORD FENCER
第51航空隊がHSS-2Bに加え、最初にSH-60Jを受領した時に製作されたパッチで、2機の刺客を意味している。

第51航空隊 PS-1
戦後初の飛行艇となった新明和PS-1の運用試験パッチで、海に隣接する岩国航空基地に第51航空隊は分遣隊を派遣してテストを実施した。

教育航空集団

|||||||||||||||| すべての海自航空機のパイロットを育てる教育航空隊のパッチ ||||||||||||||||

海上自衛隊のパイロットを育成する教育航空集団（下総）隷下には、T-5を使用している第201教育航空隊（小月）、TC-90を使用している第202教育航空隊、P-3Cを使用している第203教育航空隊（2024年からP-1を受領／下総）、TH-135を使用している第211教育航空隊（鹿屋）と、SH-60Kを使用している第212教育航空隊（鹿屋）が編成されている。

T-5は小月航空基地の第201教育航空隊に配備されているのみ。

第201教育航空隊

第201教育航空隊
飛び立とうとするヒヨコ（学生）に、力強く飛び立つ鷹（教官）が模範を見せている、第201教育航空隊のパッチ。

小月教育航空群

小月教育航空群
このパッチは小月教育航空群で、関門橋の上空を飛ぶT-5をモチーフにしたシンプルなデザイン。

第201教育航空隊
の旧パッチは、大空に飛び立とうとする雛鳥と上から見守る親鳥の姿をモチーフにしたデザイン。

小月教育航空群
日本の上空を飛び回る親鳥とT-5をデザインした、小月教育航空群のパッチ。

第201教育航空隊 ホワイトアローズ

第201教育航空隊 ホワイトアローズ
第201教育航空隊の教官パイロットで構成される「ホワイトアローズ」は、「ルーキーフライト」から改称した海自のアクロチーム。

第201教育航空隊 ホワイトアローズ
ホワイトアローズのパイロットが使用しているサブパッチで、中央には「ARROWS FLIGHT」の文字が描かれている。

第201教育航空隊 ルーキーフライト
ホワイトアローズの前身となるルーキーフライトのパッチは、サンライズの演技を披露するT-5をデザインしている。

小月教育隊

小月教育隊
現在使用されている小月教育隊のパッチは、鋭い目をした親鳥の後ろにはウイングマークが隠れている。2種類のカラーが存在する。

小月教育隊
旧小月教育隊のパッチは、観光名所の関門橋の上空を編隊で飛ぶT-5と可愛いフグがユニークだ。

第202教育航空隊

第202教育航空隊
小月航空基地の第201教育航空隊を卒業した雛鳥は四国の徳島に渡り、バイザーを下ろしてヘルメットを被ったパイロットに成長する。

徳島教育航空群

徳島教育航空群
鳴門海峡にかかる鳴門大橋上空を飛行するTC-90をモチーフにした、徳島教育航空群のパッチ。

第203教育航空隊

第203教育航空隊
第203教育航空隊の整備小隊が製作したパッチ。半円の大きなサイズで「203」の文字の上には可愛いカエルが座っている。

第203教育航空隊
雛鳥が立派に育って下総から全国に配備されている航空基地に飛び立つイメージをデザインした、第203教育航空隊のパッチ。

TC-90はC90キングエアをベースにした航法練習機。

第205教育航空隊

第205教育航空隊
YS-11TAを使用していた第205教育航空隊のパッチに描かれている「TOMBOY」はコールサインで、おてんば娘の意味。

第205教育航空隊
鹿屋航空基地で編成された当時の第205教育航空隊のパッチ。日本の上空を飛ぶナベヅルがモチーフになっている。

第206教育航空隊

第206教育航空隊
第206教育航空隊のパッチに描かれている日本地図などのデザインは、改称した第203教育航空隊のパッチに継承された。

第211教育航空隊

第211教育航空隊
海上自衛隊の回転翼(ヘリコプター)パイロットの教育を実施している第211教育航空隊のサブパッチ。

第211教育航空隊
雛鳥がローターを背負って滑走路から飛び立つデザインを使用している、第211教育航空隊のパッチには桜島も。

第212教育航空隊

第212教育航空隊
TH-135の導入に伴い、第212教育航空隊が2018年3月に新設され、新たなデザインのパッチが採用された。

救難飛行隊、第71航空隊

ヘリと飛行艇を装備した「海のレスキュー隊」のパッチ

海上自衛隊の航空救難部隊は、八戸、下総、厚木、硫黄島、徳島、小月、鹿屋の各航空基地に救難飛行隊を配置していたほか、岩国航空基地にUS-1救難飛行艇を装備する第71航空隊を配置していた。2008年の組織改編に伴い全国に展開していた救難飛行隊は一部が廃止され、第21航空隊（館山）と第22航空隊（大村）隷下にまとめられた。その後さらに部隊数を減らし、現在は硫黄島航空分遣隊を残すのみとなった。

S-61AHはHSS-2シリーズの捜索救難型（写真：海上自衛隊）

八戸救難飛行隊

八戸救難飛行隊
八戸救難隊が最後まで使用していたパッチで、UH-60Jの正面形と青森県の地図をデザインしている。

八戸救難飛行隊
八戸救難飛行隊が創設された当時のデザインで、下北半島上空を優雅に飛ぶカモメを描いたシンプルなデザイン。

八戸救難隊 RESCUE
ホイストを使用して救難活動を行うUH-60Jをモチーフにした、八戸救難飛行隊のサブパッチ（複数のカラーバージョンあり）。

八戸救難飛行隊 READY
救難隊で待機に就いているクルーのパッチで、待機を意味する「READY」の文字が描かれている（このパッチも複数のバリエーションがある）。

八戸救難飛行隊 Rescue Ready
救難隊で待機に就いている隊員のクルーパッチで、「Rescue Ready」の文字が救難待機を意味している。

厚木救難飛行隊

厚木救難飛行隊
厚木救難飛行隊で最後まで使用されていたパッチには、UH-60Jと「救飛」の文字のほかコールサインの「Angel Star」の文字が描かれた。

厚木救難飛行隊
S-62Jを使用していた当時の厚木救難飛行隊パッチで、富士山から旭日が昇るイメージ。「ATSUGI」の文字が大きい。

硫黄島救難飛行隊

硫黄島救難飛行隊
国内で唯一、南十字星を見ることができる硫黄島に配備されていた、硫黄島救難隊のパッチは、椰子の木と南十字星。

下総救難飛行隊

下総救難飛行隊
教育航空集団の司令部が所在する下総航空基地、下総救難飛行隊のパッチは、ズバリUH-60J。「SHINY STAR」はコールサイン。

小月救難飛行隊

小月救難飛行隊
本州の最西端の小月航空基地を星で示した地図と、UH-60Jを描いた小月救難飛行隊。「OCEAN STAR」はコールサイン。

小月救難飛行隊
このパッチも小月救難飛行隊で山口県の名所、関門橋と名物フグが上手くデザインされているのが面白い。

小月救難飛行隊
S-62Jを使用していた時代の小月救難隊パッチ。このパッチにも山口県の観光名所、関門橋がデザインされている。

小月救難飛行隊
S-61AHを使用していた当時の小月救難飛行隊パッチで、夜間サーチライトで海面を照らしながら救難活動を行うイメージをデザイン。

徳島救難飛行隊

徳島救難飛行隊
使用しているUH-60Jを可愛いイルカに見立て、胴体上下と尾部にヒレを付け飛び跳ねるイメージのデザイン。

第71航空隊が運用するUS-2は、US-1Aから派生した飛行艇タイプの救難機。

鹿屋救難飛行隊

鹿屋救難飛行隊
全国の救難飛行隊はUH-60Jを受領した後、デザインを変更した飛行隊が多い。鹿屋救難飛行隊もハイセンスなデザインとなった。

第71航空隊

第71航空隊
第71航空隊は、US-1AからUS-2に使用機種が変わるとパッチのデザインを一新。新しいパッチのデザインはカモメと、「71」の文字が強調された。

第71航空隊
旧第71航空隊のパッチは洋上に着水したUS-1Aで、形が珍しい。ブルーのUS-2を受領するとブルーバージョンのパッチも登場した。

鹿屋救難飛行隊
このパッチはS-62JやS-61AHを使用していた時代の鹿屋救難飛行隊のデザインで、救出される可愛い犬がモチーフになっている。

第72航空隊

第71航空隊 RESCUE IVORY
第71航空隊のサブパッチは可愛いUS-1で、「RESCUE IVORY」は救難活動を行う際のコールサイン。

第71航空隊 2011 in BRUNEI
第71航空隊のUS-2が、2011年にブルネイで行われた国際観艦式に参加した時の記念パッチで、日本とブルネイの地図が描かれた。

第71航空隊 ASEAN Regional Forum 2009
2009年にフィリピンで行われたアジアン地域フォーラム災害派遣実働演習に参加した、第71航空隊の記念パッチ。

第72航空隊
第72航空隊は、UH-60Jを装備する徳島航空基地と鹿屋航空基地に分遣隊を派遣していたため、パッチには徳島と鹿屋の文字が描かれた。

第73航空隊

第73航空隊
館山航空基地で新編された第73航空隊のパッチには、飛行隊名を示す「73FS」の文字がデザインされている。「GUARDIAN」はコールサイン。

第73航空隊 大湊航空分遣隊
第73航空隊は大湊航空基地に分遣隊を送っていたので、このパッチは中央に「OMINATO」の文字が入った、大湊航空分遣隊独自のデザイン

第73航空隊 大湊航空分遣隊 創設5周年記念
大湊航空分遣隊創設5周年記念パッチで、中央には記念文字と任務を示す「RESCUE」の文字が描かれた。

第73航空隊 大湊航空分遣隊 創設5周年記念
このパッチも創設5周年記念パッチで、基本的なデザインは左のパッチと同じだが、中央の文字は「救難」。

第73航空隊 守護神
このデザインは第73航空隊のサブパッチ。上部の航空隊名は日本語表記で、中央には「守護神」の大きな文字が描かれた。

第73航空隊 硫黄島航空分遣隊
このパッチは硫黄島航空分遣隊で、中央には「硫黄島」の文字とサソリのイラストが入っているのが特徴。

第73航空隊 創設5周年記念
基本的にはオリジナルデザインを継承しているが、UH-60Jのイラストが異なるほか航空隊名の上に小さく「5th ANNIV.」の文字が追加された。

H-60シリーズは陸海空3自衛隊で使用されたヘリコプターで、この機体は海自の救難型UH-60J。

砕氷艦「しらせ」、しらせ飛行科

砕氷艦「しらせ」と、そこに搭載される「しらせ飛行科」のパッチ

南極観測などで知られる「しらせ」は、文部科学省国立極地研究所の南極地域観測隊の研究任務・輸送などのために製造された南極観測船で、正式には砕氷艦「しらせ」（AGB-5003）と呼ぶ。この砕氷艦「しらせ」に派遣されているのがしらせ飛行科。正式な所属は横須賀地方隊で、機体運用は岩国航空基地をベースにしている。

この機体はしらせ飛行科が第211教育航空隊から一時的に借用したOH-6D。

砕氷艦「しらせ」

砕氷艦「しらせ」
砕氷艦「しらせ」のパッチで、可愛いペンギンと「SHIRASE」の文字。「AGB」は砕氷船を意味する。ヘリコプターは時代によって異なり右はS-62J、下はS-61。

砕氷艦「しらせ」
3代目「しらせ」と、最新型のCH-101が描かれた新しい「しらせ」のパッチにも可愛いペンギンが描かれている。

砕氷艦「しらせ」
南極大陸の地図とレーダーが描かれたパッチ。地図の中には昭和基地が示されている。

しらせ飛行科

第44次南極地域観測協力
南極地域観測協力のパッチは可愛いペンギンが描かれているケースが多いが、このパッチは南極大陸が描かれているのみ。

第45次南極地域観測協力
南極地域観測協力は毎年パッチを製作している。このパッチは2003-2004年記念で「しらせ」のほかS-61、地図、ペンギンなどが描かれた。

砕氷艦「しらせ」南極処女航海記念
第51南極地域観測協力に初参加した、3代目砕氷艦「しらせ」の南極処女航海記念パッチ。

第53次南極地域観測協力
2011-2012年にかけて実施された第53次南極地域観測協力パッチには、CH-101と仲良く飛ぶ?ペンギンたちが描かれている。

第54次南極地域観測協力
第54次南極地域観測協力パッチには、CH-101のイラストと「極」の文字。右上の「TEAM AURORA」はしらせ飛行科を意味する。

第55次南極地域観測協力
第55次南極地域観測協力に参加した、しらせ飛行科の記念パッチには、リアルなCH-101と南極大陸の地図がデザインされた。

第55次南極地域観測協力

このパッチも第55次南極地域協力のしらせ飛行科パッチで、挑戦を意味する「Challenge」の文字が描かれた。

第61次南極地域観測協力

ヘリコプターやペンギンをモチーフにしていた南極地域観測協力パッチは、令和元年になるとデザインが一新された。

第63次南極地域観測協力

2021-2022年の南極地域観測協力パッチは、砕氷船「しらせ」がペンギンに変身しているのが面白い。

AURORA CH-101・GRIFFIN MCH-101

このパッチは直接南極地域観測協力には関係ないが、岩国航空基地に配備されている第111航空隊(MCH-101)と、しらせ飛行科(CH-101)のパッチ。

しらせ飛行科のCH-101は、第111飛行隊で使用されているMCH-101の輸送型。

TEAM AURORA FLIGHT

砕氷艦「しらせ」に搭載されているしらせ飛行科のパッチにはクルーに扮したペンギンが描かれている。

シコルスキーS-61A

長い間、しらせ飛行科で使用されていたS-61Aの珍しいパッチ。「2007」はS-61Aの退役を意味する(正確には2008年10月15日)。

航空集団・航空基地・基地創設記念

航空機が配備されている航空基地などのパッチ

海上自衛隊の航空機が配備されているのは大湊、八戸、下総、厚木、館山、硫黄島、岩国、徳島、大村、鹿屋、那覇航空基地などで、航空自衛隊と同様に基地独自のパッチを製作していたり、創設記念パッチを作っている。意外とハイセンスなデザインが多いのが特徴だ。

海上自衛隊創設60周年記念

海上自衛隊創設60周年記念パッチはシンプルなデザインで、「60」の文字の「0」の中には敬礼する隊員が隠れている。

航空集団

厚木航空基地に司令部が所在する、海上自衛隊航空集団のパッチは、飛び立つ航空機とウイングマークをイメージしたデザイン。

教育航空集団創設60周年記念

下総航空基地に司令部を置く教育航空集団の創設60周年記念パッチはタマゴを抱えた鳥で、教育航空集団の鹿屋、小月、徳島、下総航空基地名が入っている。

八戸航空基地

現在もP-3Cを使用している青森県の八戸航空基地のパッチは、両手を広げた可愛いカモメをモチーフにしている。

**八戸航空基地
創設50周年記念**

八戸航空基地は2007年に創設50周年を迎え、この年の航空祭ではブルーインパルスが展示飛行を実施した。

**八戸航空基地
創設50周年記念**

このパッチも八戸航空基地創設50周年記念で、航空祭で展示飛行を行ったP-3C、UH-60Jと、ブルーインパルスのT-4が描かれた。

**八戸航空基地
創設55周年記念**

八戸航空基地では毎年、オホーツク海に流れ込む流氷の観測飛行を実施していた。このパッチは流氷上空を低空で飛ぶP-3Cをデザインしている。

**下総教育航空群
創設50周年記念**

下総航空基地の教育航空群創設50周年パッチには、当時配備されていたYS-11TAと、現在も使用されているP-3Cが描かれている。

厚木航空基地

海上自衛隊の航空集団司令部が所在する厚木航空基地のパッチは、ズバリ富士山。中には「ATSUGI」を意味する「At」の文字が隠れている。

**館山航空基地
創設70周年記念**

館山航空基地創設70周年記念パッチは、館山城の上空を飛ぶSH-60と、「70」の文字がデザインされている。

**館山航空基地
創設60周年記念**

館山航空基地の創設60周年記念は、対潜型のUH-60Kと救難型のUH-60Jがモチーフになっている。

**館山航空基地
創設60周年記念**

このパッチも館山航空基地創設60周年記念で、当時配備されていたSH-60J、UH-60J、SH-60Kの3機種が編隊で飛んでいる。

**館山航空基地
創設55周年記念**

SH-60Jのシルエットと「55」の文字を組み合わせて、記念文字を描いたハイセンスなデザインの記念パッチ。

**岩国航空基地
第31航空群
創設50周年記念**

アメリカ海兵隊も同居している岩国航空基地創設50周年記念パッチは、白い蛇と観光名所の錦帯橋がデザインされている。

**那覇航空基地
第5航空群**

航空自衛隊と陸上自衛隊も同居する那覇航空基地の第5航空群は最近になってパッチのデザインを変更。新しいパッチの主役は「シーサー」。

硫黄島航空基地隊

海上自衛隊が管理している硫黄島航空基地の旧パッチはサソリと硫黄島の地図をデザイン。基地名の標記は「IWO JIMA」。

硫黄島航空基地隊

現在使用されている硫黄島航空基地隊のパッチは、ハイビスカスと南十字星。硫黄島には、航空自衛隊の硫黄島基地隊も所在している。

―創設以来、海上自衛隊を支えてきた初期の対潜哨戒航空隊―

海上自衛隊が創設されると、TBM-3W2とTBM-3S2のコンビで対潜哨戒任務（ASW）を行っていたが、後にS2F-1とP2V-7（後に日本独自で改修したP-2J）、戦後初となる飛行艇となったPS-1が採用された。TBM-3W2とTBM-3S2は第二次世界大戦で使用されたTBMアベンジャーの派生型で、すでに旧式化していたため短期間で退役し、航空隊のパッチは存在していなかった。また、S2F-1航空隊のパッチもほとんど残っていない。

米海軍の空母搭載用の対潜哨戒機として開発されたS2F-1は、海上自衛隊でも導入された（写真：海上自衛隊）

PS-1は対潜哨戒機として開発された国産の飛行艇で、全機が第31航空隊に配備された。

大村航空隊
対潜哨戒航空隊ではないが、UF-2を装備して大村航空基地に配備されていた、大村航空隊時代の貴重なパッチ。

第14航空隊
厚木航空基地に配備され、S2F-1トラッカーを使用していた第14航空隊のパッチ。羽根の生えたガイコツはS2F-1をイメージし、潜水艦を攻撃するシーンをモチーフにしている。

第31航空隊
戦後、初の国産飛行艇となったPS-1航空隊として新設された第31航空隊。パッチは鷹が潜水艦を攻撃しているデザインで、上部には"HUNTER"の文字。

第31航空隊
PS-1の機首をデザインした、第31航空隊のサブパッチ。上部の「31-FS」は第31航空隊を意味する。

第2航空隊
このパッチもP2V-7時代に使用されていたデザインで、対潜哨戒機に見立てた羽根の生えた「2」が、水平線に潜む潜水艦を攻撃しているイメージのデザイン。

第1航空隊
P-2V7時代に使用されていた初期の第1航空隊パッチで、鹿児島を象徴する桜島、羽根の生えた第1航空隊の「1」と「KANOYA JMSDF」の文字が描かれたシンプルなデザイン。

第31航空隊
このパッチも第31航空隊のサブパッチで、海の中で両手、両足を広げたPS-1をイメージ、中央には航空隊名の「31」の文字が描かれている。

海上自衛隊 P-3C
海上自衛隊がP-3Cを導入した当時のサブパッチで、日の丸をバックに飛ぶ可愛いP-3Cが描かれている。

第3航空隊
P2V-7/P-2Jを使用していた時代の第3航空隊のパッチで、富士山と相模湾の荒波、P2V-7がデザインされた。P-3Cを受領すると富士山と相模湾の荒波などは継承された。

本格的な対潜哨戒機となったP2V-7は、計6個の航空隊に配備されたほか、第51航空隊で使用された。

陸上自衛隊
JGSDF

陸上自衛隊は、創設当時から戦闘車両や支援車両とヘリコプターなどのカラーはオリーブドラブが定番で、航空機の搭乗員などの飛行服も同じ色で統一され、飛行隊を表すパッチなどは全くなく、立川や宇都宮、木更津駐屯地祭などに出かけても隊員がパッチを付けているのを見たことはなかった。しかし1990年代中盤に那覇駐屯地の第101飛行隊を取材した折、オレンジ色のフライトスーツにパッチを貼り付けた隊員が数人いた。話を聞くと彼らは、離島間の緊急患者輸送担当者で、24時間待機しているという。左胸にはネームタグ、右胸には飛行隊パッチというのは空自などと共通だが、左右の肩は個人の好みで搭乗する航空機関連のパッチを付けていた隊員が多かったようだ。2000年代に突入すると、駐屯地祭などでグッズ類の販売が徐々に始まったが、もともと陸自は飛行服にパッチを付ける習慣が無かったため、個人の好みで付けていたようだ。特に対戦車ヘリ隊や第1ヘリ団などは積極的にパッチを製作、駐屯地祭などでも販売されていたが、空自と海自同様に、現在は一般にパッチが販売されることは無くなった。

方面航空隊、師・旅団飛行隊

北部・東北・東部・中部・西部、5つの方面隊の航空部隊パッチ

　陸上自衛隊の航空部隊は北部方面隊（総監部、以下同様：札幌）、東北方面隊（仙台）、東部方面隊（朝霞）、中部方面隊（伊丹）、西部方面隊（健軍）に配備され、それぞれの方面隊隷下には方面航空隊、師団、旅団などと各方面航空隊が、師団、旅団には飛行隊と本部付隊が編成されている。

　これらの飛行部隊に所属する航空機には飛行隊を示す部隊マークはほとんど描かれることは無いが、胴体側面に描かれているローマ数字とアルファベットで飛行隊を識別することができる。

北部方面隊

北部方面航空隊 本部付隊
LR-2は配備されている駐屯地が少ないが、北海道地区で唯一LR-2を使用しているのは、北部方面航空隊本部付隊。

北部方面ヘリコプター隊第1飛行隊
丘珠駐屯地に配備されている、北部方面ヘリコプター隊第1飛行隊のパッチは、ユニコーンの横顔。フルカラーのパッチは赤と黄色の派手なカラーだ。

第2師団第2飛行隊
旭川駐屯地に配備されている第2師団第2飛行隊の旧パッチには、かつて配備されていたOH-6と、UH-1が描かれている。

第5師団第5飛行隊
帯広駐屯地に配備されている第5師団第5飛行隊のパッチは赤い目をした不気味な黒いイーグルで、グリーンとブラックのバージョンが存在する。

第5師団第5飛行隊 創設55周年記念
制式なパッチに描かれているイーグルヘッドを描いた、飛行隊創設55周年記念パッチ。「天空自在」は飛行隊のモットー。

東北方面隊

東北方面ヘリコプター隊
このパッチは、龍を描いた円形で、上下のリボンの中に部隊名などを描いたオーソドックスなデザイン。

東北方面ヘリコプター隊 第2飛行隊
陸上自衛隊のパッチでは珍しく、白と赤を基調にしたデザインで、東北地方上空を飛ぶUH-1が描かれている。

東北方面ヘリコプター隊創設55周年記念
霞目駐屯地に配備されている、東北方面ヘリコプター創設55周年記念パッチは、「55」の文字から羽根が生えたデザイン。

第6師団 第6飛行隊
第6飛行隊の旧パッチは、月夜に吠えるオオカミ。パッチにはOHの文字が入れられているので、現在デザインが変更されている可能性も。

第6師団第6飛行隊 創設50周年記念
第6師団第6飛行隊の創設50周年記念パッチは、赤い龍と当時装備していたOH-6、UH-1。「空地一如」は飛行隊のモットー。

第6師団第6飛行隊
UH-1とOH-6を装備していた時代の第6飛行隊のパッチ。現在はOH-6が退役しているので、デザインは変更されている可能性も。

第6師団第6飛行隊
第6飛行隊の楽しいパッチ。左は雪山上空を飛ぶOH-6と雪だるま。中は雪が解けた山岳地帯を飛ぶUH-1、右は雪山上空を編隊で飛ぶOH-6とUH-1。

第6師団第6飛行隊 AIR RESCUE
第6飛行隊は、専門の救難飛行隊ではないが、ホイストを使用して救助活動を実施するため、パッチには「AIR RESCUE」の文字が描かれた。

第6師団第6飛行隊
夜の山岳地帯と月を描いた第6師団第6飛行隊のパッチ。ヘリコプター有り無しの2種類が存在し、リボンの色も異なる。6cm×6cmと小さい。

第9師団第9飛行隊
海上自衛隊と同居している八戸駐屯地に配備されている第9飛行隊のパッチには、ヘリコプターをイメージした愉快なデザイン。

第9師団第9飛行隊
第9飛行隊は1957年に創設され、50年を迎えた記念パッチには、十和田湖上空を編隊で飛ぶヘリコプターが描かれている。

東部方面隊

東部方面ヘリコプター隊
首都圏の防災拠点となっている立川駐屯地に配備されている東部方面ヘリコプター隊のパッチの中央には、駐屯地から遠望できる富士山。

東部方面ヘリコプター隊 司令部
東部方面ヘリコプター隊司令部のパッチは、派手なカラーリングの鳳凰で、「HQ」は司令部の意味。

東部方面ヘリコプター隊第1飛行隊
トランプの上をヘリコプターが編隊飛行するイメージをデザインした、東部方面ヘリコプター隊第1飛行隊のパッチ。

LR-1は三菱MU-2の陸自仕様で、主に練習機として使用された。

第12ヘリコプター隊 第2飛行隊
陸上自衛隊は冬になると、数機のヘリコプターに冬季迷彩が施された。このパッチは、第12ヘリコプター隊第2飛行隊のCH-47JA冬季迷彩機。

第12ヘリコプター隊本部付隊
花とハチドリをモチーフにした第12ヘリコプター隊本部付隊のパッチ。複数のカラーバリエーションが存在する。

第12ヘリコプター隊第1飛行隊
勇ましいドラゴンとライトニングが描かれた、第12ヘリコプター隊第1飛行隊のパッチ。色違いやドラゴンの向きなど複数のバリエーションが存在する。

東部方面ヘリコプター隊第2飛行隊
立川駐屯地に配備されている東部方面ヘリコプター隊第2飛行隊のパッチは、富士山とドラゴン、UH-1Jがデザインされている。

東部方面ヘリコプター隊第2飛行隊
このパッチも東部方面ヘリコプター隊第2飛行隊で、複数の色違いが存在する。バックにはドラゴンが隠れている。

第12ヘリコプター隊第2飛行隊
刀をつかんで羽ばたくイーグルが描かれた、第12ヘリコプター隊第2飛行隊のパッチ。上には「ALPEN EAGLES」の文字。

第12旅団第12ヘリコプター隊本部付隊
第12ヘリコプター隊本部付隊に最後まで残っていたOH-6Dのラストフライト記念パッチには、「OSCAR FOREVER」の文字が描かれた。

UH-1は世界中で使用された汎用ヘリコプターで、写真はUH-1J。

中部方面隊

中部方面ヘリコプター隊本部付隊
ひょうたんと可愛い緑の鳥をモチーフにした、八尾駐屯地の中部方面ヘリコプター隊本部付隊のパッチ。

中部方面ヘリコプター隊
月に向かって吠えるクマをリアルにデザインした、中部方面ヘリコプター隊のパッチ。

中部方面ヘリコプター隊
羽ばたくイーグルが描かれた、中部方面ヘリコプター隊のパッチの上部には駐屯地名、下部には部隊名が標記されている。

中部方面航空隊創設50周年記念
八尾駐屯地の中部方面航空隊の創設50周年記念パッチには、装備しているUH-1J、AH-1S、OH-1の3機種が描かれた。

中部方面ヘリコプター隊
昭和43年に創隊された中部方面ヘリコプター隊のパッチは、旭日と紫色の鳳凰が描かれた派手なカラーリング。

中部方面ヘリコプター隊 第1飛行隊
陸自のパッチの中では珍しく明るいカラーを使用した、中部方面ヘリコプター隊第1飛行隊。中央にはトランプのスペードとUH-1Jが描かれた。

中部方面ヘリコプター隊 第2飛行隊
赤を基調にした中部方面ヘリコプター隊第2飛行隊のパッチは、八咫烏（ヤタガラス）と黄色いライティングをモチーフにしている。

第10師団 第10飛行隊
航空学校が所在する明野駐屯地に同居する、第10師団第10飛行隊のパッチは、第10師団が守る東海北陸6県と「10」を意味するローマ数字の「X」が描かれた。

第10師団第10飛行隊 OH-6導入40周年記念
第10飛行隊が製作した、OH-6の導入40周年記念パッチ。40年目を迎えたのと同時に退役したため、上部には「MISSION COMPLETE」の文字が描かれた。

第14旅団第14飛行隊
徳島北駐屯地で新設された、第14旅団第14飛行隊のパッチには剣を抱えるドラゴンと四国の地図がデザインされた。

第13師団 第13飛行隊
空自の防府北基地に同居する第13師団第13飛行隊のパッチは、矢を掴むイーグルで上部にはローマ数字の「XⅢ」が入れられている。

UH-1Hは教育のほか、全国の方面隊などでも使用された。

西部方面隊

高遊原駐屯地の西部方面航空隊のパッチには「WESTERN ARMY」の文字と、中央にはモットーの「航騎鎮西」が見える。

西部方面ヘリコプター隊
第1飛行隊から第3飛行隊と、本部付隊を抱える西部方面ヘリコプター隊のパッチは、リアルなイーグルがデザインされている。

西部方面ヘリコプター隊 第1飛行隊
爆弾を抱えたドラゴンをモチーフにした、西部方面ヘリコプター隊第1飛行隊のパッチ。時期によってパッチのデザインが若干異なった。

西部方面航空隊本部付隊
LR-2を使用している西部方面航空隊本部付隊のパッチには、九州上空を飛ぶLR-2が。このパッチは日本語標記。

西部方面航空隊本部付隊 9000時間
本部付隊は1994年に創設され、2018年に飛行時間9000時間を達成。記念パッチには、現在使用されているLR-2が描かれている。

西部方面航空隊本部付隊
このパッチも西部方面航空隊本部付隊で、グリーンを基調にしたカラーリングで、文字はすべて英語標記となった。

西部方面航空隊本部付隊
このパッチは西部方面航空隊本部付隊で、上から見たOH-1の半分が描かれているのが面白い。

西部方面ヘリコプター隊 第3飛行隊
高遊原駐屯地に配備されている、西部方面ヘリコプター隊第3飛行隊は非常に多くのパッチを製作している。

西部方面ヘリコプター隊第3飛行隊
旭日をバックに飛ぶCH-47JAがデザインされた、西部方面ヘリコプター隊第3飛行隊のパッチ。翡翠（かわせみ）は飛行隊のコールサイン。

西部方面ヘリコプター隊 第3飛行隊
西部方面隊は目達原駐屯地に配備されているが、CH-47JAを装備している第3飛行隊のみ高遊原駐屯地をベースにしている。カワセミが主役のパッチは複数の色違いが存在する。

CH-47は陸自と空自で採用された大型ヘリコプター。

第1ヘリコプター団

陸自輸送ヘリの総本山、第1ヘリコプター団のパッチ

千葉県の木更津駐屯地に配備されている第1ヘリコプター団には、かつて第1ヘリコプター隊第1、第2飛行隊、第2ヘリコプター隊第1、第2飛行隊、本部付隊、特別輸送飛行隊などが編成されていたが、2008年に行われた陸上自衛隊の大規模な組織改編に伴い第1、2ヘリ隊を廃止、第1輸送ヘリコプター群に第103～106飛行隊が編成され、第102飛行隊も新設された。また特別輸送飛行隊は特別輸送ヘリコプター隊と改称、本部付隊に代わって連絡偵察飛行隊が新設されたほか、現在はV-22を装備する輸送航空隊第107飛行隊と第108飛行隊、CH-47JAを装備する第109飛行隊(この飛行隊のみ高遊原)が編成されている。

木更津駐屯地
木更津駐屯地の新しいパッチには、同駐屯地に配備されている全ての機種と千葉県の地図が図案化され描かれた。

第1ヘリコプター団
このパッチも新しく制定された第1ヘリコプター団のデザインで、日本の上空を飛び回るCH-47Jがモチーフになっている。

V-44の後継機として採用されたKV-107は陸・海・空自衛隊で運用された。

第102飛行隊

第102飛行隊
木更津駐屯地の滑走路反対側に格納庫などがある第102飛行隊は新しい飛行隊で、パッチはウイングマークと鋭い剣。日本語と英語バージョンが存在する。

第103飛行隊

第103飛行隊 KATORI
第1ヘリコプター隊第1飛行隊から改称した第103飛行隊は「KATORI」のコールサインを使用している。パッチは、CH-47JAと3本のライトニングで、カラー違いなどが存在する。

第104飛行隊

第104飛行隊
第1ヘリコプター隊第2飛行隊から改称した第104飛行隊のパッチは、月夜に羽ばたくフクロウがデザインされている。

第104飛行隊 OWL SQUADRON
このパッチも第104飛行隊で、第103飛行隊パッチとデザインが似ている。下部には「OWL SQUADRON」の文字が入る。

第105飛行隊

第105飛行隊 AKAGI
第2ヘリコプター隊第1飛行隊から改称した第105飛行隊。下部に描かれている「AKAGI」は飛行隊のコールサイン。

第105飛行隊 AKAGI
同じく第105飛行隊のパッチで、旧飛行隊時代から描かれている天狗をモチーフにしたデザイン。

第106飛行隊

第106飛行隊 CH-47J/JA
第106飛行隊は、旧第2ヘリコプター第2飛行隊から改称、パッチも旧飛行隊時代からのデザインを継承している。

第106飛行隊 KAZUSA
アメリカ先住民の横顔を描いた第106飛行隊のパッチ。このパッチの飛行隊名は日本語標記で、CH-47が追加されている。

第2ヘリコプター隊
第2飛行隊・第106飛行隊
創設45周年記念
旧第2ヘリコプター第2飛行隊時代から数えて創設45周年を迎えた記念パッチには歴代の機体がデザインされた。

第106飛行隊 創設45周年記念
このパッチも第106飛行隊の創設45周年記念で、スペシャルマーキングを施したCH-47JAが描かれている。

第106飛行隊 DAWN BLITZ 2015
2015年にアメリカで実施された統合演習「ドーン・ブリッツ」に参加した、第106飛行隊の記念パッチ。

第106飛行隊 GUNNER
CH-47JAのドアガンガナー(射手)パッチ。下部にある「MA DEUCE GUNNER」はアメリカ陸軍のM2重機関銃の射手を意味する。

第109飛行隊

現在、陸自で使用しているのは長距離型のCH-47JA。

第109飛行隊 YAGIRI
現在はこの飛行隊のみ高遊原駐屯地に配備されている、第1ヘリコプター団第109飛行隊。飛行隊パッチは兜を被った武士。

第109飛行隊
このパッチは第109飛行隊のサブパッチで、有名な浮世絵を背景にしている。

連絡偵察飛行隊

連絡偵察飛行隊 1HB
LR-1とLR-2を装備して新設された連絡偵察飛行隊のパッチは、日本の上空を飛ぶLR-2と、大きな「LR」の文字で、フルカラーとロービジがある。

連絡偵察飛行隊 LR-1
陸上自衛隊に最後まで残っていた、連絡偵察飛行隊のLR-1ラストフライト記念パッチ。斬新なデザインで人気が高かった。

連絡偵察飛行隊 FALCON
非常に短期間だったが、連絡偵察飛行隊のLR-2には部隊マークが描かれたことがあった。このパッチは当時垂直尾翼に描かれた飛行隊マークと同じデザイン。

LR-1の後継機として採用されたLR-2は、連絡偵察機。

連絡偵察飛行隊 LR-1
このパッチも連絡偵察飛行隊のラストLR-1。「RECON」は偵察の意味だが、同時に飛行隊(LR-1)のコールサイン。

連絡偵察飛行隊 連偵飛
連絡偵察飛行隊は通称「連偵飛」と呼ばれている。パッチにはファルコンの横顔と「連偵飛」の文字が描かれている。

特別輸送ヘリコプター隊
（旧 特別輸送飛行隊）

特別輸送飛行隊
AS332Lスーパーピューマを使用していた特別輸送飛行隊のパッチ。中央には「VIP TRANSPORT AVN」の文字。

特別輸送ヘリコプター隊
特別輸送ヘリコプター隊と改称すると同時にEC225LPを受領、パッチのデザインも一新された。フルカラーとロービジが存在する。

輸送航空隊

輸送航空隊 PLANK OWNER
このパッチも輸送航空隊で、富士山と旭日がデザインされ、下部には創設された日付けが入れられている。

輸送航空隊
V-22導入に伴い新設された輸送航空隊のパッチは、日の丸をバックに飛ぶグレイ迷彩のV-22、周囲の桜の花びらが美しい。

アメリカ以外でV-22オスプレイを使用しているのは陸自のみ。

輸送航空隊
有名な浮世絵を採り入れたこのパッチには2機のV-22が描かれた。「TRANSPORT AVIATION GROUP」は輸送航空隊の意味。

輸送航空隊 創隊1周年記念
このパッチも有名な浮世絵を流用したデザイン。右上には小さく「創隊1周年記念」の文字が入っている。

第1ヘリコプター隊 第1飛行隊

第1ヘリコプター隊 第1飛行隊
旧第1ヘリコプター隊第1飛行隊のパッチは第1ヘリコプター団を意味する大きな「1」と、第1ヘリコプター隊を意味する「1H」、第1飛行隊を意味する「1F」の文字のみ。

第2ヘリコプター隊第2飛行隊

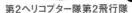

第2ヘリコプター隊 第2飛行隊
現在は第106飛行隊と改称した旧第2ヘリコプター隊第2飛行隊のパッチは、アメリカ先住民の横顔で、カラーの違いなどのバリエーションがあった。

第2ヘリコプター隊 第2飛行隊
このパッチも旧第2ヘリコプター隊第2飛行隊で、同飛行隊は途中からパッチのデザインを変更している。

戦闘ヘリコプター隊・対戦車ヘリコプター隊

AH-1Sコブラ、AH-64Dアパッチ・ロングボウ飛行隊のパッチ

陸自初の攻撃ヘリコプター、AH-1Sコブラの導入と共に第1対戦車ヘリコプター隊（帯広）、第2対戦車ヘリコプター隊（八戸）、第3対戦車ヘリコプター隊（目達原）、第4対戦車ヘリコプター隊（木更津）、第5対戦車ヘリコプター隊（明野）が編成された。そして2000年代になってAH-64Dアパッチ・ロングボウの導入が始まると、一部の機体は第3対戦車ヘリコプター隊に配備された。同飛行隊は現在、第1戦闘ヘリコプター隊と改称され、AH-64Dが集中配備されている。

最強の攻撃ヘリコプターとしてデビューしたAH-64Dアパッチ・ロングボウ。

第1戦闘ヘリコプター隊

第1戦闘ヘリコプター隊
2021年3月18日に第3対戦車ヘリコプター隊は、第1戦闘ヘリコプター隊と改称してAH-64D飛行隊となり、パッチのデザインも一新した。

第1対戦車ヘリコプター隊

第1対戦車ヘリコプター隊
最初のAH-1Sコブラ飛行隊となった第1対戦車ヘリコプター隊のパッチは三角形で、中央には「1」の大きな文字とコブラ。

第1対戦車ヘリコプター隊 創設15周年記念
第1対戦車ヘリコプター隊創設15周年記念パッチはオリジナルのデザインを流用してカラーを変更、下部には記念文字が入れられた。

第1対戦車ヘリコプター隊 創設20周年記念
このパッチは創設20周年記念で、三角形から円形に変更、コブラのほかAH-1SとOH-1が描かれた。

第1対戦車ヘリコプター隊 創設25周年記念
第1対戦車ヘリコプター隊は非常に多くの記念パッチを作製した。このパッチは創設25周年記念で、赤いコブラが描かれた。

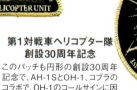

第1対戦車ヘリコプター隊 創設30周年記念
円形の記念パッチは創設30年を迎えると三角形に戻され、オリジナルのデザインの中に記念文字が追加された。

第1対戦車ヘリコプター隊 創設30周年記念
このパッチも円形の創設30周年記念で、AH-1SとOH-1、コブラのコラボで、OH-1のコールサインに因んで小さな「忍者」が追加された。

第1対戦車ヘリコプター隊 創設33周年記念
創設記念行事などは基本的に10年単位で行われるが、第1対戦車ヘリコプター隊は創設33年でも記念パッチを作製した。

第1対戦車ヘリコプター隊 OH-1
第1対戦車ヘリコプター隊は2002年11月にOH-1を初めて受領。このパッチはOH-1の配備を記念して製作された。

暫定的な冬季迷彩塗装が施されたAH-1S。

第1対戦車ヘリコプター隊 CALFEX演習参加記念
2003年にアメリカのヤキマ演習場で実施された「CALFEX 2003」に参加した記念パッチで、周辺のレーニア山上空を飛ぶAH-1Sと日米両国の国旗が描かれた。

第1対戦車ヘリコプター隊 OH-6D LAST YEAR
2018年には第1対戦車ヘリコプター隊に配備されていたOH-6D（31287）が退役、記念パッチが製作された。

第1対戦車ヘリコプター隊 創設35周年記念
このパッチは創設35周年記念で、小さなネームタグサイズ。伝統の赤いコブラに加え、小さな忍者も隠れている。

第1対戦車ヘリコプター隊
第1対戦車ヘリコプター隊が創設された当時のパッチで、北海道の地図と「AH-1S COBRA」の文字が誇らしげに描かれた。

第2対戦車ヘリコプター隊 DIRECT KILL
2014年に行われたOH-1の空対空ミサイル射撃訓練で、第2対戦車ヘリコプター隊のOH-1がダイレクトヒットした記念パッチ。

第2対戦車ヘリコプター隊

第2対戦車ヘリコプター隊
戦車を捕まえた巨大なコブラをモチーフにしている、第2対戦車ヘリコプター隊のパッチ。コブラのお腹には「2ATH」の文字が描かれた。

第2対戦車ヘリコプター隊 創設15周年記念
このパッチは、創設15周年記念パッチで、オリジナルのデザインを流用して、上部は記念文字に変更された。

第2対戦車ヘリコプター隊 見敵必殺
このパッチは「見敵必殺」の文字が描かれた第2対戦車ヘリコプター隊のパッチで、旭日をバックに飛ぶAH-1Sコブラ。

第2対戦車ヘリコプター隊 AH-1S COBRA
第2対戦車ヘリコプター隊が創設された当時のパッチ。第1対戦車ヘリコプター隊のパッチと同様に「AH-1S COBRA」の文字が入っている。

第3対戦車ヘリコプター隊

第3対戦車ヘリコプター隊
目達原駐屯地で3番目の対戦車ヘリコプター隊として編成された、第3対戦車ヘリコプター隊のパッチは剣とウイングマークの組み合わせ。

第3対戦車ヘリコプター隊
第3対戦車ヘリコプター隊は共通のデザインで第1飛行隊（AH-1S）、第2飛行隊（AH-1S）、本部付隊（OH-1とOH-6D）のパッチを作製した。

第3対戦車ヘリコプター隊 一撃必殺 見敵必撮
対戦車ヘリコプター隊共通のモットー、「見敵必撮」と「一撃必殺」の文字を描いた、第3対戦車ヘリコプター隊のパッチ。

第3対戦車ヘリコプター隊 一撃必殺
2011年に実施されたOH-1の実弾射撃演習に参加した第3対戦車ヘリコプター隊のパッチには、「一撃必殺」の文字が描かれた。

第3対戦車ヘリコプター隊 忍者
OH-1のコールサインは「OMEGA」で、ニックネームは「忍者」。このパッチは第3対戦車ヘリコプター隊が製作したOH-1パッチ。

第3対戦車ヘリコプター隊 AH-64D導入記念
第3対戦車ヘリコプター隊が最初にAH-64Dを受領した記念パッチで、シリアルナンバーの「JG-4509」の文字が追加された。

第4対戦車ヘリコプター隊

第4対戦車ヘリコプター隊
第4対戦車ヘリコプター隊のパッチは不気味な般若で、ブラックとグリーンを基調にしたロービジカラー。

第4対戦車ヘリコプター隊
このパッチも第4対戦車ヘリコプター隊で、般若は白と黒のカラーとなり、目は赤。部隊名は日本語標記となっている。

第4対戦車ヘリコプター隊
AH-1SとOH-1のクルーが使用したラバー製のパッチで、4cm×7cmと小さい。

胴体に大きな般若を描いた第4対戦車ヘリコプター隊のAH-1S。

第4対戦車ヘリコプター隊 TOW COBRA
第4対戦車ヘリコプター隊のAH-1Sコブラパッチで、上下のリボンの中には駐屯地と飛行隊名が描かれた。

第4対戦車ヘリコプター隊 創設20周年記念
第4対戦車ヘリコプター隊創設20周年記念パッチは、「20」の文字の中に般若が隠れている。フルカラーとロービジが製作された。

第4対戦車ヘリコプター隊 Ninja
正式な飛行隊パッチに描かれている般若とOH-1を描いた、OH-1クルー用パッチには「Ninja」の文字も。

第4対戦車ヘリコプター隊 CAMP KISARAZU
このパッチも第4対戦車ヘリコプター隊のOH-1パッチで、可愛い忍者が描かれているのが面白い。

第4対戦車ヘリコプター隊 OH-1 NINJA
OH-1の実射試験パッチで、バックに描かれている「AAM」は空対空ミサイルの意味。ミサイルにはシャークティースが描かれているのに注意。

第5対戦車ヘリコプター隊

第5対戦車ヘリコプター隊
航空学校が所在する明野駐屯地で編成された、第5対戦車ヘリコプター隊。パッチは兜を被った武士で、シンプルなデザイン。

第5対戦車ヘリコプター隊 OROCHI
「OROCHI」とは大きな頭を持つ大蛇「ヤマタノオロチ」で、出雲の国(現在の島根県)の怪物をモチーフにしているOH-1のパッチ。

第5対戦車ヘリコプター隊 創設20周年記念
このパッチは、上のパッチのデザインを流用した創設20周年記念で、上部には控えめに記念文字が入れられた。

第5対戦車ヘリコプター隊
1994年に誕生した第5対戦車ヘリコプター隊のサブパッチで、飛行隊名の「5」をローマ数字で表している。

第5対戦車ヘリコプター隊 5ATH
第5対戦車ヘリコプター隊も複数のパッチを製作していた。このパッチはOH-1のクルー用で、7cm×7cmと小さい。

第5対戦車ヘリコプター隊 END OF ERA
各対戦車ヘリコプター隊には2個の飛行隊が編成されていたが、AH-1Sの退役に伴い1個の飛行隊に統一された。このパッチは、2014年に第5対戦車ヘリコプター隊第2飛行隊が解散した時の記念パッチで2種類が製作された。

第5対戦車ヘリコプター隊 5対戦ヘリ隊
このパッチは第5対戦車ヘリコプター隊第1飛行隊で、ガンを抱えたコブラをモチーフにしている7cm×7cmと小さなパッチ。

明野駐屯地の記念行事で
人気が高かったはやてJr.。

第5対戦車ヘリコプター隊 はやて Jr.
明野駐屯地祭で、第5対戦車ヘリコプター隊は毎年バイクを改造した「はやてJr.」の愉快な展示飛行を披露していた(現在は活動中止している)。

第15ヘリコプター隊（旧 第101飛行隊・第15飛行隊）

沖縄で南西諸島の輸送支援などを担う陸自飛行隊のパッチ

1972年の沖縄本土復帰と同時に、那覇基地（駐屯地）には空・海・陸の3自衛隊が配備された。陸上自衛隊は第101飛行隊が配備され、他の飛行隊などと同様の任務が与えられたが、第101飛行隊には離島間の急患空輸任務が追加された。後に同飛行隊は第15飛行隊と改称、現在は第15ヘリコプター隊となっている。

第15ヘリコプター隊
現在使用されている、第15旅団第15ヘリコプター隊のパッチ。カンムリワシと守礼門がデザインされ、2種類のカラーが存在している。

第15ヘリコプター隊 創設5周年記念
2018年に第15ヘリコプター隊は改称から5年を経過し、カラーや上部の文字を変更した記念パッチを製作した。

第15ヘリコプター隊 第1飛行隊
UH-60JAを使用している第1飛行隊のパッチは飛龍をモチーフにしている。色違いのほか龍の向きの違い、イラストや文字の違いなどバリエーションは多い。

那覇駐屯地で偽装された第15ヘリコプター隊のCH-47JA。

第15ヘリコプター隊 第2飛行隊
CH-47JAを使用している第2飛行隊のパッチは、自衛隊のイメージからかけ離れた可愛いクジラとチヌークがデザインされた。

第15ヘリコプター隊 本部付隊 CREW
本部付隊のLR-2のクルー用パッチには、正式なパッチに描かれているイーグルとLR-2の垂直尾翼。

第15ヘリコプター隊 PILOT
第15ヘリコプター隊のパイロット共通のサブパッチで、ヘルメットを被った怖いシーサーが描かれている。

第15ヘリコプター隊 本部付隊
第15ヘリコプター隊と改称すると第1飛行隊、第2飛行隊、本部付隊でそれぞれパッチが製作された。本部付隊のパッチは強そうなイーグル。

第15ヘリコプター隊 ありがとうLR-1
本部付隊で最後まで残っていた白、オレンジ、オリーブドラブの「沖縄塗装」のLR-1。定期整備後は通常の迷彩塗装に戻されるため、記念パッチが製作された。

第15飛行隊

第15飛行隊
改称される前の第15飛行隊時代のパッチ。基本的なデザインは同じだが、下部のリボンの中の文字などが異なる。

第15飛行隊 LR-1
第15飛行隊時代、パイロットが使用していたLR-1のパッチ。三菱重工が製作したパッチで、LR-1のパッチは非常に珍しい。

第101飛行隊

第101飛行隊
第15ヘリコプター隊のルーツとなる、第101飛行隊のパッチには沖縄本島上空を飛ぶカンムリワシがデザインされた。

第101飛行隊 日米共同救難訓練
1989年に沖縄の浮原島周辺で実施された日米共同救難訓練に参加した記念パッチには、「沖縄塗装」のKV-107とLR-1が描かれている。

第101飛行隊 PILOT
第101飛行隊時代のパイロット用サブパッチで、オレンジ色のフライトスーツを着たパイロットがモデルとなっている。

第101飛行隊 HU-1B
第101飛行隊が誕生した時に使用されていたHU-1Bのパッチは非常に珍しい（最初に採用した当時の呼称はHU-1B、後に採用された派生型はUH-1Hと、ややこしい）。

第101飛行隊 UH-1H
無人島上空を飛ぶ、「沖縄塗装」のUH-1Hを描いた、第101飛行隊のUH-1Hクルーパッチ。

第101飛行隊 LR-1
このパッチは「沖縄塗装」のLR-1バージョンで、可愛いLR-1が描かれている。

第101飛行隊 KV-107A
このパッチは、バートルの愛称で親しまれたKV-107Aで、「沖縄塗装」パッチ。

白・オレンジ・オリーブドラブの、通称「沖縄塗装」のLR-1。

第101飛行隊 CH-47
第101飛行隊は最初に長距離型のCH-47JAを受領、パッチもスポンソンが大型化されたCH-47JAが描かれている。

第101飛行隊 UH-60JA
導入時はUH-1HやLR-1と同様に「沖縄塗装」が計画されていたが、実現できなかったUH-60JAバージョンのパッチ。

第101飛行隊 LR-2
現在も使用されているLR-2のパッチ。後ろの雲には可愛い顔が描かれた。

151

航空学校・飛行教導隊（旧 教育支援飛行隊）・富士飛行班

陸自パイロットの教育・訓練を担う飛行隊のパッチ

　陸上自衛隊の航空学校は、明野駐屯地の航空学校本校のほか、霞ヶ浦駐屯地の霞ヶ浦校、宇都宮駐屯地の宇都宮校と滝ヶ原駐屯地の富士飛行班が所在している。明野駐屯地にはこのほか教育訓練などの支援を行う教育支援飛行隊が編成されていたが、現在は飛行教導隊と改称している。航空学校の制式パッチは存在していないが、レアなパッチが意外と多い。

陸自ではOH-6Dを連絡・練習機として使用した。

教育支援飛行隊 AH-64D
教育支援飛行隊（当時）が製作したAH-64Dアパッチのサブパッチは、不気味なドクロの絵とカラーリングだ。

航空学校 UH-2 TEAM
UH-2を最初に受領した航空学校が採用したパッチで、上部には「UH-2 TEAM」の文字。「HAYABUSA」はUH-2のコールサイン。

航空学校 第2整備班
明野駐屯地の航空学校本校でAH-1Sの整備を担当する、第2整備班のパッチには「SPIRIT OF COBRA」の文字が描かれている。

航空学校 整備小隊
このパッチも明野駐屯地の航空学校整備小隊で、当時保有していた機種のシルエットが描かれている逆三角形のパッチ。

航空学校 第2整備班
黒地に銀で般若の顔と、グリーンのAH-1Sコブラを描いた、第2整備班のパッチ。

航空学校 宇都宮校 TH-480B TANGO
航空学校宇都宮校に配備された、TH-480Bのちょっと派手なパッチ。「TANGO」はTH-480Bのコールサイン。

航空学校 霞ヶ浦校 CFC
霞ヶ浦校で実施している、CH-47フライトエンジニアコースのパッチ。最初の「C」はキャリアの頭文字で、CH-47を表している。

航空学校 霞ヶ浦校 INSTRUCTOR
霞ヶ浦校の教官パッチで、陸上自衛隊が保有する機体のシルエットが描かれている。

航空学校 霞ヶ浦校 OH-1
霞ヶ浦校で、初の国産観測ヘリコプターOH-1の教育を担当する教官用パッチ。OH-1のコールサインは「オメガ（Ω）」。

航空学校 霞ヶ浦校 AH-64D
このパッチも霞ヶ浦校のAH-64D教官用で、機首を下げながら離陸するAH-64Dと旭日がデザインされている。

航空学校 霞ヶ浦校 AH-64D
このパッチも霞ヶ浦校のAH-64Dで、下部に描かれている「LONGBOW」の後ろには矢のイラストが描かれた。

富士飛行班

富士飛行班 創設60周年記念
オリジナルのデザインの中に記念文字が追加された、富士飛行班創設60周年記念パッチ。2種類のカラーが存在した。

富士飛行班
滝ヶ原駐屯地に配備されている富士飛行班のパッチは、旭日を浴びた富士山をバックに飛ぶUH-1J。

富士飛行班
このパッチも富士飛行班で、基本的なデザインは継承されているが、形は円形から長方形に変更され、花びらが追加された。

開発実験団飛行実験隊

機体の評価試験、運用試験などにつくられたパッチ

2001年3月27日に明野駐屯地で編成された開発実験団飛行実験隊は、陸上自衛隊の機体や装備品などの開発や、実用、評価試験、調査研究などを行う目的で編成された。

開発実験団飛行実験隊 XUH-2
開発実験団飛行実験隊と防衛装備庁が共同で運用試験を実施していたパッチで、下部には「FLIGHT TEST TEAM XUH-2」と描かれた。

開発実験団飛行実験隊 AH-64D
飛行実験隊でAH-64Dの実用試験を実施していた頃に作製されたパッチ、シルエットで描かれたアパッチが凄みを増している。

開発実験団飛行実験隊 OH-1
このパッチは飛行実験隊で、現在も評価試験などを実施しているOH-1のパッチで、明るいカラーなのが陸自では珍しい。

開発実験団飛行実験隊 創設15周年記念
2016年に創設15周年を迎えた時の記念パッチで、開発当時から各種の試験を実施しているOH-1の1号機から3号機が描かれている。

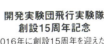

OH-6Dの後継機として採用されたTH-480Bは独特なカラーリング。

開発実験団 飛行実験隊 創設20周年記念
このパッチは創設20周年記念で、何故か巨大な伊勢海老が主役なのが面白い。

陸上自衛隊のアクロバットチーム

駐屯地祭で飛ぶ、明野レインボー、ブルーホネットのパッチ

陸上自衛隊には専門のアクロバットチームは存在していないが、航空学校本校の明野駐屯地と宇都宮駐屯地では、航空祭(駐屯地祭)に合わせて教官パイロットによるアクロバットが披露される。明野駐屯地のチームは「明野レインボー」で、TH-480BやAH-1S、UH-60JAなどで編成されている。宇都宮駐屯地のチームはTH-480Bで、「ブルーホネット」と呼ばれている。

ブルーホネット 2019
ブルーホーネットのパッチはTH-480Bカラーのブルーを基調にしていたが、2019年のパッチはゴールドを基調にしたカラーとなった。

ブルーホーネット 2018
栃木県の山岳地帯上空を編隊で飛ぶTH-480Bをモチーフにしたパッチ。下部には「DEMO FLIGHT TEAM」の文字が描かれた。

ブルーホーネット 2017
日の丸をイメージしたバックに、TH-480Bの華麗な演技を見守る可愛い蜂(ホーネット)が描かれた、2017年のパッチ。

ブルーホーネット 2015
2015年にOH-6DからTH-480Bに機種更新し、チーム名も「ブルーホーネット」と改称、この年の駐屯地祭がブルーホーネットのデビューとなった。

ブルーホーネット 2015
TH-480Bブルーホーネットがデビューした2015年には複数のパッチが製作された。このパッチは改称した「ブルーホーネット」のチームネーム入り。

ブルーホーネット 2015
このパッチも2015年のブルーホーネットで、滑走路から飛び立つTH-480B、上部には新たなチーム名が描かれた。

グッバイ スカイホーネット
OH-6D最後の年となった2014年の北宇都宮駐屯地祭は、OH-6Dを使用していたスカイホーネットのラストフライトとなった。

スカイホーネット 2013
北宇都宮駐屯地創設40周年となった2013年のスカイホーネットパッチ。ドラゴンのデザインが異なる2種類のパッチが存在した(下は転写プリント製)。

スカイホーネット LAST OSCAR
OH-6Dを使用していたスカイホーネットのラストフライト記念パッチ。下部に描かれている「OSCAR」はOH-6Dのコールサイン。

明野レインボー
明野レインボーのパッチは各年共通のデザインで、上部には駐屯地名、中央には「RAINBOW」、下部には年号が入る。また、機体別のパッチも製作されている(左下はTH-480Bで、文字は「TANGO」)。

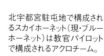

北宇都宮駐屯地で構成されるスカイホーネット(現・ブルーホーネット)は教官パイロットで構成されるアクロチーム。

在日米軍
USFJ

米空軍、海軍、海兵隊などのパッチの歴史は古く、第2次世界大戦時代からパッチはあったが写真などはほとんど残っていなかった。ベトナム戦争に突入すると写真やニュースなどでたびたびパッチを付けたパイロットを目にする機会が増えた。空軍の場合は、朝鮮戦争当時はフライトスーツ（ジャケット）にネームを直接刺繍したりパッチも縫い付けていた。ベトナム戦争が終結する頃になると、左胸にはネームタグ、右胸には航空軍団、左肩には航空団、右肩には飛行隊パッチを付けるのが基本となり、今まで直接縫いつけていたパッチは、この頃になるとベルクロ（マジックテープ）を介して付けられるようになった。ベルクロを使用した理由のひとつは、実戦に参加するパイロットが氏名や所属飛行隊などを隠すため、出撃前に簡単に外せるからだ。海軍、海兵隊の場合は、朝鮮戦争当時からネームはフライトスーツに直接刺繍され、パッチも直接縫い付けられ、左胸にはネームタグ、右胸には飛行隊パッチが基本だった。後に空軍と同様にネームタグはベルクロが使用されるようになった。特に海軍の戦闘機飛行隊などは、演習参加記念や搭乗する航空機関連、飛行時間関連など非常にたくさんのパッチのほか、個人で製作したパッチなども多く、フライトジャケットの両腕と背中はパイロットの「好み」のパッチで溢れていることもあった。しかし、最近では規定が変更され、自由に好みのパッチを付けることができなくなったようだ。

アメリカ空軍 横田基地 Yokota Air Base

在日米軍、第5空軍の中枢基地、横田の歴代所属部隊パッチ

横田基地は太平洋戦争中に陸軍実験隊用の試験飛行場として完成、当時は「多摩陸軍飛行場」（福生飛行場）と呼ばれていたが、戦後、米軍に接収されると「横田基地」と呼ばれた。当時は主に後方の支援基地として使用されていたが1965年には3個のF-4飛行隊が配備された。しかし、ベトナム戦争の影響で1971年には韓国などに移動し、アメリカ本国から東南アジア方面に展開する飛行隊の中継基地として使用された。現在は在日米軍司令部、太平洋空軍（PACAF）隷下の第5空軍（5AF）司令部が所在する基地となり、主に輸送機飛行隊などが配備されている。

第374空輸航空団のテイルコードの"YJ"は、"Yokota Japan"を意味する。

第374空輸航空団
現在使用されている第374空輸航空団（374AW）のパッチ。歴代デザインは微妙に変化しており、下部のリボンの中は部隊名から飛行隊のモットーに変更されている。

第374戦術空輸航空団
1989年にフィリピンのクラーク基地から横田基地に移動してきた当時の第374戦術空輸航空団（374TAW）のパッチで、「TACTICAL AIRLIFT WING」は1992年に実施された空軍改編前の呼称。

第374空輸航空団 SAMURAI
第374空輸航空団のニックネームは「SAMURAI」で、刀を構えるサムライが描かれたこのパッチは、C-130の垂直尾翼に描かれている。

第374戦術空輸航空団 創設50周年記念
1998年に行われた横田基地のオープンハウスで、無料で配られた第374戦術輸送航空団創設50周年記念パッチは、正式なパッチの上部には白頭鷲、下部に記念文字が追加されている。

第374戦術空輸航空団 TEAM YOKOTA
1998年に行われたエアリフトロデオ大会に参加した第475空輸航空団の記念パッチで、上部には「TEAM YOKOTA」の文字が描かれた。

第36空輸飛行隊 C-130J-30配備記念
●●年、最初のC-130J-30が横田基地に配備された時に行われたセレモニー会場で、参加者に配布された記念パッチ。後に、オープンハウスで販売された。

第36空輸飛行隊
現在使用されている第36空輸飛行隊（36AS）のパッチで、物資を投下するイーグルのデザインは継承されている（カラーや、文字が異なるバージョンが複数存在する）。

第36空輸飛行隊 IRAQI FREEDOM
第36空輸飛行隊が、イラキ・フリーダム作戦に参加した時に製作されたパッチで、バックはイラクの国旗をイメージするカラーとなった。

第36戦術空輸飛行隊 COMMANDER
戦術空輸飛行隊（TAS）時代のパッチは珍しい形で、伝統の物資を投下するイーグルが描かれている（このパッチは隊長用）。

第36空輸飛行隊 RED FLAG 21-2
第36空輸飛行隊が2021年に行われたレッドフラッグ演習に参加した記念パッチで、何故か飛行隊標記は古い「36 TAS」となっている。

現在、第36空輸飛行隊が使用しているC-130J-30。

第374戦術空輸航空団（空輸航空団）
SPECIAL OPS
第374戦術空輸航空団は特殊任務も実施していたため、怪しいパッチも製作されていた。同じデザインで文字などが異なるバージョンが存在した。

第36空輸飛行隊
三十六鷹空輸団
バックは正式なパッチのデザインが使用されているが、C-130を握り締めてスカイツリーに襲い掛かるゴジラが描かれた。

第36空輸飛行隊
三十六鷹空輸団
このパッチも詳細は不明だが、「36」の文字とセーラー服姿？のセクシーな美女が描かれた。

第36空輸飛行隊
EXPEDITIONARY
第36空輸飛行隊の遠征隊パッチで、飛行隊を強調するため「36」の文字が大きく描かれている（「EXPEDITIONARY」は、遠征隊を意味する）。

第36空輸飛行隊
CHRISTMAS DROP 63
第36空輸飛行隊は1952年からマーシャル諸島周辺でクリスマスプレゼントを投下するクリスマスドロップを実施、このパッチは2014年の63回目のデザイン。

第36空輸飛行隊
CHRISTMAS DROP 65
このパッチは2016年、クリスマスドロップ第65回目のデザインで、C-130から投下するクリスマスプレゼントを待ち構える子供たちが描かれている。

第36空輸飛行隊
CHRISTMAS DROP 70
第70回目のパッチは夕日をイメージした美しいカラーリングで、椰子の木が南国ムードを演出している。

第36空輸飛行隊
CHRISTMAS DROP 71
クリスマスドロップは、常夏のマーシャル諸島周辺の子供たちにとって楽しみのひとつ。3匹のトナカイと「71」の文字にサンタの赤いニット帽がかぶせられた。

第459空輸飛行隊
C-12JとUH-1Nを使用している第459空輸飛行隊（459AS）のパッチは、旭日と上昇する航空機と航跡がデザインされた。

第459空輸飛行隊
過去に使用された旧デザインだと思われる第459空輸飛行隊のパッチで、矢を放つケンタウロスが描かれた。

第459空輸飛行隊
現在使用されている第459飛行隊のパッチで、中央に描かれた国籍標識の両側には、C-12JとUH-1Nが控えめに描かれている。

第36空輸飛行隊
CHRISTMAS DROP 72
第72回のクリスマスドロップのパッチも物資を投下するC-130と、両側には椰子の木がデザインされた（ラバー製）。

第21特殊作戦飛行隊
「DUSTDEVILS」（塵旋風）のニックネームを持つ第21特殊作戦飛行隊（21SOS）のパッチはズバリ、ほこりを巻き上げる竜巻。時期によってデザインは微妙に変化している。

横田基地に配備されている第21特殊作戦飛行隊のCV-22B。

横田基地に展開していた過去の主な飛行隊パッチ

第316戦術空輸航空群
第374輸送航空団が配備される前の1980年代に配備されていた第316戦術空輸航空群（316TAG）のパッチは、9個のパラシュートがデザインされた。

第345戦術空輸飛行隊
第316戦術空輸航空群時代に配備されていた第345戦術空輸飛行隊（345TAS）のパッチは、荷物を運ぶ黄色いイーグル。

第345戦術空輸飛行隊
このパッチも第345戦術空輸飛行隊で、解散直前に製作されたためか若干デザインが異なり、刺繍は綺麗になった。直径7cmと小さなパッチ。

第345戦術空輸飛行隊 DESERT SHIELD
第345戦術空輸飛行隊がデザートシールド作戦に参加した時のパッチで、任務を実施した地域周辺に黄色いイーグルが物資を投下している。

第475基地航空団
三沢基地に配備されていた第475戦術戦闘航空団（475TFW）は、1971年に解散したが、後に第475基地航空団（475ABW）として横田基地で再編された。

第21戦術空輸飛行隊 BEE liners
第345戦術空輸飛行隊と共に第316戦術空輸航空群に配備されていた第21戦術空輸飛行隊（21TAS）のパッチで、飛行隊のニックネームに因んでハチが描かれた。

第21戦術空輸飛行隊 BEE liners
「Bee liners」のニックネームが与えられた、第21戦術空輸飛行隊。「FLIGHT EXAMINER」は飛行審査官の意味。

第30空輸飛行隊
C-9Aを装備していた第30空輸飛行隊（30AS）のパッチはデザインされたイーグルで、下部には「どこにでも行く」と描かれている。

第1403軍事空輸飛行隊 ORIENT EXPRESS
1970年代にはT-39AとUH-1Pを装備するベースフライトが第475基地航空団隷下に配備されていたが、後に第1403軍事輸送航空隊（1403MAS）として独立した。

第19空輸兵站飛行隊 ORIENT EXPRESS
第1403軍事空輸航空隊から改称した、第19空輸兵站飛行隊（19ALS）のパッチは、ドラゴンのデザインを継承、上部の文字のみが変更された。

第1867施設点検飛行隊
横田基地に常駐していた飛行隊ではないが、たびたび飛来していた空軍通信軍団（AFCS）でT-39Aを使用していた第1867施設点検飛行隊（1867FCS）のパッチ。

第19空輸兵站飛行隊 ORIENT EXPRESS
T-39AからC-21Aを受領すると第19空輸兵站飛行隊（19ALS）は、パッチのデザインを一新。新パッチには富士山付近を飛ぶC-21Aが描かれた。

第1403軍事空輸飛行隊 THE ORIENT EXPRESS
第1403軍事空輸飛行隊から第19空輸兵站飛行隊で使用されたサブパッチで、UH-1Pの胴体に描かれた時代もあった。

第374戦術戦闘航空団
F-4Cを装備して、1968年1月から1971年5月まで横田基地に配備されていた第374戦術戦闘航空団（374TFW）のパッチはチェス。

1960年代後半、横田基地に配備されていた第36戦術戦闘飛行隊。

第35戦術戦闘飛行隊
「GG」のテイルコードを使用していた第35戦術戦闘飛行隊（35TFS）のパッチは、伝統のブラックパンサーで、時期によってブラックパンサーのデザインは異なった。

第36戦術戦闘飛行隊
「GL」のテイルコードを使用していた第36戦術戦闘飛行隊（36TFS）のパッチは、"THE FLYING FIENDS"とあるように飛行帽をかぶった悪魔で、珍しい形のパッチ。

第80戦術戦闘飛行隊
「GR」のテイルコードを使用していた第80戦術戦闘飛行隊（80TFS）のパッチは怪しい原住民で、これをベースにパッチは時期によって変化した。

アメリカ空軍 三沢基地 Misawa Air Base

ワイルド・ウィーズル任務部隊として知られる35FWのパッチ

　三沢基地は1941年に旧日本海軍の三沢飛行場として完成、主に訓練などに使用されていた。戦後、米軍に接収されると滑走路などが整備され、朝鮮戦争ではF-51（P-51）やP-80などの戦闘機が配備されたほか、1968年から1971年の間にはF-4飛行隊が配備されていた。1984年にはベトナム戦争後、解散されていた第432戦術戦闘航空団（MJ）が再編され2個のF-16飛行隊が配備されたが、後に第432戦術戦闘航空団は第35戦闘航空団（WW）と改称した。また、現在は海軍の電子攻撃飛行隊がローテーション配備されている。

　このほか、P-3C飛行隊がローテーション配備されていたり、第1艦隊偵察飛行隊（VQ-1）が配備された時期もあったほか、RQ-4グローバルホークが展開したこともあった。

"WW"のテイルコードは"Wild Weasel"を意味する。

第35戦術戦闘航空団
ジョージ空軍基地でF-4航空団だった時代の第35戦術戦闘航空団（35TFW）のパッチで、下部のリボンの文字は「35TH TACTICAL FIGHTER WING」。

第35戦闘航空団
現在、使用されている第35戦闘航空団（35FW）のパッチ。以前のパッチに比べるとナイフを持つ手がリアルになり、下部のリボンの中の文字は「35FW」から飛行隊のモットーとなった。

第35戦闘航空団 WILD WEASEL
第35戦闘航空団の主な任務は、ベトナム戦争時代からの対レーダーサイト攻撃などが主で、この任務を引き継いでいる。

第35戦闘航空団 WILD WEASEL MISAWA
ワイルドウィーズルはイタチの意味で、パッチには目標にめがけてミサイルを放つイタチが描かれている（このデザインはベトナム戦争当時から継承されている）。

第35戦闘航空団 YGBSM
このパッチもイタチが描かれたワイルドウィーズルで「YGBSM」は、"You Gotta Be Shittin' Me"（ウソだろ、マジかよ）、といった意味の「略号」。

第35戦闘航空団 Wild Weasels
第432戦術戦闘航空団から第35戦闘航空団と改称されると、ワイルドウィーズル任務が与えられ、テイルコードは「WW」に変更された。

第13戦闘飛行隊 三沢基地配備30周年記念
1985年に初めて第13戦闘飛行隊（戦闘飛行隊）が三沢基地に配備されてから、30年が経過した2015年の記念パッチ。「MJ」と「WW」の垂直尾翼が描かれた。

ワイルドウィーズル 50周年記念
ベトナム戦争で生まれたワイルドウィーズル任務が誕生して50年の記念パッチには、歴代のF-100F、F-105G、F-4GとF-16Cのシルエットが描かれた。

三沢 F-16配備30周年記念
1985年にF-16Aが初めて三沢基地に配備され、30周年が経過した記念パッチ。しかし、2024年の夏にF-16の後継機としてF-35Aを配備する計画であることが発表された。

第35戦闘航空団 WILD WEASEL
F-16の後ろにイタチが隠れているこのパッチのカラーは、デザート仕様。上部に描かれているF-16CJは、C型のブロック50/52を意味する。

第14戦闘飛行隊 三沢基地配備30周年記念
第13戦術戦闘飛行隊から2年遅れで三沢基地で再編成された、第14戦術戦闘飛行隊（戦闘飛行隊）の30周年記念パッチ。

第13戦術戦闘飛行隊
ベトナム戦争当時からのデザインを継承している、第13戦術戦闘飛行隊(13TFS)時代のパッチは、ブラックタイガーと「13」の文字の組み合わせ。

テイルコード下の"350G"は、第35オペレーション・グループ、空自の「飛行群」の意味合いだ。

第13戦闘飛行隊
現在、使用されている第13戦闘飛行隊(13FS)のパッチで、基本的なデザインは変更ないが、形は円形となり下部に飛行隊名が入れられた。

第13戦闘飛行隊
このパッチは、ブラックタイガーの顔が正面を向いているスペシャルバージョンで、下部の文字は日本語標記になっている。

第13戦闘飛行隊
このパッチは旧パッチを中心に置いてデザインした円形のもので、周囲に飛行隊名が描かれたサブパッチ。

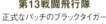

第13戦闘飛行隊
正式なパッチのブラックタイガーは右向きだが、このパッチは左向きで、ブラックタイガーの表情はやや異なっている。

第13戦闘飛行隊 RFA 12-01
2012年に行われたレッドフラッグ・アラスカ演習に参加した第13戦闘飛行隊のパッチで、「MAGNUM」は対レーダーミサイル発射時に発する言葉。

第13戦闘飛行隊 RED FLAG ALASUKA 16-3
このパッチは2016年のレッドフラッグ・アラスカ演習に参加した時に製作された第13戦闘飛行隊のパッチで、サケをくわえたブラックパンサー。

第13戦闘飛行隊 RFA 20-1
2020年に行われたレッドフラッグ・アラスカ演習の参加記念パッチは、トナカイの上に乗った目つきの悪いイタチが獲物を狙っている図。

第13戦闘飛行隊 RFA 21-3
メキシカンスタイルのブラックパンサーがピストルを持ってポーズを取る、2021年の第13戦闘飛行隊のレッドフラッグ・アラスカ演習参加記念パッチ。

第13戦闘飛行隊 三沢配備30周年記念
第13戦闘飛行隊の三沢基地配備30周年を記念した派手なパッチで、文字はすべて日本語標記となっている。

第14戦闘飛行隊
このパッチは正式なデザインを使用しているが、周囲を黒で塗り黄色で飛行隊名が描かれたバージョン。

第14戦闘飛行隊
F-4時代からデザインを一新した第14戦闘飛行隊（14FS）のパッチは、ライトニングに乗る武士（右手で操縦桿をしっかり握っている）。

第14戦術偵察飛行隊
第14戦闘飛行隊は、ベトナム戦争時代はRF-4Cを装備する第14戦術偵察飛行隊（14TRS）で、このパッチは当時のデザインを再現した。

第14戦闘飛行隊 PITCH BLACK '16
2024年には航空自衛隊のF-2も参加した、2016年のピッチブラック演習参加時の第14戦闘飛行隊のパッチは、カンガルーの顔をモチーフにしている。

第14戦闘飛行隊 侍
F-16と刀を構えた精悍なサムライが描かれたサブパッチ。サムライを強調するため、「侍」と「SAMURAI」の文字も描かれた。

第14戦闘飛行隊 Green Flag Vegas '08
ネリス空軍基地で実施されたグリーンフラッグ演習に参加した、第14戦闘飛行隊のパッチは、サイコロをイメージしたデザイン。

第14戦闘飛行隊 GUAM 2014-1
「チャンピオン登場」と描かれたミサイルが、ターゲットに向かって発射されたイメージの第14戦闘飛行隊のコープノース・グアム演習参加記念パッチ。

第14戦闘飛行隊 RF-A 18-3
2018年に行われたレッドフラッグ・アラスカ演習に参加した第14戦闘飛行隊は、初めてフロート付きのF-16を送り込んだ！

第14戦闘飛行隊 RF-A 16-2
山岳地帯上空からレーダー誘導爆弾を投下するF-16を見守る現地人が描かれた、第14戦闘飛行隊のレッドフラッグ・アラスカ演習参加記念パッチ。

第14戦闘飛行隊 GUAM 2017
2017年に行われたコープノース・グアム演習に参加した、第14戦闘飛行隊のパッチの中央には椰子の木と「GUAM」の文字が大きく描かれた。

第14戦闘飛行隊 808
第14戦闘飛行隊のF-16Cで、初めて飛行時間10,000時間を記録した、F-16C 808号機の記念パッチ。

第14戦闘飛行隊 三沢基地配備30周年記念
2017年に三沢基地に配備されて30年を経過した第14戦闘飛行隊の記念パッチ。中央にはサムライの顔、下部には記念文字が描かれた派手なデザイン。

太平洋空軍 F-16デモチーム
第35戦闘航空団の中に編成されている、F-16デモチームの初代パッチには、F-16の正面形と東アジアが描かれた。

太平洋空軍 F-16デモチーム
現在使用されているF-16デモチームのパッチは、西太平洋上空を飛ぶF-16で、複数のカラーバージョンが存在する。

太平洋空軍 F-16デモチーム
F-16デモチームが使用しているサブパッチで、黒いフライトスーツを着ているグランドクルーの背中にも同様のデザインが描かれている。

太平洋空軍 F-16デモチーム 九州&東北
大震災や豪雨などで被害が出た九州と東北を励ますため、F-16デモチームは応援メッセージを描いたパッチを製作。

太平洋空軍 F-16デモチーム がんばろう日本
同じく、東日本大震災で甚大な被害を受けた東北地方を励ますため製作された、F-16デモチームの「がんばろう日本」応援パッチ。

太平洋空軍 F-16デモチーム
このパッチもF-16デモチームのサブパッチで、世界地図をバックに飛ぶF-16と、周囲にはデモフライトを実施した各国の国旗が描かれた。

太平洋空軍 F-16デモチーム
このパッチは正式なデザインのブラックバージョンで、サクラの花が美しく散りばめられているのが印象深いパッチだ。

太平洋空軍 F-16デモチーム
有名な浮世絵を背景に入れたF-16デモチームの限定パッチで、下部にはチーム名が描かれている。

第35航空団はF-35Aへの機種改編が発表されたため、F-16デモチームも見納めか。

太平洋空軍 F-16デモチーム 20周年記念
第35戦闘航空団にF-16デモチームが編成されて20年を記念したパッチには、パイロットに扮したイタチがデザインされた。

太平洋空軍 F-16デモチーム 令和元年
2019年(令和元年)に参加予定だった基地名が描かれた、F-16デモチームの「令和元年」限定パッチ。

太平洋空軍 F-16デモチーム
2022年に登場した、F-16デモチームのスペシャルマーキング機の垂直尾翼をデザインしたパッチ。

三沢基地に同居するアメリカ海軍飛行隊

第132電子攻撃飛行隊 SCORPIONS
このパッチは、第132電子攻撃飛行隊の日本展開記念で、黒を基調にしたバージョン。飛行隊のニックネームは「SCORPIONS」で、中央にはサソリが描かれている。

現在、三沢基地には海軍の電子攻撃飛行隊がローテーション展開している。

第132電子攻撃飛行隊 SCORPIONS
現在は、約6ヶ月のローテーションで三沢基地に展開している。海軍の電子攻撃飛行隊。このパッチは第132電子攻撃飛行隊(VAQ-132)。

第134電子攻撃飛行隊 GARUDAS
ヒンズー教の神鳥「ガルーダ」のニックネームが付けられた、第134電子攻撃飛行隊(VAQ-134)のパッチ。

第134電子攻撃飛行隊 TACELRON 134
このパッチも第134電子攻撃飛行隊で、下部のリボンの中の文字は「TACELRON 134」となった。

第132電子攻撃飛行隊 SCORPIONS
このパッチも第132電子攻撃飛行隊の日本展開記念で、バックにはアメリカ人が好む白と赤で派手な旭日がデザインされている。

1985年に配備された時代のテイルコードは"MJ"(Misawa Japan)。

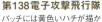

第138電子攻撃飛行隊 RAMPAGE
「RAMPAGE」は第138電子攻撃飛行隊のコールサインで、高層ビル街で戦う2匹のハチが描かれている。

第138電子攻撃飛行隊
パッチには黄色いハチが描かれた、第138電子攻撃飛行隊(VAQ-138)のニックネームは「YELLOW JACKETS」。

第138電子攻撃飛行隊
このパッチは日本展開記念で、第132電子攻撃飛行隊と同様にバックには旭日、下部には「大暴れ」の文字が追加されたハデハデなデザイン。

第209電子攻撃飛行隊 STAR WARRIORS
人気映画と同じ「STAR WARRIORS」のニックネームが与えられた、第209電子攻撃飛行隊(VAQ-209)のパッチはズバリ、ダースベイダー。

三沢基地に展開していた主な過去の飛行隊パッチ

第432戦術戦闘航空団
ベトナム戦争終結に伴い解散した第432戦術偵察航空団は、1985年に三沢基地でF-16を装備する戦術戦闘航空団(TFW)として復活。

第432戦術戦闘航空団
このパッチは司令部に所属しているパイロットが使用。第13/14戦術戦闘飛行隊のほか、第432戦術戦闘航空団を意味するコウモリが描かれている。

第13戦術戦闘飛行隊
三沢基地に配備されてからも使用されていた第13戦術戦闘飛行隊(13TFS)のパッチ。このパッチは非常に古い年代もの。

第14戦術戦闘飛行隊
このパッチは戦術戦闘飛行隊(TFS)時代で、下部の文字は「TACTICAL FIGHTER SQ」となっている。

第69偵察航空群 第1分遣隊
このパッチも2015年に展開した第69偵察航空群の日本展開記念で、バックには旭日が追加されたほか、上部には「DETACHMENT 1」と描かれた。

第69偵察航空群 第1分遣隊 HAWK DRIVER
RQ-4グローバルホークのパイロットが使用しているサブパッチは、RQ-4の平面形とホークの横顔。

第69偵察航空群 第1分遣隊
2014年に初めてグアム島のアンダーセン空軍基地から三沢基地に展開した第69偵察航空群第1分遣隊(69RG/Det.1)のパッチは、上空から監視するホーク。

第39救難飛行隊
第432戦術戦闘航空団時代の1992年3月から1994年7月までの短期間、三沢基地に配備されていた第39救難航空隊(39RQS)のパッチは、救難物資を投下する鷹。

三沢基地航空祭で展示されていたRQ-4グローバルホーク。

三沢基地に展開していた過去のF-4飛行隊パッチ

第475基地航空団（第475戦術戦闘航空団）
1968年から1971年までの約3年、三沢基地で編成された第475戦術戦闘航空団のパッチは広げた羽根。第475戦術戦闘航空団(475TFW)は解散後、横田基地に移動して第475基地航空団(475ABW)となった(このパッチは475ABW)。

第356戦術戦闘飛行隊
F-4Cを装備して第475戦術戦闘航空団に配備されていた、第356戦術戦闘飛行隊(356TFS)(テイルコードは「UK」)のパッチは、緑の悪魔。

第45戦術偵察飛行隊
1968年頃、RF-101Cを装備して三沢基地に配備されていた第45戦術偵察飛行隊(45TRS)(テイルコードは「AH」)。パッチは骨とライフルを持つキツネで、現在はRC-135を装備する偵察飛行隊となっているが、デザインは継承されている。

第67戦術戦闘飛行隊
同じくF-4Cを装備していた第67戦術戦闘飛行隊(67TFS)のパッチは、伝統の戦う鶏。その後嘉手納基地でF-15飛行隊となっていたが、2024年9月頃には本国に帰国することになっている。

1978年〜80年頃、三沢基地には3個のF-4飛行隊が展開していた。

三沢基地に展開していた過去の海軍飛行隊パッチ

第1艦隊偵察飛行隊
厚木やグアム、フィリピンなどを点々としていた第1艦隊偵察飛行隊(VQ-1)のパッチは黒いコウモリと地球。

第1艦隊偵察飛行隊 DET MISAWA
第1艦隊偵察飛行隊が三沢基地に展開していた分遣隊のパッチには、でっかいコウモリと青森県の民芸品「八幡馬(やわたうま)」がデザインされた。

第1艦隊偵察飛行隊 DET MISAWA
このパッチも三沢基地に展開していた第1艦隊偵察飛行隊第1分遣隊パッチで、アメリカ人が好む旭日をバックに飛ぶコウモリが描かれた。

第1艦隊偵察飛行隊 NIOC MISAWA
このパッチは同じく三沢基地分遣隊で、第1艦隊偵察飛行隊は極秘ミッションを実施しているためか、下部に描かれている文字はあえて意味不明。

アメリカ空軍 嘉手納基地 Kadena Air Base

極東最大、多彩な米軍機が活発に活動する嘉手納基地の各種部隊パッチ

　嘉手納基地は、太平洋戦争末期の1944年に旧日本陸軍の中飛行場として建設されたが、1945年4月にはアメリカ軍に接収され、破壊された滑走路を短時間で復旧し、嘉手納基地が誕生した。朝鮮戦争時代はF-86Fなどの戦闘機が常駐し、1958年には第18戦術戦闘航空団（18TFW）が展開してきたが、ベトナム戦争が勃発すると第18戦術戦闘航空団に配備されていた飛行隊は各地に移動した。1971年に入ると第18戦術戦闘航空団は再び嘉手納基地に移動し、計5個のF-4ファントム飛行隊を抱えていたが、F-15の配備が開始されると第44戦術戦闘飛行隊と第67戦術戦闘飛行隊以外は韓国などに移動した。

　沖縄が日本に返還された直後は第18戦術戦闘航空団のほか、第9偵察航空団のSR-71Aや第376戦略航空団のKC-135Aのほか第55戦略航空団から派遣されたRC-135Mなど多彩な飛行隊が配備されていた。

　第18戦闘航空団に配備されていたF-15C/Dは2024年9月までに帰国が発表され、現在はアメリカ本国からF-16やF-22飛行隊などが臨時派遣されているが、将来的には後継機としてF-15EXが配備される予定。

ミグ・キラーのキルマークを付けた第18航空団のF-15C。

第18航空団 TEAM KADENA
第18航空団のニックネームは「SHOGUNS」だが、このパッチは日米の国旗を並べ「TEAM KADENA」の文字を入れた。下部には「太平洋の要石」と描かれた。

第18航空団
現在の第18航空団（18WG）のパッチ。第18戦術戦闘航空団（18TFW）から改称されると、下部のリボンの中の文字は航空団のモットーに変更された。右はスパイスブラウンのOCP（オペレーショナル・カモフラージュ・パターン）と呼ばれるカラー。

第18戦術戦闘航空団
18WGの前身、第18戦術戦闘航空団（18TFW）と呼ばれていた時代のパッチで、下部のリボンの中には航空団名が描かれていた（短期間だったが、グリーンを基調にしたカラーが使用された）。

第18戦闘航空団 KADENA EAGLES
嘉手納基地の第18戦闘航空団にF-15が配備されて35年を記念するパッチで、左右には67FS、44FS両飛行隊のパッチ、中央には「35」の文字が描かれた。

第18戦術戦闘航空団 WILLIAM TELL 86
F-15に機種改編して、ウィリアムテル競技会に初めて参加し、優勝を果たした第18戦術戦闘航空団のパッチは、ミサイルを発射するF-15イーグル。

第18戦闘航空団 END OF AN ERAS
2023年度末（日本では、2024年8月末）に嘉手納基地に配備されていたF-15の運用を終了する記念パッチで、両飛行隊のスコードロンカラーでイーグルヘッドなどがデザインされた

AIM-7M SHOOTER
第18航空団が使用していたF-15Cが搭載していた、AIM-7Mスパロー空対空ミサイルのパッチ。

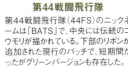

第44戦闘飛行隊
第44戦闘飛行隊（44FS）のニックネームは「BATS」で、中央には伝統のコウモリが描かれている。下部のリボンが追加された現在のパッチで、短期間だったがグリーンバージョンも存在した。

第44戦術戦闘飛行隊
ベトナム戦争の頃に使用されていたと思われる第44戦術戦闘飛行隊(44TFS)パッチで、飛行隊名を表す文字などは一切かかれていない。

第44戦術戦闘飛行隊
このパッチもベトナム戦争時代のデザインで、コウモリの表情は時期によって微妙に変化し、下部には飛行隊名を意味する「44」が追加された。

第44戦闘飛行隊 AMU
第44戦闘飛行隊の整備小隊が使用しているパッチで、「AMU」は「AIR MAINTENANCE UNIT」の略語。

第44戦闘飛行隊 MAPLE FLAG
2002年にカナダで行われたメイプルフラッグ演習に参加した第44戦闘飛行隊の記念パッチで、バンパイアの両側にはアメリカとカナダの国旗が描かれた。

第44戦闘飛行隊 VAMPIRE EAGLE DRIVER
第44戦闘飛行隊のイーグルドライバーのパッチで、イーグルの横顔はコウモリに変更された（カラーが異なる複数のバージョンが製作された）。

第44戦闘飛行隊 SUMMER IN ICELAND
第44戦闘飛行隊がアイスランドに展開した時に製作された記念パッチで、バンパイアの下にはアイスランドの国旗が追加された。

第44戦術戦闘飛行隊 VAMPIRES
有名な映画のロゴマークをイメージして、シンプルに羽根を広げたコウモリがデザインされた、第44戦闘飛行隊のサブパッチ。

第44戦術戦闘飛行隊 MIGBUSTERS
第44戦術戦闘飛行隊時代に製作されたパッチで、下部には「MIG KILLER」ではなく「MIGBUSTERS」と描かれている。

第44戦闘飛行隊 85-0110
第44戦闘飛行隊に配備されていたF-15Cは、飛行時間のあまっていた機体は本国に帰国したが、沖縄県内でスクラップにされた機体もあった。このパッチは110号機で、詳細は不明。

第44戦闘飛行隊 TURKY SHOOT CHAMPIONS
ターキーシューターで優勝した第44戦闘飛行隊のパッチには、コウモリとF-15のシルエットがデザインされている。

第44戦闘飛行隊 2006
第44戦闘飛行隊が2006年にバリアントシールド、コンバットアーチャー、レッドフラッグなどの演習に参加した記念パッチ。

嘉手納基地のエプロンからタキシーアウトする、第44戦闘飛行隊の隊長機。

第44/67戦闘飛行隊 VALIANT SHIELD 2007
バリアントシールド演習に参加した第44/67戦闘飛行隊のパッチは、ターゲットをロックオンしたイメージのデザイン。

第44戦闘飛行隊 COPE TIGER 2009
2009年にタイで行われたコープタイガー演習に参加した第44戦闘飛行隊のパッチはタイの地図とコウモリに加えツクツク(タイの三輪自動車)が描かれた。

第44戦闘飛行隊 RIMPAC 2010
定期的にハワイで実施されているリムパックに参加した第44戦闘飛行隊のパッチはハワイ諸島の上空を飛ぶF-15イーグル。

第44戦闘飛行隊 COPE NORTH 2013
グアムで実施されているコープノースグアム演習に参加した第44戦闘飛行隊のパッチは、暑さに驚くコウモリと椰子の木が南国ムードを出している。

第44戦闘飛行隊 COPE TIGER 2020
常夏のタイの暑さに負けたコウモリが描かれた、第44戦闘飛行隊のコープタイガー2020年参加記念パッチは、バックもトラ模様。

第44戦闘飛行隊 RED FLAG ALASKA '08
2008年に行われたレッドフラッグ・アラスカ演習に参加した第44戦闘飛行隊のパッチには、可愛いアザラシが描かれた。

第67戦闘飛行隊
ウォルトディズニーがデザインした第67戦闘飛行隊（67FS）のパッチは、戦鶏「FIGHTING COCKS」。右のパッチはスパイスブラウンのオペレーショナルカモフラージュカラー。

第67戦闘飛行隊
第67戦術戦闘飛行隊の時代から使用されているデザインで、飛行隊ニックネームが描かれている（複数のカラーが存在する）。

第67戦闘飛行隊
このパッチも戦鶏が大きく描かれ、飛行隊ニックネームが描かれている部分には「BIG COCKS」の文字が。

第67戦闘飛行隊 FIGHTING COCK EAGLE DRIVER
このパッチも第67戦闘飛行隊のイーグルドライバーパッチで、イーグルの横顔は戦鶏に変更された。

第67戦闘飛行隊 COCK EAGLE DRIVER
イーグルドライバーのパッチの文字は、第67戦闘飛行隊を意味する「COCK EAGLE DRIVER」で、オペレーショナルカモフラージュカラー。

嘉手納基地に並ぶシェルターからタキシーアウトする第67戦闘飛行隊のF-15C。

第67戦闘飛行隊 ASS KICKERS
バックには濃淡のグレイで国旗が描かれたロービジのこのパッチの下部には、「ぶっ飛ばし屋」という意味の言葉が描かれている。

第67戦闘飛行隊 COCK
戦鶏のバックには真っ白なタマゴが描かれた第67戦闘飛行隊のパッチには、極秘任務を意味する「EGG MAFIA」の文字が描かれた。

第67戦闘飛行隊 GOON SQUAD
マントを着て拳銃を構える不気味な死神が描かれたパッチには、「GOON SQUAD」（枠にはまらない過激集団）という意味の文字が描かれた。

第67戦闘飛行隊 KEFLAVIK
第67戦闘飛行隊が2001年にケフラビークに展開した時の記念パッチで、防寒服を着た戦鶏がファイティングポーズを取っている。

第67戦闘飛行隊 COPE THUNDER 2004
2004年に行われたアラスカで実施されたコープサンダーに参加した第67戦闘飛行隊のパッチは、釣りを楽しむ戦鶏。

第67戦闘飛行隊 MAPLE FLAG
カナダで実施された、メイプルフラッグ演習に参加した第67戦闘飛行隊のパッチは、カエデの形を再現した珍しい形。

第67戦闘飛行隊 COLD COCKS
2005年から2006年にかけてアイスランドに展開した第67戦闘飛行隊のパッチは、防寒対策バッチリの戦鶏。

第67戦闘飛行隊 RED FLAG 05-3
2005年にアリゾナ州のネリス空軍基地で実施されたレッドフラッグ演習に参加した、第67戦闘飛行隊のパッチのバックはルーレット。

第67戦闘飛行隊
RED FLAG 07-2 WSEP 07-04 COLD COCKS
このパッチは、2007年に行われたレッドフラッグ演習に参加した時のデザインで、同じく周囲にはルーレットが描かれた。

第67戦闘飛行隊
NORTHERN EDGE '08
2008年に行われたノーザンエッジ演習に参加した第67戦闘飛行隊のパッチは、獲物を捕まえた戦鶏。

第67戦闘飛行隊
AUSTRALIA 2009
2009年にオーストラリアに展開した時のパッチには戦鶏と、グローブをはめて戦闘態勢のカンガルーが描かれた。

第67戦闘飛行隊
RED FLAG 11-06 WSEP 11-07
世界中に展開するという意味の地球とファイティングコックス、派手な旭日が描かれた、レッドフラッグ演習参加パッチ。

第67戦闘飛行隊
COPE NORTH 2014
オリンピックマークの中には参加した機体のシルエットと、ゴルフを楽しむ戦鶏が描かれたコープノース演習記念パッチ。

第67戦闘飛行隊
NORTHERN EDGE 2015
2015年にアラスカで実施されたノーザンエッジ演習のパッチは、熊にカウンターパンチをみまう戦鶏。

第67戦闘飛行隊
KEEN SWORD 2022
2022年に行われたキーンソード演習のパッチはシンプルなデザインで、AIM-120を発射するF-15イーグルが描かれている。

第67戦闘飛行隊 BOB FLIGHT
第67戦闘飛行隊のF-15Cが、飛行時間10,000時間を達成した記念パッチで、下部には「BEST OF THE BEST」と描かれた。

第67戦闘飛行隊 67 cocks
子供が描いた戦鶏の絵をそのままパッチにしたようだが詳細は不明で、下部の文字も意味不明。

第67戦闘飛行隊 INDEPENDENCE DAY
1776年にアメリカが誕生、2016年には建国240年を迎え、第67戦闘飛行隊は記念パッチを作製、中央にはド派手な衣装を着た戦鶏が描かれた。

第67戦闘飛行隊
飛行時間10,000時間達成
第67戦闘飛行隊の中で最初にF-15C 82-0019が、飛行時間10,000時間を達成した記念パッチ。

第909空中給油飛行隊
空軍の組織改編に伴い、第376戦略航空団(376SW)から第18航空団に編入された第909空中給油飛行隊(909ARS)のパッチ。デザインは組織改編前と同じ。

第67戦闘飛行隊 PRIDE OF THE FLEET
第67戦闘飛行隊に配備されていたF-15C 85-0105号機は、2機のミラージュF.1を撃墜した経歴を持ち、功績を称えるために製作されたようだ。

第909空中給油飛行隊 TANKER DRIVER
イーグルドライバーパッチのデザインを流用した、タンカードライバーのパッチはイーグルの横顔がトラの横顔に変身。

第909空中給油飛行隊 BOOM OPERATOR
上部に飛行隊名が描かれたパターンや、給油ブームのフィンに飛行隊名が描かれたパターンなどが存在する。

第909空中給油飛行隊 YOUNG TIGER
第909空中給油飛行隊のニックネームは「ヤングタイガー」で、KC-135Rの機首にこのトラの横顔が描かれた時代もあった。右下は教官用のパッチ。

第33救難飛行隊

アメリカ空軍の正式な救難飛行隊のパッチは、ジョリーグリーンがモチーフにされ、パッチ上部の飛行隊名が異なるのみのデザイン。このパッチは第33救難飛行隊（33RQS）（右はスパイスブラウン・バージョン）。

第33救難飛行隊

このパッチは基本的なイラストは変更ないが円形で、下部には救助するという意味の言葉が描かれた。

第33救難飛行隊

このパッチも円形で、緑の巨人のほかバックにはHH-60Gとアメリカ人が好む派手な旭日が描かれている。

第33救難飛行隊 SPECIAL MISSIONS AVIATOR

特殊ミッションを実施する、第33救難飛行隊のクルーパッチは、木に刺さった骸骨がモチーフとなり、右上には巨人の足跡も。

飛行隊ハンガー前に駐機する第33救難飛行隊のHH-60G。

第33救難飛行隊 SONS OF RESCUE

キャビンから機銃を発射するコンバットレスキューをイメージしたデザインの第33救難飛行隊のサブパッチ。

第961空中指揮管制飛行隊

空中警戒管制飛行隊（AWACS）から空中指揮管制飛行隊と改称した第961空中指揮管制飛行隊（961AACS）。このパッチから、以前はあった鳥居のイラストが消えた。

第961空中指揮管制飛行隊

F-15配備に伴い、ほぼ同時に嘉手納基地に配備された第961空中指揮管制飛行隊（961AWACS）のパッチには、日本を象徴する鳥居が描かれた。

第961空中指揮管制飛行隊 AWACS EAGLE CONTROLLER

イーグルヘッドパッチのデザインを流用したこのパッチには、イーグルをコントロールすると描かれた。

KC-135Rから空中給油を受ける第961空中指揮管制飛行隊のE-3B。

第961空中指揮管制飛行隊 MIGHTY DRAGONS

強力なゴラゴンと描かれたこのパッチには強そうなドラゴンが描かれているが、詳細は不明。

第961空中指揮管制飛行隊 DRIVER

パッチにはAWACSと描かれているが、空中指揮管制飛行隊が製作したこのパッチは、パッチを機体のロートドームに見立てて「DRIVER」の文字が描かれたデザイン。

第961空中指揮管制飛行隊 砂漠の竜を怖れ 2013年

真っ黒なドラゴンが描かれたこのパッチは、湾岸方面に派遣された時に製作されたと思われるが、下部の文字の意味は不明。

第961空中指揮管制飛行隊 RONIN

放浪している無法者などを意味する「RONIN」が描かれた、第961空中指揮管制飛行隊のパッチ。「RONIN」はコールサインとして使用されることもある。

第961空中指揮管制飛行隊 RIMPAC 2006

2006年に行われたリムパックに参加した第961空中指揮管制飛行隊のパッチはパイナップルで、レーダー監視など任務に関する文字が描かれた。

第353特殊作戦航空団
MC-130Jを装備している第1特殊作戦飛行隊が所属している第353特殊作戦航空団（353SOW）のパッチは、怪しいコウモリ。

第1特殊作戦飛行隊
嘉手納基地に配備された当時、黒とグリーンの迷彩塗装を施したMC-130E（現在はMC-130J）を装備していた第1特殊作戦飛行隊（1SOS）のパッチ。

第1特殊作戦飛行隊
このパッチは、第1特殊作戦飛行隊のサブパッチで、勇気を持って任務を行うという意味の言葉と、中央にはグース（ガチョウ）が描かれている。

第1特殊作戦飛行隊 GOOSE 39
第1特殊作戦飛行隊のクルーパッチは、セクシーな美女に捕まえられたグースが描かれている（S/Dの文字は秘密工作員を送り込む「スペシャル・デリバリー」を意味する）。

第55航空団
オファット空軍基地に配備されている第55航空団（55WG）は、定期的に嘉手納基地に第45偵察飛行隊と第83飛行隊のRC-135を送り込んでいる。

第55戦略偵察航空団
第55戦略偵察航空団（55SRW）と呼ばれていた時代の旧パッチは、地球と電波を発するアンテナ。

機首にシャークティースを描いたRC-135U。

第82偵察飛行隊
第82偵察飛行隊（82RS）は、第55航空団から嘉手納基地に派遣されるRC-135飛行隊で、パッチは巨大な目玉。

第83偵察飛行隊 RC
オファット空軍基地の第55航空団から派遣されるRC-135のクルーパッチで、RCを愛する言葉が描かれている。

第83偵察飛行隊 HEY AWACS
E-3の上に乗って遊ぶRC-135が描かれた、ヘイ エーワックスパッチは大人向け？

第45偵察飛行隊 OPERATION IRAQI FREEDOM
イラキフリーダム作戦に初めて参加した第45偵察飛行隊のパッチで、国旗とコブラボールが描かれた。

第45偵察飛行隊 U-BOAT MAFIA
シャークティースを機首に描いたRC-135Uのクルーパッチで、U型を意味する「U-BOAT MAFIA」と描かれている。

第45偵察飛行隊 COBRA BALL
「COBRA BALL」はRC-135のニックネームで、パッチにはコブラとボールが描かれている。

第45偵察飛行隊
第45戦術偵察飛行隊時代からのデザインを継承している第45偵察飛行隊（45RS）のパッチには銃と地図を持つネコが描かれた。

第45偵察飛行隊
スペードのエースをモチーフにした第45偵察飛行隊のパッチ。なぜトランプをモチーフにしているのか、詳細は不明。

第45偵察飛行隊 COBRA BALL
セクシーな美女が、コブラボールと遊んでいる、第45偵察飛行隊のサブパッチ。

第45偵察飛行隊
このパッチは第45偵察飛行隊のクリスマスバージョンで、ニット帽をかぶったネコがアイスクリームの棒とクリスマスプレゼントを持っている。

嘉手納基地に同居する海軍飛行隊パッチ

第1対潜哨戒飛行隊
羽根を広げた白頭鷲と、飛行隊名の「1」を大きく描いた第1対潜哨戒飛行隊（VP-1）のパッチ。複数のカラーが存在するが、右側は日本展開記念。

第1対潜哨戒飛行隊 WE ARE IN CONTROL
白頭鷲を操るグランドクルーが描かれた第1対潜哨戒飛行隊「YB」のパッチには、我々がコントロールすると描かれている。

第4対潜哨戒飛行隊
「SKINNY DRAGONS」のニックネームが与えられている第4対潜哨戒飛行隊（VP-4）「YD」のパッチは、ずばりドラゴン。

第4対潜哨戒飛行隊
ガルグレイとホワイトのツートンカラーのP-3C時代に使用された第4対潜哨戒飛行隊のパッチで、「4」にドラゴンが絡むこのパッチは、当時のP-3Cにも描かれた。

第4対潜哨戒飛行隊
このパッチも第4対潜哨戒飛行隊で、日本に展開したことを記念してバックにはド派手な旭日が描かれた。

第5対潜哨戒飛行隊 POSEIDON
P-8A共通のクルーパッチで、カンムリには「VP-5」と描かれた第5対潜哨戒飛行隊のオリジナルパッチ。

第5対潜哨戒飛行隊
第5対潜哨戒飛行隊「MAD FOXES」（VP-5）「LA」のパッチは、キツネがハンマーを構え、海面から顔を出す潜望鏡を攻撃するシーンが表現されている（右は日本展開記念）。

第10対潜哨戒飛行隊
計器の中に、ライトニングなどのほか、中央には魚雷が描かれた、第10対潜哨戒飛行隊（VP-10）「LD」のパッチ。

第8対潜哨戒飛行隊
潜水艦を踏み潰すトラと、飛行隊名の「8」および世界地図が描かれた、第8対潜哨戒飛行隊「TIGERS」（VP-8）「LC」のパッチ。

第9対潜哨戒飛行隊
第5対潜哨戒飛行隊はキツネがハンマーで潜望鏡を狙っているが、第9対潜哨戒飛行隊（VP-9）「PD」のパッチは、ゴールデンイーグルがミサイルで狙っている。右は日本展開記念。

第16対潜哨戒飛行隊
第16対潜哨戒飛行隊のサブパッチで、北斎の浮世絵を採り入れたデザインで、小さく水槽を覗くイーグルが描かれた。

第10対潜哨戒飛行隊
哨戒機P-8のクルーパッチは複数のバージョンが存在しているが、このパッチにはP-8の平面形が描かれ、上部には飛行隊名とニックネームが入れられた。

第9対潜哨戒飛行隊
このパッチは第9対潜哨戒飛行隊の旧デザインで、空対艦ミサイルを抱えるイーグルがデザインされている。

第16対潜哨戒飛行隊
水槽の中の潜水艦を狙う第16対潜哨戒飛行隊「EAGLES」（VP-16）「LF」のパッチ。右は日本展開バージョンで、北斎の浮世絵を背景にしている。

第26対潜哨戒飛行隊
東西南北を示すコンパスの中央にガイコツ、そのバックに世界地図が描かれた第26対潜哨戒飛行隊(VP-26)「LK」のパッチ。

第26対潜哨戒飛行隊
このパッチは第26対潜哨戒飛行隊のサブパッチで、ミサイルが突き刺さったガイコツの冠(三叉の矛の槍部分?)には小さく「P-8A」、下部には「26」の文字が入れられている。

第26対潜哨戒飛行隊
同じく第26対潜哨戒飛行隊のサブパッチで、P-8Aの平面形と、P-8Aの愛称「ポセイドン(ギリシア神話の海神)」がもつ武器(三叉の矛)も描かれている。

第40対潜哨戒飛行隊
「FIGHTING MARLINES」のニックネームが付けられている第40対潜哨戒飛行隊(VP-40)「QE」のパッチは、カジキマグロ。右は日本展開記念だが、複数のカラーが存在する。

第45対潜哨戒飛行隊
海から出ている潜望鏡めがけて飛ぶ、ミサイルを抱えたペリカンが描かれた第45対潜哨戒飛行隊(VP-45)「LN」のパッチ。上は古いデザインでバックの雲や潜望鏡など細部が異なる。右はクリスマスバージョン。

第45対潜哨戒飛行隊「LN」のP-8Aポセイドン。

第46対潜哨戒飛行隊
このパッチはP-3CからP-8Aに機種改編した直後に製作されたと思われるサブパッチで、P-8Aの平面形がデザインされている。

第46対潜哨戒飛行隊
第46対潜哨戒飛行隊の旧デザインのパッチで、ナイト(騎士)の横顔が描かれた、シンプルなデザイン。

第47対潜哨戒飛行隊
このパッチは第47対潜哨戒飛行隊(RD)が日本に展開したのを記念して製作されたパッチで、盾を持った騎士のバックには旭日が描かれた。

第46対潜哨戒飛行隊
「GRAY KNIGHTS」のニックネームが与えられた第46対潜哨戒飛行隊(VP-46)「RC」のパッチは、モリ(三叉の矛?)を持つナイト(騎士)の手。

第47対潜哨戒飛行隊
P-8Aポセイドン共通のサブパッチで、このパッチは第47対潜哨戒飛行隊の教官パイロット用。

第47対潜哨戒飛行隊
イーグルの横顔が描かれた盾と、イカリがデザインされた第47対潜哨戒飛行隊(VP-47)のパッチ。

第69対潜哨戒飛行隊
「PJ」のテイルレターを使用している第69対潜哨戒飛行隊(VP-69)のパッチは、夜間(&夕日)をイメージしたカラーで、星座とP-3が描かれた。

第62対潜哨戒飛行隊
潜水艦を握りつぶすシーンがデザインされた、第62対潜哨戒飛行隊(VP-62)のパッチ。描かれている(LT)はテイルレターを意味する。左は日本展開記念。

第69対潜哨戒飛行隊
「TOTEMS」と呼ばれていた時代の第69対潜哨戒飛行隊の旧デザインパッチ。

嘉手納基地に展開していた過去の主な飛行隊パッチ

第12戦術戦闘飛行隊
サーベルを持つイーグルが描かれた、第12戦術戦闘飛行隊（12TFS）のパッチ。同飛行隊はF-4DからF-15Jを受領したが短期間で解散した。

第12戦術戦闘飛行隊
末期に使用された第12戦術戦闘飛行隊のパッチは円形に変更され、イーグルのデザインも一新された。

第12戦術戦闘飛行隊
第12戦術戦闘飛行隊のイーグルドライバーパッチは、スコードロンカラーのイエローを基調として「12TFS」の文字が入れられた。

第12戦術戦闘飛行隊
このパッチも第12戦術戦闘飛行隊のイーグルドライバーパッチで、474号機パイロットが使用していた。

第25戦術戦闘飛行隊
現在は韓国でA-10C飛行隊となっている第25戦術戦闘飛行隊（25TFS）は、F-4Dを使用して第18戦術戦闘航空団に配備されていた。

第15戦術偵察飛行隊
第18戦術戦闘航空団では最後までF-4を使用していた第15戦術偵察飛行隊（15TRS）のパッチは、イーグルと赤い電光で、下部にはニックネームが描かれた。

第15戦術偵察飛行隊
1988年に実施された航空偵察競技会「RAM'88」に参加した記念パッチで、鳥居を潜り抜けるRF-4と「ZZ」の文字が描かれた。

第376戦略航空団
KC-135Aを装備して、第909空中給油飛行隊が所属していた第376戦略航空団（376SW）は、空軍の組織改編に伴い解散した。

第376戦略航空団 KC-135A
KC-135Aのクルー用サブパッチで、上部には「KC-135A」下部には「TANKER」（空中給油機）の文字が描かれた。

第33航空宇宙救難飛行隊
第33航空宇宙救難飛行隊（33ARRS）と呼ばれていた時代のパッチには、いつでも行動する準備はできている、というメッセージが描かれた。

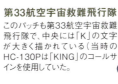

第33航空宇宙救難飛行隊
このパッチも第33航空宇宙救難飛行隊で、中央には「K」の文字が大きく描かれている（当時のHC-130Pは「KING」のコールサインを使用していた。

第13軍事空輸飛行隊
1992年から約1年間、C-12Fを装備していた第13軍事空輸飛行隊（13MAS）のパッチは、黒猫の宅急便？

第9戦略偵察航空団
嘉手納基地に、SR-17Aを装備する第1分遣隊を派遣していた、第9戦略偵察航空団（9SRW）のパッチ。

SR-71Aブラックバード
嘉手納基地をベースに中国を監視していたSR-71Aブラックバードのパッチには、マッハ3以上の高速で飛行するため「3+」と描かれている。

173

第17特殊作戦飛行隊
第17特殊作戦飛行隊(17SOS)のコールサインは「JACKAL」で、パッチにはアフリカや南アジア地域に生息する犬科の動物が描かれている

第33特殊作戦飛行隊
第33宇宙航空救難隊(33ARRS)は改編するとHH-60Gを装備する第33救難飛行隊(33RQS)となった。HC-130Pは一時的に第33特殊作戦飛行隊(33SOS)に配備されたが、直後に第17特殊作戦飛行隊と改称した。

第28航空師団
第18航空師団に編入されるまで第28航空師団に配備されていたE-3の機首左側には、この第28航空師団(28AD)のパッチと同じマークが描かれていた。

第552空中警戒管制航空団
E-3はティンカー空軍基地の第552空中警戒管制航空団(552AWACW)から派遣されていたが、空軍の組織改編に伴い第961空中警戒管制飛行隊は第18航空団に編入された。

第313航空師団
1992年に実施された空軍の組織改編直前に解散した第313航空師団(313AD)は、第5航空団(5AF)の隷下に編成された組織だが、当時はこの第313航空師団のパッチはほとんど手に入らなかった。

嘉手納基地に展開していた過去の海軍飛行隊パッチ

第5混成飛行隊
A-4EやTA-4Fなどを装備して訓練支援を実施していた第5混成飛行隊(VC-5)のパッチは赤い星と、赤と黄色のチェッカー。

第5混成飛行隊
第5混成飛行隊の旧パッチで、中央にはターゲットを意味する円と、赤と黄色に塗られたチェックの盾が描かれた。

第5混成飛行隊 CUBI EXPRESS
フィリピンのキュービーポイントに配備されていた頃のCH-53クルー用パッチには赤い星とCH-53が描かれている。

第6対潜哨戒飛行隊
現在は解散した第6対潜哨戒飛行隊(VP-6)「PC」のパッチは、勢い良く飛び跳ねるサメをモチーフにしている。

第17対潜哨戒飛行隊
艦船や潜水艦を攻撃するイメージがデザインされた、第17対潜哨戒飛行隊(VP-17)「ZE」のパッチ。

第17対潜哨戒飛行隊
このパッチも第17対潜哨戒飛行隊で、爆弾を持ったイーグルが潜水艦を攻撃しているシーンを再現している。

第19対潜哨戒飛行隊
第19対潜哨戒飛行隊(VP-19)「PE」も解散したが、現在はMQ-4C飛行隊として復活している。パッチは真っ赤なイーグル。

第22対潜哨戒飛行隊
第22対潜哨戒飛行隊(VP-22)「QA」のパッチも、イーグルが真っ赤な潜水艦を攻撃しているデザインで、複数のカラーが存在した。

第48対潜哨戒飛行隊
第48対潜哨戒飛行隊(VP-48)が嘉手納基地に展開した時のパッチで、潜水艦で「5」がデザインされている。

第50対潜哨戒飛行隊
第50対潜哨戒飛行隊(VP-50)「SG」は、たびたび嘉手納基地などに展開した飛行隊で、青いドラゴンが描かれたパッチ。

第50対潜哨戒飛行隊
このパッチは第50対潜哨戒飛行隊のサブパッチで、迫力のあるドラゴンが描かれた14cm×9cmと大きなサイズ。

第64対潜哨戒飛行隊
「CONDORS」のニックネームを持つ第64対潜哨戒飛行隊(VP-64)のパッチは、コンドルの顔と飛行隊名がデザインされた。

第90対潜哨戒飛行隊
第90対潜哨戒飛行隊(VP-90)「LX」のパッチは、哨戒飛行隊の中では珍しくライオンをモチーフにしている。

第91対潜哨戒飛行隊
潜水艦の潜望鏡に襲い掛かるブラックキャットが描かれた、第91対潜哨戒飛行隊(VP-91)「PM」のパッチ。

第94対潜哨戒飛行隊
巨大なザリガニが海の中に潜む潜水艦に襲い掛かる、第94対潜哨戒飛行隊(VP-94)「PZ」のパッチ。

第1艦隊偵察飛行隊 EP-3 WESTPAC
嘉手納基地に派遣された第1艦隊偵察飛行隊のパッチは、ハマキをくわえたEP-3で、下部には怪しい言葉が描かれている。

第1艦隊偵察飛行隊
第1艦隊偵察飛行隊(VQ-1)のパッチは非常に多くのバリエーションが製作された。このパッチは中央にコウモリ、上下のリボンの中に飛行隊名が描かれたタイプで、嘉手納分遣隊のパッチも複数が存在する。

第1艦隊偵察飛行隊 KADENA 2004
2004年に嘉手納基地に展開した第1艦隊偵察飛行隊のパッチも旭日と鳥居で、中央には「日本」の文字も描かれた。

第1艦隊偵察飛行隊 EP-3E PILOT
第1艦隊偵察飛行隊のEP-3Eのパイロット用のサブパッチで、EP-3Eのほかロッキードのロゴマークが入れられている。

第1艦隊偵察飛行隊 Orion
沖縄のオリオンビールをモチーフにしたパッチで、中央には「VQ-1」の文字、下部には意味不明な日本語が入っている。

第1艦隊偵察飛行隊 VQ-1 DET KAD
1993年に嘉手納基地に展開した第1艦隊偵察航空隊のパッチは、アメリカ人が好む旭日と鳥居のほか、サングラスをかけたトカゲ。

ほぼ最後までP-3シリーズ(EP-3C)を使用していた第1艦隊偵察飛行隊。

第1艦隊偵察飛行隊 VQ-81/VQ-1
第1艦隊偵察飛行隊が2013年に岩国航空基地で、海上自衛隊の第81航空隊と共同訓練を実施した記念パッチ。

第1艦隊偵察飛行隊 LAST STANDING
第1艦隊偵察飛行隊のクルー(CRC-1)が製作したパッチで、下部に描かれている「CENTCOM」はマクディール空軍基地に所在するアメリカ中央軍を意味する。

嘉手納基地に展開したF-22ラプター飛行隊のパッチ F-22 RAPTOR SQUADRN in JAPAN

嘉手納基地に初めてF-22ラプターが展開したのは2007年で、ラングレー・ユースティス統合基地から飛来した、第27戦闘航空団/第27戦闘飛行隊「FF」だった。後にエルメンドルフ・リチャードソン空軍基地の第3戦闘航空団/第90戦闘飛行隊「AK」や、パールハーバー・ヒッカム空軍基地の第15航空団/第199飛行隊「HH」、ホロマン空軍基地の第49戦闘航空団/第7戦闘飛行隊と第8戦闘飛行隊「HO」などほとんどのラプター飛行隊が飛来している(第49戦闘航空団は現在航空団と改称、MQ-9航空団となっている)。

第7戦闘飛行隊
「HO」のテイルコードを描いてホロマン空軍基地の第49航空団に配備されていた、第7戦闘飛行隊(7FS)のパッチは「Screamin' Demon」(叫ぶ悪魔)。

第7戦闘飛行隊
F-22ラプター飛行隊のサブパッチは、ラプター(猛禽類の鳥)の横顔を描いたデザインが採用された。第7戦闘飛行隊はそれに加え飛行隊カラーの黄色で、「Screamin' Demon」の文字が描かれた。

第8戦闘飛行隊
ニックネームの「THE BLACK SHEEP」に因んで、第8戦闘飛行隊(8FS)のパッチは赤い電光に乗る黒い羊。

第7戦闘飛行隊
この第7戦闘飛行隊のパッチは円形で、下部のリボン中に飛行隊名が描かれたオーソドックスなスタイル。

第27戦闘飛行隊
第27戦闘飛行隊(27FS)のパッチのデザインは、F-4やF-15時代から継承している羽ばたくイーグルと太陽。

第27戦闘飛行隊 戦闘鷲
第27戦闘飛行隊は、嘉手納基地に展開すると複数の記念パッチを作製。このサブパッチには「戦闘鷲」の文字が追加された。

第27戦闘飛行隊 RAPTOR DRIVER
第27戦闘飛行隊のサブパッチは飛行隊カラーのイエローで、このパッチには「FIGHTIN EAGLE RAPTOR DRIVER」の文字が入れられた。

第27戦闘飛行隊 戦闘鷲
同じく日本展開記念パッチで、左下のパッチと同様に赤とグレイで旭日が描かれ、下部の文字は「戦闘鷲」となっている。

第27戦闘飛行隊 忍術武士
このパッチも日本展開記念で、飛行隊カラーの部分にはグレイと赤で旭日が描かれ、下部には「忍術武士」の文字が入っている。

第90戦闘飛行隊
フィリピンのクラーク基地時代からのデザインを継承している、第90戦闘飛行隊(90FS)のパッチは2個のダイス(サイコロ)が描かれている。

第27戦闘飛行隊 RAPTOR DRIVER
このパッチのラプターは、兜をかぶったイーグル、発射台にセットされたF-22Aと旭日が描かれた謎のパッチで、下部には「BLACK FALCON」の文字。

第90戦闘飛行隊
イーグルの横顔と2個のサイコロ、下部には「DICE RAPTOR DRIVER」の文字を描いた、第90戦闘飛行隊のサブパッチ。

嘉手納基地にアプローチする第27戦闘飛行隊のF-22A。

第90戦闘飛行隊
このパッチも第90戦闘飛行隊のサブパッチで、ステルス機ラプターのキャッチフレーズ、First Look First Shot First Kill（先制発見・先制攻撃・先制撃破）が入っている。

第90戦闘飛行隊 争取的就
このパッチは2008年にグアムに展開した時の記念パッチで、椰子の木が描かれているが、下部の「争取的就」(中国語)は「ただ努力するだけ」という意味のようだ。

第90戦闘飛行隊
アラスカ州のエルメンドルフ空軍基地に配備されている、第90戦闘飛行隊のサブパッチには基地名などが描かれた。

第94戦闘飛行隊
「HAT IN THE RING」(参戦する、といった意味か?)のニックネームをもつ第94戦闘飛行隊(94FS)のパッチは、ズバリ帽子とリング。

第27戦闘飛行隊 FIGHTIN EAGLE
このパッチは、第27戦闘飛行隊の日本展開記念で、他の飛行隊と同様に赤と白で派手な旭日が追加された。

第27戦闘飛行隊 日出づる
第27戦闘飛行隊が初めて嘉手納基地に展開した時に製作された記念パッチで、「日出づる」の文字が入っている(日本を象徴しているのか?)。

第27戦闘飛行隊 帽子のリングで
左のパッチと同時期に製作された、第27戦闘飛行隊のサブパッチで、飛行隊ニックネームをそのまま日本語にしているのが面白い。

第525戦闘飛行隊
2007年にF-22飛行隊として再編された第525戦闘飛行隊(525FS)のパッチは、いかつい顔をしたブルドッグをモチーフにしている。

525 BULLDOG YOU BET YOUR SWEET ASS
このパッチも日本展開記念で、バックには旭日が描かれているほか、上部には意味深な言葉が描かれた(英語と日本語バージョンが存在する)。

第525戦闘飛行隊 YOU BET YOUR SWEET ASS

第525戦闘飛行隊 BULLDOG
ラプターのオリジナルパッチに、ブルドックの顔と「BULLDOG RAPTOR DRIVER」の文字が描かれた第525戦闘飛行隊のオリジナルサブパッチ。

第525整備小隊
このパッチは第525整備小隊(525 AMU)が日本展開を記念して製作、上部には「SPECIALIST」と「専門家」の文字が描かれた。

第199戦闘飛行隊
ハワイに展開している第199戦闘飛行隊(199FS)のパッチのデザインは、F-4時代から継承されている。

第199戦闘飛行隊
第199戦闘飛行隊が2016年にグアムに展開した時に製作されたサブパッチで、椰子の木とヨットが描かれた。

第149戦闘飛行隊
第27戦闘飛行隊のアソシエート・ユニットとなっている、バージニア州空軍第149戦闘飛行隊(149FS)のパッチは、ミサイルと爆弾を抱えるイーグル。

第192戦闘航空団
バージニア州空軍(ANG)のサブパッチには、バージニア州の地図とラプターの平面形がデザインされた。

第149戦闘飛行隊
このパッチは、オリジナルのデザインは継承されているが、イーグルが左右逆となり、周囲には星が散りばめられている。

第302戦闘飛行隊
第90/525戦闘飛行隊とアソシエート・ユニットとなっている、空軍予備軍団(AFRC)の第302戦闘飛行隊(302FS)のパッチは、レッドデビル。

177

アメリカ海軍 厚木基地（航空施設） NAF Atsugi

かつてはCVW-5のホームベースだった厚木の歴代部隊パッチ

終戦直後、連合軍最高司令官マッカーサー元帥が到着した厚木飛行場は旧日本海軍の飛行場として建設され、太平洋戦争末期は首都防衛を実施する重要な飛行場だった。戦後は資材保管場所となっていたが朝鮮戦争が勃発すると滑走路などが整備され、1950年末には空母艦載機が使用するアメリカ海軍の厚木基地となった。1963年には海兵隊が駐留し、F-4飛行隊が展開していたが、ベトナム戦争が激化すると戦闘機部隊は南ベトナムに移動、以降は第1艦隊偵察飛行隊などが常駐していたのみだった。しかし、1973年10月、米海軍空母「ミッドウェイ」の横須賀母港化に伴い、第5空母航空団（CVW-5）の艦載機は長らく厚木基地をベースにすることとなった。そして2018年、CVW-5の固定翼機部隊が岩国基地に移動することになり、現在厚木はヘリコプター飛行隊だけが配備されている。

テイル部分をブラックに塗り、HSM-51の30周年記念塗装を施したMH-60R。

第12ヘリコプター洋上作戦飛行隊 HSC-12
第12ヘリコプター洋上作戦飛行隊の正式な飛行隊のニックネームは"GOLDEN FALCONS"だが、このパッチは"BLACKBEARD"。

第12ヘリコプター洋上作戦飛行隊 HSC-12 日本展開記念
このパッチは第12ヘリコプター洋上作戦飛行隊の日本展開記念で、派手な旭日が描かれたほか、飛行隊のニックネームはカタカナ表記。

第12ヘリコプター洋上作戦飛行隊 HSC-12 日本展開記念
このパッチも日本展開記念で、バックは日の丸をイメージしたデザインの中に日本地図とファルコン。

第12ヘリコプター洋上作戦飛行隊 第1分遣隊 HSC-12 DET-1
この飛行隊は、第7艦隊の各フリゲートに分遣隊を送っている。このパッチは第1分遣隊のデザイン。

第12ヘリコプター洋上作戦飛行隊 HSC-12
このパッチは、第12ヘリコプター洋上作戦飛行隊のクリスマスバージョンで、ファルコンがサンタ姿に変身している。

第71ヘリコプター海洋攻撃飛行隊 HSM-71
第71ヘリコプター海洋攻撃飛行隊のニックネームは、鋭い爪とくちばしを持つ肉食系の鳥類を意味する"RAPTORS"で、パッチも怪しい鳥。

第71ヘリコプター海洋攻撃飛行隊 HSM-71
このパッチも第71ヘリコプター海洋攻撃飛行隊で、モリを持つ怪しい鳥は非常にリアルになった。

第77ヘリコプター海洋攻撃飛行隊 HSM-77
第77ヘリコプター海洋攻撃飛行隊と同様に、第77海洋攻撃飛行隊"SABERHAWKS"のパッチも、鷹をモチーフにしたデザイン。

第77ヘリコプター海洋攻撃飛行隊 日本展開記念
このパッチは日本展開記念で、ほかの飛行隊の日本展開記念パッチと同様に派手な旭日がバックに入れられた。

第77ヘリコプター海洋攻撃飛行隊 HSM-77
大きなサーベルと日米の国旗を持ったイーグルが描かれたこのパッチは、12cm×20cmでフライトジャケット用。

第77ヘリコプター海洋攻撃飛行隊 第2分遣隊 HSM-77 DET-2
USSアンティータム（CG-54）に派遣した第77ヘリコプター海洋攻撃飛行隊第2分遣隊のパッチには、哨戒任務を行うSH-60と鳥居が描かれた。

第51軽対潜ヘリコプター飛行隊 HSL-51

第51軽対潜ヘリコプター飛行隊"WARLORDS"のパッチは、日本の江戸時代の「岡っ引き」をイメージしたもので、このデザインは飛行隊創立以来変更がない。

第51軽対潜ヘリコプター飛行隊 HSL-51 創設20周年記念

第51軽対潜ヘリコプター隊"WARLORDS"は厚木基地で誕生した飛行隊で、このパッチは飛行隊創設20周年記念。

第51軽対潜ヘリコプター飛行隊 HSL-51

バイクメーカーのロゴマークをイメージした、第51軽対潜ヘリコプター飛行隊のパッチは19cm×17cmと巨大なサイズ。

第51軽対潜ヘリコプター飛行隊 第11分遣隊 HSL-51 DET-11

UH-3H要人輸送専用ヘリコプターを使用していた、第51軽対潜ヘリコプター飛行隊の第11分遣隊のパッチは、可愛いキャラクター。

第51軽対潜ヘリコプター飛行隊 第11分遣隊 HSL-51 DET-11

このパッチもガイコツが描かれた第51軽対潜ヘリコプター飛行隊第11分遣隊のパッチで、"BLACK BEARD"は第11分遣隊のニックネーム。

第51軽対潜ヘリコプター飛行隊 第11分遣隊 HSL-51 DET-11

第7艦隊の旗艦ブルーリッジに搭載されていた、第51軽対潜ヘリコプター飛行隊のパッチにはUH-3Hとスリースターが描かれた。

第51海上攻撃ヘリコプター飛行隊 HSM-51

第51軽対潜ヘリコプター飛行隊から、第51海上攻撃ヘリコプター飛行隊と改称したが、パッチのデザインに変更はない。

第51海上攻撃ヘリコプター飛行隊 HSM-51 創設25周年記念

第51海上攻撃ヘリコプター飛行隊創設25周年記念パッチはブラックバージョンで、「25」の文字が追加されている。

第51海上攻撃ヘリコプター飛行隊 HSM-51

このパッチは第51海上攻撃ヘリコプター飛行隊のクリスマスバージョンで、「岡っ引き」はサンタクロースに変身、クリスマスツリーも描かれた。

第51海上攻撃ヘリコプター飛行隊 HSM-51 創設25周年記念

このパッチも飛行隊創設25周年記念パッチで、旭日と下部には6個の星がデザインされている。

第51海上攻撃ヘリコプター飛行隊

モリを持った可愛いタヌキが描かれた第51海上攻撃ヘリコプター飛行隊のパッチには、「ヘリコプターストライク」の日本語の文字も。

厚木航空基地飛行隊 ATSUGI Base Flight

厚木航空基地飛行隊のサブパッチは、UC-12Fに乗る黒猫と横には「厚木黒猫」の文字。

厚木航空基地飛行隊 ATSUGI Base Flight

厚木航空基地飛行隊が製作したこのパッチには、英語で「当日配達サービス」と描かれている。

厚木基地に展開していた主な過去の飛行隊パッチ

第5空母航空団 CVW-5
5色のシェブロンが描かれた、第5空母航空団のパッチ。"CARRIER AIR WING"は空母航空団を意味する。

第5空母航空団 CVW-5 ソウルオリンピック CVW-5 SEOUL OLYMPIC
USSミッドウェイ時代の1988年に行われた、ソウルオリンピックを記念?して製作されたパッチ。

第5空母航空団 CVW-5 来日25周年記念
USSミッドウェイが横須賀を母港化して25年を記念して製作されたパッチで、正式なデザインのパッチの周囲に記念文字などが追加された。

第5航空団 CVW-5 サヨナラ厚木
岩国基地に移動直前のフェアウェルツアー2017のパッチには、岩国に移動する各飛行隊のパッチと"SAYONARA ATSUGI"の文字が入っている。

CVW-5で唯一、複座型のF/A-18Fを使用しているVF-102。

第102戦闘攻撃飛行隊 VFA-102
第5空母航空団の飛行隊の中で、唯一複座型のF/A-18スーパーホーネットを使用している第102戦闘攻撃飛行隊のパッチは、伝統のガラガラ蛇。

第102戦闘攻撃飛行隊 VFA-102 創設50周年記念
3個のレッドダイヤモンドにガラガラ蛇が絡みついた、第102戦闘攻撃飛行隊"DIAMONDBACKS"の創設50周年記念パッチ。

第102戦闘攻撃飛行隊 VFA-102 創設50周年記念
このパッチも飛行隊創設50周年記念デザインで、歴代の機体のシルエットと「50」の文字が描かれた。

第102戦闘攻撃飛行隊 VFA-102 創設50周年記念
第102戦闘攻撃飛行隊は創設50周年で3種類の記念パッチを作製。このパッチにも歴代の機体のシルエットに加え、派手な旭日が描かれた。

第102戦闘攻撃飛行隊 VFA-102 創設60周年記念
創設50周年記念パッチのデザインをベースに、黒と赤のカラーに変更してパッチの中に歴代の機体のシルエットが入れられた。

第102戦闘攻撃飛行隊 VFA-102 サヨナラ厚木
このパッチはダイヤモンドに絡み付いていたガラガラ蛇が、富士山に絡みつく第102戦闘攻撃飛行隊のサヨナラ厚木パッチ。

第102戦闘攻撃飛行隊 VFA-102 サヨナラ厚木2018
2018年に厚木基地から岩国基地に移動した第102戦闘攻撃飛行隊のパッチには、夕日に照らされた富士山をバックに厚木基地から飛び立つF/A-18Fが描かれた。

第102戦闘攻撃飛行隊 VFA-102 さようなら厚木
このパッチも第102戦闘攻撃飛行隊が厚木基地から岩国基地に移動した記念デザインで、厚木基地の管制塔や富士山をモチーフにしている。

ラスト 厚木基地戦闘機飛行隊
1973年にUSSミッドウェイが横須賀を母港化して以来45年間、第5空母航空団の飛行隊は厚木基地をホームベースにしていた。パッチにはF-4S、F/A-18C、F-14A、F/A-18Fなど歴代の戦闘機が描かれた。

第27戦闘攻撃飛行隊 VFA-27

こん棒を持つ騎士の手が描かれた第27戦闘攻撃飛行隊パッチは円形と盾形があり、現在は、盾形のパッチが使用されている。

第27戦闘攻撃飛行隊 VA/VFA-27 創設40周年記念

このパッチは、飛行隊が誕生した攻撃飛行隊"VA"時代から40年が経過した記念パッチで、リボンには"VA/VFA-27 40Anniversary"と描かれた。

第195戦闘攻撃飛行隊 VFA-195

第195戦闘攻撃飛行隊"DAMBUSTERS"のパッチは、ミサイルと爆弾を抱えたイーグルで、バックは飛行隊カラーのグリーン。

第195戦闘攻撃飛行隊 VFA-195 華川ダム攻撃65周年記念

"DAMBUSTERS"という飛行隊のニックネームは、朝鮮戦争時代の華川ダム攻撃に因んで付けられ、このパッチはダム攻撃から65周年記念のもの。

第27戦闘攻撃飛行隊 VFA-27 創設40周年記念

円形のデザインと縦型のデザインのパッチを合体して、上部に記念文字など追加した、第27戦闘攻撃飛行隊の創設40周年記念パッチ。

第27戦闘攻撃飛行隊 VFA-27 100,000HRS

第27戦闘攻撃飛行隊に配備されていたF/A-18Eが、2009年11月13日に飛行時間100,000時間を達成した記念パッチ。

第195戦闘攻撃飛行隊 VFA-195

第51軽対潜ヘリコプター飛行隊のパッチと同様に、バイクメーカーのロゴマークをイメージした第195戦闘攻撃飛行隊のジャケット用の大きなパッチ。

第195戦闘攻撃飛行隊 VFA-195 WEST PAC

USSキティホーク時代の航海記念パッチで、キティホークの上空を飛ぶF/A-18Cと、CVW-5およびVFA-195のパッチが描かれた。

第27戦闘攻撃飛行隊 VFA-27 創設40周年記念

このパッチは、サブパッチとして使用されたデザインに"40TH ANNIVERSARY"の文字が入れられた。

第27戦闘攻撃飛行隊 VFA-27 アメリカ海軍航空隊100周年記念

このパッチは、第27戦闘攻撃飛行隊が製作したアメリカ海軍航空隊創設100周年記念パッチで、こん棒を持った騎士の腕が「1」を表している。

第27戦闘攻撃飛行隊 VFA-27 創設50周年記念

アメリカ国旗をバックに、A-7コルセア、F/A-18Cホーネット、F/A-18Eスーパーホーネットが描かれた、飛行隊創設50周年記念パッチ。

第195戦闘攻撃飛行隊 日本展開25周年記念

第195戦闘攻撃飛行隊が日本に配備されて25周年目の記念パッチは、爆弾とミサイルを持つイーグルと富士山、「25」の文字が描かれた。

第195戦闘攻撃飛行隊 VFA-195 SAYONARA JAPAN

1986年以来、厚木基地に配備されていた第195戦闘攻撃飛行隊は2009年に帰国した。このパッチは帰国記念で、F/A-18とドラゴンのサンセットフライトが描かれた。

第27戦闘攻撃飛行隊 VFA-27 アメリカ海軍航空隊創設100周年記念

このパッチも正式なデザインを流用したもの。飛行隊名が描かれていたリボンの中は"100 Yasrs of Naval Aviation"に変更された。

第27戦闘攻撃飛行隊 VFA-27 さよなら厚木

1996年から厚木基地をホームベースにしていた第27戦闘攻撃飛行隊が岩国基地に移動する記念パッチで、富士山に別れを告げるF/A-18Eがデザインされた。

第195戦闘攻撃飛行隊 韓国展開記念

第195戦闘攻撃飛行隊の韓国展開記念パッチは、バックには赤い星が、上部には「親愛なるダムバスター」とハングル文字で描かれた。

第195戦闘攻撃飛行隊 VFA-195 SAYONARA JAPAN

このパッチも第195戦闘攻撃飛行隊の帰国記念パッチで、夕日に照らされて黄金に輝くドラゴンと「SAYONARA JAPAN」などの文字が入れられた。

第192戦闘攻撃飛行隊 VFA-192 Chippy Ho!
1970年代後半から原色を廃止したロービジ塗装が導入されたが、第192戦闘攻撃飛行隊はド派手なマーキングの"Chippy Ho!"が登場。

第192戦闘攻撃飛行隊 VFA-192
"WORLD FAMOUS GOLDEN DRAGONS"という長い飛行隊ニックネームの第192戦闘飛行隊のパッチは、地球を抱えるドラゴン。

第192戦闘攻撃飛行隊 VFA-192
A-7Eを装備していた第192攻撃飛行隊（VA-192）が、F/A-18Cを受領した直後の第192戦闘攻撃飛行隊のパッチ。

第192戦闘攻撃飛行隊 VFA-192 IWO JIMA
第192戦闘攻撃飛行隊が硫黄島に展開した時のパッチで、正確な年月日は不明だが、標記は"IWO JIMA"。

第192戦闘攻撃飛行隊 VFA-192 創設50周年記念
第192戦闘攻撃飛行隊の創設50周年記念パッチは鳥居に絡みつくドラゴンと、その左右にF6FとF/A-18が描かれた。

第192戦闘攻撃飛行隊 VFA-192 F/A-18 HORNET
USSミッドウェイと、第192戦闘攻撃飛行隊のF/A-18Cホーネットが描かれた、10cm×25cmのフライトジャケット用パッチ。

第192戦闘攻撃飛行隊 VF-192 CAG
第192戦闘攻撃飛行隊のCAG（空母航空団司令）機のマーキングが描かれたF/A-18Cのパッチも、7cm×25cmと大きい。

第115攻撃飛行隊 VA-115
この飛行隊が初めて日本に展開したのはA-6Eイントルーダーの時代で、パッチに描かれている星の数は3個。

第115攻撃飛行隊 VA-115
このパッチは数年前に販売されたA-6Eを使用していた時代の復刻版と思われるデザインで、下部には"EAGLES"のニックネーム入り。

第115戦闘攻撃飛行隊 VFA-115
F/A-18Cを受領すると、飛行隊名は第115戦闘攻撃飛行隊"VFA-115"となり、星の数は4個になった。

第115攻撃飛行隊 VA-115 EAGLES
ミッドウェイ当時、A-6飛行隊には空中給油専用のKA-6Dが数機配備されていた。このパッチは、第115攻撃飛行隊の空中給油ミッションを意味している。

第115攻撃飛行隊 VA-115 創設40周年記念
A-6イントルーダーから伸びる航跡の中に飛行隊のニックネームが描かれた、1988年の創設40周年記念パッチのシェブロンはゴールドになっている。

第115攻撃飛行隊 VA-115 創設50周年記念
1992年の第115攻撃飛行隊創設50周年記念パッチは、ヘルメットをかぶった天使?とガイコツが描かれたミサイル。

第115攻撃飛行隊 VA-115 SUMMER OLYMPICS
1988年に行われたソウルオリンピックに合わせて製作された第115戦闘飛行隊の記念パッチには、"OFFICAL ATTACK SQUADRON"の文字が。

第115戦闘攻撃飛行隊 VFA-115
第115攻撃飛行隊は1996年7月に帰国したが、2009年にはF/A-18Eを装備して再び第5航空団に復帰。このパッチは再来日記念。

CVW-5に配備された機体の中で、F-14Aトムキャットはダントツの人気だった。

第154戦闘飛行隊 VF-154
1991年には待望のF-14トムキャット飛行隊が、第5空母航空団に配備された。第154戦闘飛行隊のパッチは、伝統の盾を持つ騎士（ナイト）。

第154戦闘飛行隊 VF-154
"BLACK KNIGHTS"は非常に多くのパッチを作製した。このパッチはリアルに変化した騎士が描かれたスペシャルバージョン。

第154戦闘飛行隊
騎士がグラマンオリジナルのトムキャットに変身したこのパッチには、盾に寄りかかる騎士の衣装を着たトムキャットが描かれた。

第154戦闘飛行隊 VF-154
このデザインは第154戦闘飛行隊のショルダーパッチで、赤と黒のカラーを使用してF-14トムキャットが描かれた。

第154戦闘飛行隊 VF-154 KOREA JAPAN 2002
2002年に行われた日韓ワールドカップを記念したパッチで、"OFFICIAL FIGHTER SQUADRON"と描かれている。

第154戦闘飛行隊 VF-154 TANDEM THRUST
2001年にオーストラリアで行われたタンデムスラスト演習に参加した、第154戦闘飛行隊のパッチはサーファー姿の騎士。

第154戦闘飛行隊 VF-154 SAYONARA JAPAN
1991年に初めて日本に来日して以来、圧倒的な人気を誇っていた第154戦闘飛行隊も2003年には帰国、このパッチは帰国記念。

第154戦闘飛行隊 VF-154
主翼を後退させたF-14トムキャットは、三角形のパッチにピッタリ。このデザインはショルダーパッチとして使用された。

第154戦闘飛行隊 VF-154 TARPS
F-14は末期になると胴体下面に偵察ポッドを搭載して、偵察機として使用された。"TARPS"は戦術航空偵察ポッドシステムの意味。

第154戦闘飛行隊 VF-154 創設50周年記念
1953年にF9Fパンサーを装備して誕生した第154戦闘飛行隊は、2003年には創設50周年を迎え、2人の騎士を描いた記念パッチを製作。

第154戦闘飛行隊 NF
機体は地味なロービジの期間も長かったが、垂直尾翼を全面黒に塗った派手な時代もあり、飛行機ファンを楽しませてくれた。このマーキングは非常に短期間だった。

第21戦闘飛行隊 VF-21
第154戦闘飛行隊と共にF-14Aトムキャットを使用していた、第21戦闘飛行隊"FREELANCERS"のパッチは、盾とブラックパンサー。

第21戦闘飛行隊 VF-21
このパッチも第21戦闘飛行隊で、下部にリボンが追加された飛行隊名が描かれたバージョンのデザイン。

第21戦闘飛行隊 VF-21 WESTPAC'95
1995年に行われた航海に参加した第21戦闘飛行隊のパッチは、影絵で遊ぶトムキャットと「冒険は続く」の文字。

第21戦闘飛行隊 VF-21 BANZAI FREELANCER
頭には日の丸のハチマキ、腰には日本刀姿のトムキャットが描かれたパッチには、富士山と派手な旭日も。

第136電子攻撃飛行隊
VAQ-136

電光を掴む騎士の腕（籠手：ガントレット）が描かれた、第136電子攻撃飛行隊"GAUNTLETS"のパッチ。

第136電子攻撃飛行隊
VAQ-136 HARM SHOOTER

このパッチもEA-6Bの主なウエポンとなるAGM-88 HARMの発射記念で、プラウラーから発射されたHARMが描かれている。

第136電子攻撃飛行隊
VAQ-136 創設30周年記念

飛行隊創設30周年記念パッチには、電光を掴む騎士の腕とAGM-88 HARM、記念文字などが描かれた珍しい形のパッチ。

第141電子攻撃飛行隊
VAQ-141

第136電子攻撃飛行隊に代わって、第5空母航空団に配備された第141電子攻撃飛行隊"SHADOWHAWKS"のパッチは鷹の横顔で、このデザインは日本展開記念。

第136電子攻撃飛行隊
VAQ-136

USSミッドウェイ時代、第136電子攻撃飛行隊のEA-6Bプラウラーが日本に配備された当時のマーキングが描かれた、垂直尾翼のパッチ。

第136電子攻撃飛行隊
VAQ-136 HARM SHOOTER

EA-6Bプラウラーから発射されたAGM-88 HARMに乗ったブラックパンサーが描かれた、ハームシューターパッチ。

第136電子攻撃飛行隊
VAQ-136 FAR EAST PROWLER LAST RIDE

1980年に来日し、2012年に帰国した第136電子攻撃飛行隊の記念パッチに描かれているEA-6Bのレドーム先端には、「攻」の文字が描かれている。

第136電子攻撃飛行隊
VAQ-136

このパッチも有名な浮世絵をイメージした第136電子攻撃飛行隊の日本来日記念パッチで、派手な旭日と電光を掴む騎士に腕が描かれた。

第136電子攻撃飛行隊
VAQ-136 SAYONARA JAPAN

2012年に帰国した第136電子攻撃飛行隊のパッチには"SAYONARA JAPAN"の文字と、「プラウラー終焉」と描かれた。

第141電子攻撃飛行隊
VAQ-141 韓国展開記念

第195戦闘攻撃飛行隊と同様に、第141電子攻撃飛行隊が韓国に展開した時のパッチで、バックには赤い星、文字はハングル文字となった。

第141電子攻撃飛行隊 VAQ-141 MERRY CHRISTMAS

第141電子攻撃飛行隊のパッチのクリスマスバージョンで、カラーはクリスマスツリーをイメージした緑と赤。

第136電子攻撃飛行隊
VAQ-136「攻」

EA-6Bが配備された頃、狭いUSSミッドウェイのフライトデッキで正面を向いたA-6Eと識別するため、EA-6Bのレドーム先端には「攻」文字が描かれた。

第136電子攻撃飛行隊
VAQ-136

アメリカ先住民の横顔と、周辺に黄色いライトニングが描かれた、第136電子攻撃飛行隊のサブパッチ。

当時、唯一の電子攻撃飛行隊だったVAQ-136のEA-6B。

第141電子攻撃飛行隊
VAQ-141 SAYONARA ATSUGI

第141電子攻撃飛行隊が厚木基地から岩国基地に移動する際に製作された、厚木基地サヨナラパッチ。

第141電子攻撃飛行隊
VAQ-141 創設30周年記念

EA-18Gグラウラーの垂直尾翼をモチーフにした、第141電子攻撃飛行隊の創設30周年記念パッチはド派手。

S-3Bの数少ない派生型となったVQ-5のES-2A。

第21対潜飛行隊 VS-21

日本に配備された当時は第21対潜飛行隊"REDTAILS"で、パッチは撃沈された潜水艦と赤いライトニング。

第21対潜飛行隊 VS-21

第21対潜飛行隊が使用していたサブパッチで、上部には旭日とS-3B、下部には赤いライトニングと飛行隊名が描かれた。

第21海上制圧飛行隊 VS-21

第21対潜飛行隊は後に第21海上制圧飛行隊と改称、パッチはイーグルに変更されたが、盾と赤いライトニングは継承された。

第21海上制圧飛行隊 VS-21

第21海上制圧飛行隊"FIGHTING REDTAILS"のサブパッチは、バイキングの横顔とS-3B。

第21海上制圧飛行隊 VS-21 創設50周年記念

にんじんをくわえ、銃を持つウサギが魚雷に寄りかかる、第21海上制圧飛行隊創設50周年記念パッチ。

第21海上制圧飛行隊 VS-21

ユニークなS-3Bが描かれた、第21海上制圧飛行隊のサブパッチのバックには"VIKING"の文字が隠れている。

第5艦隊偵察飛行隊 VQ-5

第5艦隊偵察飛行隊の正式なパッチで、2匹のコウモリと黄色いライトニングが描かれた、シンプルなデザイン。

第5艦隊偵察飛行隊 VQ-5 ES-3A

第5艦隊偵察飛行隊が使用していたサブパッチで、コウモリとEA-3Aバイキングの側面形、"ES-3A"の文字が描かれた。

第5艦隊偵察飛行隊 第5分遣隊

第5空母航空団に派遣されていたのは第5艦隊偵察飛行隊 第5分遣隊で、このパッチにはコウモリのほか鳥居とロッキード社のロゴマークが入れられた。

第5艦隊偵察飛行隊 VQ-5 A分遣隊

第5艦隊偵察飛行隊"SEA SHADOWS"のA分遣隊がサザンウォッチ作戦に参加した時に製作されたパッチで、砂漠に描かれたコウモリの上を飛ぶES-3Aが描かれた。

第14対潜ヘリコプター飛行隊 HS-14 GOODBYE KITTY

飛行隊名は描かれていないが、第14対潜ヘリコプター飛行隊が製作したサヨナラキティホーク「さよなら'08」パッチで、なぜ寿司が描かれているかは不明だが、1個はネコの顔。

第14対潜ヘリコプター飛行隊 HS-14

第14対潜ヘリコプター飛行隊"CHARGERS"のパッチは、ライトニングで潜水艦を攻撃するイメージのデザイン。

第14対潜ヘリコプター飛行隊 HS-14

第14対潜ヘリコプター飛行隊の、派手なマーキングを施したCAG機のテイル部分がパッチにされている。

第115早期警戒飛行隊 VAW-115
空母ミッドウェイが横須賀を母港化して以来、第5空母航空団に属していた第115早期警戒飛行隊"LIBERTY BELLS"のパッチは、トーチ（たいまつ）。

CVW-5の中で唯一の早期警戒機となったVAW-115のE-2C。

第115早期警戒飛行隊 VAW-115 日本展開記念
このパッチも第115早期警戒飛行隊の日本展開記念パッチで、富士山をバックに鳥居から飛び出すE-2Cがデザインされた。

第115早期警戒飛行隊 VAW-115 日本展開記念
正式な飛行隊パッチのデザインを流用して周囲は黒に変更、トーチのバックには派手な旭日が描かれた、日本展開記念パッチ。

第115早期警戒飛行隊 VAW-115
二刀流の亀が描かれた、第115早期警戒飛行隊のスナイパーコントロールパッチ。

第115早期警戒飛行隊 VAW-115
トーチを持つセクシーな緑色の女性が描かれた、第115早期警戒飛行隊のサブパッチ。

第115早期警戒飛行隊 VAW-115 HAWKEYE 2000
近代化改修が行われた、E-2C HAWKEYE 2000が導入された時に製作されたパッチは、鷹（ホーク）の横顔が描かれた。

第115早期警戒飛行隊 VAW-115 HAWKEYE 2000
このパッチも第115早期警戒飛行隊がE-2C HAWKEYE 2000を受領した時に製作されたパッチで、くもの巣を張り巡らせた？ E-2C。

第115早期警戒飛行隊 VAW-115 創設45周年記念
日本展開記念パッチと同様に、旭日と富士山をバックに飛ぶE-2Cと、上部には飛行隊創設45周年の記念文字が入れられた。

第115早期警戒飛行隊 VAW-115 SAYONARA ATSUGI
第5空母航空団に編入され、1973年から厚木基地に配備されていた第115早期警戒飛行隊は、岩国基地に移動することなく帰国した。これはその記念パッチ。

第50艦隊兵站支援飛行隊 VRC-50
1970年代、C-130FやC-2A、CT-39Eなどを装備していた第50艦隊兵站支援飛行隊"ORIENT EXPRESS"のパッチは狼犬。

第30艦隊兵站支援飛行隊 COD
空母と陸上間の人員や物資の輸送に使用されている、第30艦隊兵站支援飛行隊のC-2Aパッチ。"COD"は『空母と陸上間の輸送』を意味する。

第30艦隊兵站支援飛行隊 第5分遣隊 VRC-30 DET-5
第50艦隊兵站支援飛行隊から改編された、第30艦隊兵站支援飛行隊の第5分遣隊"WE DELIVER"のパッチは、ペガサス。

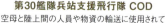

第30艦隊兵站支援飛行隊 VRC-30 GREYHOUND
第30艦隊兵站支援飛行隊に配備されていたC-2Aグレイハウンドのサブパッチは、地球の上を飛ぶC-2A。

第30艦隊戦術支援飛行隊 VRC-30 C-2A NP2000
近代化改修が施されたE-2Cは8枚プロペラに換装されたが、同様な改修が施されたC-2A NP2000のパッチ。

第30艦隊兵站支援飛行隊 第5分遣隊 VRC-30 DET-5
第50艦隊兵站支援飛行隊時代の狼犬が復活した、第30艦隊兵站支援飛行隊第5分遣隊のパッチは、"DET 5"の文字のみ。

第30艦隊兵站支援飛行隊 VRC-30 C-2A 50周年
E-2ホークアイ早期警戒機の胴体を再設計したC-2が初飛行して、50年目を記念して製作された記念パッチ。

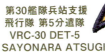

第30艦隊兵站支援飛行隊 第5分遣隊 VRC-30 DET-5 創設20周年記念
第30艦隊兵站支援飛行隊の創設20周年記念パッチは、「20」の文字が描かれた地球とペガサスで、長方形と円形のパッチが製作された。

第30艦隊兵站支援飛行隊 第5分遣隊 VRC-30 DET-5 SAYONARA ATSUGI
第5空母航空団の移動に伴い、第30艦隊兵站支援飛行隊も岩国に移動、記念パッチが製作された。

空母ミッドウェイが横須賀を母港にした当時は、F-4Nを含め艦載機は派手なマーキングだった。

第151戦闘飛行隊 VF-151
USSミッドウェイの横須賀の母港化に伴い厚木基地に展開してきた、第151戦闘飛行隊"VIGILANTES"のパッチはガイコツ。

第161戦闘飛行隊 VF-161
USSミッドウェイの横須賀母港化に伴い、厚木基地に展開してきた第161戦闘飛行隊"CHARGERS"のパッチは鳥居とライトニング。

第161戦闘飛行隊 VF-161
日本に展開する直前まで使用されていた第161戦闘飛行隊のパッチは、盾の中央に描かれた白いラインの中に、シェブロンが描かれている。

第151戦闘飛行隊 VF-151
このパッチも日本に展開する直前まで使用されていた第151戦闘飛行隊のデザインで、ナイフをくわえたガイコツ。

第161戦闘飛行隊 VF-161 LAST PHANTOMS
アメリカ海軍の実戦飛行隊の中で、最後までF-4ファントムを使用していた第161戦闘飛行隊のラストファントムパッチ。

第151戦闘飛行隊 VF-151 バトルE
1982年から83年にかけて第151戦闘飛行隊がバトルEを受領した記念パッチで、バックには垂直尾翼と同じマーキングが入れられた。

第56攻撃飛行隊 VA-56
1973年から1986年まで厚木基地をホームベースにしていた第56攻撃飛行隊"CHAMPIONS"のパッチは、ブーメラン。

第151戦闘飛行隊 VF-151 NF
日本に展開してきた当時の第151戦闘飛行隊のマーキング(阪神タイガース)を再現したサブパッチ。

第93攻撃飛行隊 VA-93
第56攻撃飛行隊と共に1973年から1986年まで第5空母航空団に配備されていた第93攻撃飛行隊"RAVENS"のパッチは2機の攻撃機とその航跡。

第185攻撃飛行隊 VA-185

第185攻撃飛行隊のサブパッチで、中央には旭日とA-6イントルーダーの平面形、両サイドには飛行隊と空母名などが描かれた。

第185攻撃飛行隊 VA-185

日本に展開したのは1987年から1991年までと非常に短期間だった、第185攻撃飛行隊"NIGHTHAWKS"のパッチは夜鷹。右は非常に小さなサブパッチ。

第185攻撃飛行隊 VA-185

第185攻撃飛行隊のA-6Aイントルーダーの垂直尾翼をデザインしたパッチで、当時のマーキングを再現している。

第12対潜ヘリコプター飛行隊 HS-12

第12対潜ヘリコプター飛行隊のサブパッチは非常に少ないが、このパッチはSH-3Hのパイロット用。

第12対潜ヘリコプター飛行隊 HS-12

SH-3Hシーキングを装備して1984年から10年間、厚木基地に配備されていた第12対潜ヘリコプター飛行隊"WYVERNS"のパッチは、タツノオトシゴがモチーフ。

第50艦隊兵站支援飛行隊 VRC-50

1984年から厚木基地に配備された第50艦隊兵站支援飛行隊"ORIENT EXPRESS"のパッチはボールで遊ぶ狛犬で、左のパッチは非常に古い。

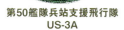

第50艦隊兵站支援飛行隊 US-3A

第50艦隊兵站支援飛行隊は、余剰となったS-3Aの対潜機材を下ろして輸送型となったUS-3Aを短期間使用していた。

第1ヘリコプター飛行隊 HC-1

SH-3GシーキングでVIP空輸を実施していた、第1ヘリコプター飛行隊"FLEET ANGELS"のパッチは、遭難者をヘリコプターから救助するイメージのデザイン。

第63戦闘偵察飛行隊 VFP-63

USSミッドウェイの第5空母航空団と共に、RF-8Gを装備して厚木基地に配備された第63戦闘偵察飛行隊のパッチは、空母から飛び立つ偵察機。だがすでにRF-8Gの老朽化が進んでいたため、この飛行隊は約半年で帰国。

第50艦隊兵站支援飛行隊 C-2

1980年代は、第50艦隊兵站支援飛行隊（RG）は、C-2のほかC-130F、US-3AとCT-39Eを装備していたが、空母に着艦可能だったのはUS-3AとC-2だけだった。

第115海兵戦闘攻撃飛行隊 VMFA-115

1963年、第11海兵航空団（MAG-11）が厚木基地に移動してF-4飛行隊が配備された。このパッチは第115海兵戦闘攻撃飛行隊"SILVER EAGLES"（VE）。

第513海兵攻撃（戦闘攻撃）飛行隊 VMA-513

第513海兵戦闘攻撃飛行隊"NIGHTMARES"（WF）も、F-4飛行隊として厚木基地に展開したが、後にAV-8Bハリアーに機種改編して海兵攻撃飛行隊（VMA）と改称した。

第542海兵戦闘攻撃飛行隊 VMFA-542

第542海兵戦闘攻撃飛行隊のサブパッチで、F-4ファントムの垂直尾翼と金色に輝くスプークが描かれた。

第314海兵戦闘攻撃飛行隊 VMFA-314

現在はF-35C飛行隊となっている第314海兵戦闘攻撃飛行隊"BLACK KNIGHTS"（VW）のパッチは、ナイトの顔。

第531海兵戦闘攻撃飛行隊 VMFA-531

第531海兵戦闘攻撃飛行隊"GRAY GHOSTS"（EC）も厚木基地にローテーション配備されていたF-4飛行隊で、パッチはグレイのオバケ。

第542海兵攻撃（戦闘攻撃）飛行隊 VMA-542

"BENGALS"のニックネームが与えられた第542海兵攻撃飛行隊は、F-4時代は第542海兵戦闘攻撃飛行隊（VMFA）と呼ばれていたが、AV-8Bを受領すると海兵攻撃飛行隊（VMA）となった。

第513海兵戦闘攻撃飛行隊のF-4Bの日本展開は短期間だった。

第1艦隊偵察飛行隊 VQ-1
岩国基地で編成された第1艦隊偵察飛行隊は東南アジアを点々と移動、1960年代後半から1970年代初めまで厚木基地に配備された。パッチは伝統のコウモリ。

第1艦隊偵察飛行隊 厚木分遣隊 VQ-1 DET ATSUGI
このパッチは第1艦隊偵察飛行隊厚木分遣隊で、大きなコウモリと電光のバックには、さりげなく富士山が描かれている。

第1艦隊偵察飛行隊 VQ-1 EP-3B
この飛行隊が厚木基地に展開してきた時代の装備機はEP-3B→EP-3E、EA-3B、EC-121Kなど多彩な機体を抱えていた。パッチはEP-3B。

第1艦隊偵察飛行隊 VQ-1 RADAR CONSTELLATION
胴体上下に巨大なレドームを装備していた第1艦隊偵察飛行隊のEC-121Kのパッチで、コンステレーションはC-121の民間名。

第1艦隊偵察飛行隊 VQ-1 THE WHALE
第1艦隊偵察飛行隊で使用されていたEA-3Bのパッチで、"WHALE"はA-3の通称（制式なニックネームは、スカイウォーリア）。

第1艦隊偵察飛行隊 VQ-1 REMEMBER
日本海の公海上で北朝鮮によって撃墜された第1艦隊偵察飛行隊のEC-121K（PR-21）と、プエブロ号拿捕事件をモチーフにしたパッチ。

プエブロ号事件で一躍有名となった、第1艦隊偵察飛行隊のEC-121K。

第265海兵中型ヘリコプター飛行隊 厚木分遣隊 HMM-265 DET ATSUGI
1987年6月から7月までの約1ヶ月間、厚木基地に展開した第265海兵中型ヘリコプター飛行隊 "DRAGONS"（EP）の厚木分遣隊のパッチは富士山と鳥居。

第1艦隊偵察飛行隊 VQ-1 EA-3B
このパッチも第1艦隊偵察飛行隊のEA-3Bのクルー用で、同機の通称となっている可愛いクジラ（お腹には"VQ-1"の文字）。

アメリカ陸軍 キャンプ座間 CAMP Zama

在日米陸軍司令部のあるキャンプ座間の部隊パッチ

在日米陸軍司令部が所在するキャンプ座間には、陸上自衛隊も同居している。北端には滑走路とエプロン地区があり、この地域はキャスナー飛行場と呼ばれている。現在は、UH-60Lを装備する在日米陸軍航空大隊（USAABJ）が配置されている。

第78航空大隊 78Avn.Bn
第78航空大隊と呼ばれていた時代のパッチで、主役は定番の富士山と鳥居。「忍者」は同隊のニックネーム（コールサイン）。

第78航空大隊 78Avn.Bn
このパッチも第78航空大隊時代だが、ニックネームは「烏（カラス）」（RAVENS）で、パッチの中央には真っ黒な烏が描かれた。

第78航空大隊 78Avn.Bn
当時、この飛行隊はUH-60AのほかC-12Fを装備していたが、座間の滑走路は短いためC-12Fは厚木基地に配備されていた。

アメリカ海兵隊 岩国航空基地 MCAS Iwakuni

CVW-5と、本国からのローテーション配備部隊のパッチ

　1938年4月に旧日本海軍の教育隊基地として誕生した岩国航空基地は、戦後アメリカ軍に接収されるとイギリス軍やオーストラリア軍などの連合軍が展開した。1952年4月にはアメリカ空軍の岩国基地となったが、1953年7月にはアメリカ海兵隊が管理する岩国航空基地（MCAS）となり、伊丹基地（現在の伊丹空港）から第1海兵航空団（MAW-1）が編入された。1970年代に入るとA-4スカイホーク飛行隊やA-6イントルーダー飛行隊、F-4飛行隊などが展開していたが、1973年頃には配備される飛行隊が固定化された。

　しかし、1977年秋には飛行隊の固定配備は廃止され、6ヶ月のローテーション配備が開始された。A-4やA-6などは姿を消したが、F-4ファントムからF/A-18ホーネット、F-35に機種改編が進んでいる現在もローテーション配備は継続されている。また、騒音問題などの関係で、2010年5月にはそれまでの滑走路から約1km南の沖合いに移設した新滑走路の運用が開始され、2018年には厚木基地から第5空母航空団（CVW-5）の艦載機が岩国基地に移動してきた。

（注）海兵隊の飛行隊名は同じでも装備する機体によって、VMA（海兵攻撃飛行隊）、VMA（AW）（海兵全天候攻撃飛行隊）、VMFA（海兵戦闘攻撃飛行隊）などと変更した時代もあった。海軍の第5空母航空団（CVW-5）に所属する飛行隊は、厚木基地時代と重複する。

F/A-18Cと空中給油を行うVMGR-152のKC-130J。

第112海兵戦闘攻撃飛行隊 VMFA-112
岩国に展開することはほとんど無かった第112海兵攻撃飛行隊"COWBOYS"（MA）のパッチは、吠えるオオカミと星。

第112海兵戦闘攻撃飛行隊 VMFA-112 日本展開記念
アメリカ本国から日本に展開すると、多くの飛行隊は記念パッチを作製。第112海兵戦闘攻撃飛行隊もバックに旭日を追加したデザインとなった。

第115海兵戦闘攻撃飛行隊 VMFA-115
1977年に固定配備され、後にローテーション配備された第115海兵戦闘攻撃飛行隊のパッチは、"SILVER EAGLES"（VE）に因んで銀色のイーグル。

第115海兵戦闘攻撃飛行隊 VMFA-115
第115海兵戦闘攻撃飛行隊が、1967年から1970年まで南ベトナムのチュライ基地に展開した時に製作された古いパッチ。

第115海兵戦闘攻撃飛行隊 VMFA-115
現在使用されているパッチで、全体的にリニューアルされたデザインとなった（このパッチは、限定版のデザートカラー）。

第121海兵攻撃飛行隊 VMA-121
第121海兵攻撃飛行隊（VMA）時代のパッチで、細部は変化しているがグリーンナイツがデザインされた非常に古いパッチ。

第121海兵戦闘攻撃飛行隊 VMFA-121
F-35Bを受領した現在使用されているパッチで、飛行隊ニックネームに因む"GREEN KNIGHTS"（VK）はシンプルなデザインとなった。

第121海兵戦闘攻撃飛行隊 VMFA-121日本展開記念
富士山と鳥居、サクラの花が描かれ、アメリカ人好みのデザインとなった、第121海兵戦闘攻撃飛行隊の日本展開記念パッチ。

第121海兵戦闘攻撃飛行隊 VMFA-121
F-35Bを受領した当時に製作されたサブパッチで、グリーンナイツとF-35B、下部には"PLANE CAPTAIN"の文字が描かれている。

第121海兵全天候攻撃飛行隊 VMA(AW)-121

A-6イントルーダーを装備していた時代の第121海兵全天候攻撃飛行隊のサブパッチで、長方形なのが珍しい。

第122海兵戦闘攻撃飛行隊 VMFA-122

第122海兵戦闘攻撃飛行隊"CRUSADERS"(DC)のパッチは、ニックネームに因んで十字がデザインされた。

第211海兵攻撃飛行隊 VMA-211

A-4スカイホークを装備していた時代の第211海兵攻撃飛行隊のパッチで、現在はF-35B飛行隊となり、第211海兵戦闘攻撃飛行隊(VMFA)となった。

第211海兵戦闘飛行隊 VMA-211

このパッチもA-4スカイホーク時代の古いデザインで、中央には"WAKE"と描かれているが、正式なニックネームは"WAKE ISLAND AVENGERS"

第214海兵攻撃飛行隊 VMA-214

A-4スカイホーク時代は、胴体に黒い羊を描いていた第214海兵攻撃飛行隊"BLACK SHEEP"(WE)のパッチは、創設当時に使用していたF-4Uコルセアと黒い羊。

第223海兵攻撃飛行隊 VMA-223

両手にグローブをはめ戦闘状態のブルドッグが描かれた、第223海兵攻撃飛行"BULLDOGS"(WP)のパッチ。

第224海兵全天候攻撃飛行隊 VMA(AW)-224

第224海兵全天候攻撃飛行隊"BENGALS"(WK)の非常に古いパッチで、瓦礫の中から飛び出すベンガルタイガー。

第224海兵全天候攻撃飛行隊 VMA(AW)-224

A-6イントルーダーを使用していた頃の第224海兵全天候攻撃飛行隊のパッチは、片手で盾を持つベンガルタイガーに変更された（右はサブパッチとして使用されたデザイン）。

第232海兵戦闘攻撃飛行隊 VMFA-232

第115海兵戦闘攻撃飛行隊と共に1973年から1977年まで固定配備されていた第232海兵戦闘攻撃飛行隊"RED DEVILS"(WT)のパッチは、デッドデビル。

第232海兵戦闘攻撃飛行隊 VMFA-232

ベトナム戦争時代、南ベトナムのダナン基地に展開した時の第232海兵戦闘攻撃飛行隊のパッチで、最初に参戦し最後に去ると描かれている。

第225海兵全天候戦闘攻撃飛行隊 VMFA(AW)-225

F/A-18Cホーネットを使用していた時代の第225海兵全天候戦闘攻撃飛行隊"VIKINGS"(VK)のパッチはバイキングおじさん。

第231海兵攻撃飛行隊 VMA-231

AV-8Bを装備し、スペードのトランプが描かれた第231海兵攻撃飛行隊"ACE SPADES"(WL)のパッチは、シンプルなデザイン。

第242海兵全天候戦闘攻撃飛行隊 VMFA(AW)-242

現在使用されている第242海兵全天候戦闘攻撃飛行隊"BATS"(DT)のパッチは、ズバリ「コウモリ」。

岩国基地を離陸する第232海兵戦闘攻撃飛行隊のF/A-18C。

第242海兵全天候戦闘攻撃飛行隊 VMFA(AW)-242 創設75周年記念

飛行隊創設記念パッチは派手なデザインが多い中、第242海兵全天候戦闘攻撃飛行隊の創設記念パッチは、制式なデザインの中に「75」の文字が追加されたのみ。

第242海兵戦闘攻撃飛行隊 VMFA-242

このパッチは、日米の国旗が描かれた派手なデザインの日本展開記念で、全天候を意味する(AW)の文字は消去されている。

第242海兵全天候戦闘攻撃飛行隊 VMFA(AW)-242

この飛行隊は、A-6EやF/A-18Dを装備して、たびたび岩国基地にローテーション配備されていたため、時期によってパッチのデザインはバラバラ。

第251海兵戦闘攻撃飛行隊 VMFA-251

第251海兵戦闘攻撃飛行隊"THUNDERBOLTS"(DW)のパッチは、盾と落雷を意味するオレンジのライトニング。

第311海兵攻撃飛行隊 VMA-311

真っ赤なハートと、爆弾に乗ったトムキャットが描かれた、第311海兵攻撃飛行隊"TOMCATS"(WL)のパッチは、複数のカラーが存在した。

第312海兵戦闘攻撃飛行隊 VMA-312

比較的、ローテーション配備が少なかった、第312海兵戦闘攻撃飛行隊"CHECKERBOARDS"(DR)のパッチ。

第314海兵戦闘攻撃飛行隊 VMFA-314

海軍の第154戦闘攻撃飛行隊と同様に、"BLACK KNIGHTS"(VW)のニックネームを持つ第314海兵戦闘攻撃飛行隊のパッチも、ブラックナイツ。

第323海兵戦闘攻撃飛行隊 VMFA-323

飛行隊が創設した当時に使用していたF4Uコルセアとガラガラ蛇が描かれた、第323海兵戦闘攻撃飛行隊"DEATH RATTLERS"(WS)のパッチ。

第533海兵全天候攻撃飛行隊 VMA(AW)-533

第533海兵全天候攻撃飛行隊"HAWKS"(ED)のパッチは、ニックネームにちなんだホークで、上部にはモットーが描かれている。

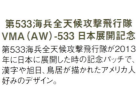

第533海兵全天候攻撃飛行隊 VMA(AW)-533 日本展開記念

第533海兵全天候攻撃飛行隊が2013年に日本に展開した時の記念パッチで、漢字や旭日、鳥居が描かれたアメリカ人好みのデザイン。

独特の短距離離陸を行う、第121海兵戦闘攻撃飛行隊のF-35B。

"SUMO"のニックネームが付けられた第152海兵給油輸送飛行隊のKC-130R。

第152海兵給油輸送飛行隊 VMGR-152
岩国基地の新滑走路運用開始に伴い、沖縄の普天間基地から移動してきた第152海兵給油輸送飛行隊(QD)のパッチは変化なし。カラーが異なる複数のパッチが存在する。

第152海兵給油輸送飛行隊 VMGR-152相撲
伝統的に"SUMOS"のコールサインを使用している第152海兵給油輸送飛行隊のサブパッチは、「相撲取り」が主役。

第152海兵給油輸送飛行隊 VMGR-152 岩国
KC-130Jの上で相撲をとる横綱が描かれたユニークなデザインのパッチで、下部には飛行隊名の"ICHI GO NI"の文字が描かれた。

第152海兵給油輸送飛行隊 VMGR-152 KC-130J
KC-130Jの平面形が描かれた、シンプルなデザインの飛行隊のサブパッチ。

第152海兵給油輸送飛行隊 VMGR-152
KC-130Jの垂直尾翼とセクシーな女性が描かれたこのパッチも、飛行隊名の文字はローマ字標記の"ICHI GO NI"。

第102戦闘攻撃飛行隊 VFA-102 岩国駐留1周年記念
第102戦闘攻撃飛行隊が岩国基地に移動して1周年を記念したパッチは、ガラガラ蛇と錦帯橋をモチーフにしたハイセンスなデザイン。

第102戦闘飛行隊 VF-102
F-4ファントムの時代から、地球に絡みつくガラガラ蛇をデザインしている第102戦闘飛行隊"DIAMONDBACKS"のF-14時代のパッチ。

第102戦闘攻撃飛行隊 VFA-102 よろしく岩国
2018年に厚木基地から岩国基地に移動してきた、第102戦闘飛行隊の記念パッチには岩国の名所、錦帯橋が描かれた。

第27戦闘攻撃飛行隊 VA-27
厚木基地に配備された頃の第27戦闘攻撃飛行隊のパッチは円形で、基本的なデザインは現在も変更ない。

第27戦闘攻撃飛行隊 VFA-27
第27戦闘攻撃飛行隊"ROYAL MACES"のパッチは、後に円形から盾形に変更された。

第27戦闘攻撃飛行隊 VFA-27
第27戦闘攻撃飛行隊が製作したシンプルなデザインのサブパッチで、F/A-18Eと飛行隊名などが描かれているのみ。

第27戦闘攻撃飛行隊 VFA-27 岩国展開記念
このパッチも第102戦闘攻撃飛行隊と同様に、錦帯橋が描かれた岩国展開記念パッチで、右上と左下が剥がれているが、これは意図的なデザイン。

第115戦闘攻撃飛行隊 VFA-115

第115戦闘飛行隊"EAGLES"は、初めてA-6イントルーダーを装備して厚木基地に配備された当時から基本的なデザインは変更ないが、現在は星の数は5個になった。

第115戦闘攻撃飛行隊 VFA-115 HAJIMEMASHITE IWAKUNI

このパッチは第115戦闘攻撃飛行隊が厚木基地から岩国基地に移動してきた記念パッチで、「新しい時代が始まる」と描かれている。

EA-6Bに代わってCVW-5に配備された第141電子攻撃飛行隊のEA-18G。

第195戦闘攻撃飛行隊 VFA-195

厚木基地から岩国基地に移動してもデザインの変更が無い、第195戦闘攻撃飛行隊"DAMBUSTERS"のパッチは、爆弾とミサイルを持つイーグル。

第195攻撃飛行隊 VFA-195

このパッチは、A-7コルセアを使用していた第195攻撃飛行隊時代のデザインで、円形の中に盾が描かれている。

第141電子攻撃飛行隊 VAQ-141

EA-6Bを装備していた第136電子攻撃飛行隊に代わって、第5空母航空団に配備された第141電子攻撃飛行隊のパッチは、イーグル（右は日本展開記念）。

第141電子攻撃飛行隊 VAQ-141

このパッチも日本展開記念で、バックは白と赤の旭日に変更され、下部のリボンの中の飛行隊名は日本語標記となった。

第141電子攻撃飛行隊 VAQ-141

第141電子攻撃飛行隊のサブパッチで、中央にはテイルフックとEA-18G、上部には"SHADOWHAWKS"のニックネームが入れられている。

第125早期警戒飛行隊 VAW-125

第5空母航空団が岩国に移動とほぼ同時に、第5空母航空団に編入された第125早期警戒飛行隊"TIGERTAILS"のパッチはトーチ。

第125早期警戒飛行隊 VAW-125

岩国基地に到着した第125早期警戒飛行隊の装備機はE-2Dで、D型を強調するためパッチの中央には三角（デルタ）が描かれた。

第125早期警戒飛行隊 VAW-125 創設50周年記念

このパッチは、第125早期警戒飛行隊の創設50周年記念で、基本的なデザインの中に記念の文字が追加された。

第30艦隊兵站支援飛行隊 第5分遣隊 VRC-30 DET-5

第30艦隊兵站支援飛行隊が第5空母航空団に派遣している第5分遣隊のパッチ（右側は派手な旭日が描かれた、日本展開バージョン）。

岩国基地に展開していた主な過去の飛行隊パッチ

第212海兵戦闘攻撃飛行隊 VMFA-212
一時的に固定配備されていたことがあった、第212海兵戦闘攻撃飛行隊"LANCERS"（WD）のパッチは、盾とランス。

第235海兵戦闘攻撃飛行隊 VMFA-235
不気味な"DEATH ANGELS"（DB）のニックネームが与えられた第235海兵戦闘攻撃飛行隊のパッチは、怖いエンジェル。

第321海兵戦闘攻撃飛行隊 VMFA-321
第235海兵戦闘攻撃飛行隊の「死んだ天使」に対し、第321海兵戦闘攻撃飛行隊は"HELL'S ANGELS"「地獄の天使」。

第333海兵戦闘攻撃飛行隊 VMFA-333
垂直尾翼に3個のクローバーを描いていた第333海兵戦闘攻撃飛行隊"SHAMROCKS"（DN）のパッチは、緑のクローバーとトラの顔。

第334海兵戦闘攻撃飛行隊 VMFA-334
（WU）のテイルレターを使用していた第334海兵戦闘攻撃飛行隊"FALCONS"のパッチは、羽ばたくファルコンと赤いライトニング。

第451海兵戦闘攻撃飛行隊 VMFA-451
第451海兵戦闘攻撃飛行隊"WARLORDS"（VW）のパッチは、盾をぶち抜くF/A-18、下部にはモットーが描かれた。

第513海兵攻撃飛行隊 VMA-513
AV-8Bハリアーを装備していた第513海兵攻撃飛行隊"FLYING NIGHTMARES"（WF）のパッチは真っ黒な雨雲とミミズク。

第513海兵戦闘攻撃飛行隊 VMA-513
このパッチも第513海兵戦闘攻撃飛行隊の非常に古いデザインで、お茶目なミミズク、上部のリボンの中には飛行隊名が描かれている。

第531海兵戦闘攻撃飛行隊 VMFA-531
F-35を受領することなく解散した、第531海兵戦闘攻撃飛行隊"GRAY GHOSTS"（EC）のパッチは、目から電光を発するグレイのオバケ。

第332海兵全天候攻撃飛行隊 VMA（AW）-332
垂直尾翼にグラデーションの美しい月を描いていた、第332海兵全天候攻撃飛行隊"MOONLIGHTERS"（EA）のパッチ。

第332海兵全天候戦闘攻撃飛行隊 VMFA（AW）-332
この飛行隊は、後にF/A-18Cを受領するとパッチのデザインを一新。新しいパッチは帽子をかぶったガイコツ。

第334海兵戦闘攻撃飛行隊が日本に展開した期間は短かった。

RF-4Bは偵察機型ファントムで、海兵隊で使用された。

第2海兵戦術電子戦飛行隊 VMAQ-2

第2海兵戦術電子戦飛行隊のパッチには、伝統的にバニーが描かれていたが、後にセクハラ問題で使用することができなくなった。

第1海兵戦術電子戦飛行隊 VMAQ-1

EA-6Bプラウラーを装備して岩国基地にローテーション配備されていた第1海兵戦術電子戦飛行隊"BANSHEES"(CB)のパッチはミサイルを持つ幽霊。

第2海兵戦術電子戦飛行隊 VMAQ-2

湾岸戦争に参加した第2海兵戦術電子戦飛行隊のパッチは、ターバン姿のバニーで、カラーは砂漠仕様。

第2海兵戦術電子戦飛行隊 VMAQ-2

セクハラ問題でバニーが使えなくなった第2海兵戦術電子戦飛行隊はデザインを変更、新しいパッチには赤い帽子をかぶった悪魔が描かれた。

第2海兵戦術電子戦飛行隊 VMAQ-2

第2海兵戦術電子戦飛行隊"PANTHERS"(CY)がEA-6AやEA-6Bを使用していた当時の正式なパッチで、可愛いバニーが描かれていた。

第2海兵戦術電子戦飛行隊VMAQ-2 WESTPAC 15-16

第2海兵戦術電子戦飛行隊が2015年から2016年にかけて日本に展開した時に製作されたパッチでバックの色はブルーとなった。

第2海兵戦術電子戦飛行隊 第2分遣隊 VMAQ-2 DET-2

このパッチは第2分遣隊(DET-2)で、地獄からの死のトンネルから抜け出てきたためか、バニーはボロボロになった。

第3海兵戦術電子戦飛行隊 VMAQ-3

第3海兵戦術電子戦飛行隊"MONTH DOGS"(MD)のパッチは、月に向かって吠える2匹の犬。

第4海兵戦術電子戦飛行隊

ミサイルを抱えたイーグルが描かれた、第4海兵戦術電子戦飛行隊"SEAHAWKS"(RM)のパッチ。

第4海兵戦術電子戦飛行隊 VMAQ-4

このパッチは第4海兵戦術電子戦飛行隊の旧デザインで、シアトル・シーホークスのロゴマークが描かれた。

第4海兵戦術電子戦飛行隊 VMAQ-4 RESCUE ME 2013

2013年に韓国に展開した第4海兵戦術電子戦のEA-6Bがトラブルに巻き込まれ、岩国基地に修理の応援を依頼した時の記念?パッチ。

第3海兵戦術偵察飛行隊 VMFP-3

RF-4Bを使用して岩国基地に配備されていた第3海兵戦術偵察飛行隊"EYES OF THE CORPS"(RF)のパッチは、地球をバックに飛ぶRF-4Bとフィルム。

第3海兵戦術偵察飛行隊 VMFP-3

第3海兵戦術偵察飛行隊は後に首からカメラをぶら下げたスプークを描いたパッチに変更、上部に描かれているモットーは継承された。

第3海兵戦術偵察飛行隊 第2分遣隊 VMFP-3 DET-2

第2分遣隊のパッチには、正式な飛行隊パッチに描かれているスプークのバックに地球、下部には分遣名が描かれた。

第1海兵混成偵察飛行隊 VMCJ-1

(RM)のテイルレターを使用していた第1海兵混成偵察飛行隊"GOLDEN HAWKS"のパッチは、カメラを構えて偵察ミッションを実施するイーグル。

第2海兵混成偵察飛行隊 VMCJ-2

下に向けたカメラを持って偵察するライオンが描かれた、第2海兵混成偵察飛行隊(CY)(当時はニックネーム無し?)のパッチ。

アメリカ海兵隊 普天間航空基地 MCAS Futenma

常駐するオスプレイや各種ヘリコプター飛行隊のパッチ

沖縄の空の玄関口、那覇空港から北に約10kmの宜野湾市に位置するアメリカ海兵隊の普天間基地は、1945年の沖縄決戦で陸軍の工兵隊によって民有地が強制的に接収され、爆撃機の基地として建設された。1957年に陸軍から空軍に移管され、1960年には海兵隊に移管、1969年からは第1海兵航空団(司令部はキャンプ瑞慶覧:ずけらん)第36海兵航空群(MAG-36)のホームベースとなっている。1978年頃にはハンビー基地(現・アメリカンビレッジ付近)が返還され、海兵軽ヘリコプター隊(HML)も普天間基地に移動してきた。基地周辺には民家が密集し、騒音問題などから、キャンプシュワブ沖に新たに基地が建設中で、完成すると返還されることになっている。

第262海兵中型ティルトローター飛行隊 VMM-262

トラの顔と3枚のローター、バックには世界地図が描かれた、MV-22Bオスプレイを運用する第262海兵中型ティルトローター飛行隊(ET)のオーソドックスな旧カラーのパッチ。

第262海兵中型ヘリコプター飛行隊 HMM-262

この飛行隊は非常に多くのパッチを製作している。このパッチは黒を基調にしたバージョンで、上部には飛行隊のニックネーム「FLYING TIGERS」が入れられた。

第262海兵中型ヘリコプター飛行隊 HMM-262

正式なパッチのトラは正面を向いて口をあけているが、このパッチのトラは横目使いの目つきが悪いガキ大将風。

第262海兵中型ヘリコプター飛行隊 HMM-262

このパッチに描かれているトラは、ハマキをくわえている。上部にはニックネーム、下部には飛行隊名が入っている。

第262海兵中型ティルトローター飛行隊 VMM-262

このパッチもハマキをくわえたトラで、地図の中の普天間基地の位置は黄色の星で示されている。

第262海兵中型テイルトローター飛行隊 VMM-262

このパッチは吠えるトラと、地図の中には普天間基地を示す星が描かれているが、下部の文字が異なる。

第262海兵中型ヘリコプター飛行隊 HMM-262 AVIONICS

このパッチはオリジナルのデザインに近いが、上部のリボンの中の文字は「AVIONICS」となっている。

第262海兵中型ヘリコプター飛行隊

CH-46Eを装備していた第262海兵中型ヘリコプター飛行隊時代のパッチで、中央には装備していたCH-46Eが描かれている。

第265海兵中型ティルトローター飛行隊 (VMM-265)

このパッチはグリーンを基調にしたカラーで、竜と飛行隊名は明るい赤。

日本国内で最初にMV-22が配備されたのは普天間基地だった。

第265海兵中型ティルトローター飛行隊 VMM-265

MV-22Bを受領当時のパッチで、カラーはデザート仕様。「竜」の赤い文字にドラゴンが絡み付いている。

第265海兵中型ティルトローター飛行隊 VMM-265

この飛行隊も非常に多くのバリエーションのパッチを製作、このパッチはブラックバージョンで、「竜」の文字と飛行隊名は赤となっている。

第265海兵中型ティルトローター飛行隊 VMM-265

帽子をかぶったドラゴンで、派手なカラーとなった第265海兵中型ティルトローター飛行隊のパッチ。

MV-22Bオスプレイが配備されるまで使用されていたCH-46E。

第265海兵中型ヘリコプター飛行隊 竜 HMM-265

「DRAGONS」のニックネームが付けられている第265海兵中型ヘリコプター飛行隊のサブパッチは、ズバリ「竜」の文字。

第265海兵中型ヘリコプター飛行隊 HMM-265

以前、CH-46Eを装備していた第265海兵中型ヘリコプター飛行隊（EP）。

第165海兵中型ヘリコプター HMM-165 飛行隊

「YW」のテイルレターを使用している第165海兵中型ヘリコプター飛行隊（HMM-165）のパッチは、白馬に乗るスマートな騎士。

第166海兵中型ヘリコプター飛行隊 HMM-166

「YX」のテイルレターを使用している第166海兵中型ヘリコプター飛行隊のパッチは、リアルなトナカイ。

第166海兵中型ヘリコプター飛行隊 HMM-166

このパッチも第166海兵中型ヘリコプター飛行隊で、トナカイはかわいくデフォルメされている。

第169海兵軽攻撃ヘリコプター飛行隊 HMLA-169

「VIPERS」のニックネームが付けられた第169海兵軽攻撃ヘリコプター飛行隊（SN）のパッチは、獰猛なコブラ。

第265海兵中型ヘリコプター飛行隊 HMM-265

タツノオトシゴと地球がデザインされた、第265海兵中型ヘリコプター飛行隊（EP）のパッチ。

第267海兵軽攻撃ヘリコプター飛行隊 HMLA-267 IRAQI FREEDOM

第267海兵軽攻撃ヘリコプター隊（UV）が、イラキ・フリーダム作戦に参加したパッチで、派手な白頭鷲がデザインされた。

第267海兵軽攻撃ヘリコプター飛行隊 HMLA-267

サソリとスペードが描かれた第267海兵軽攻撃ヘリコプター飛行隊のパッチには、「いつでも何処にでも」と描かれている。

第268海兵中型ヘリコプター飛行隊 HMM-268

「RED DRAGONS」のニックネームが付けられた、第268海兵中型ヘリコプター(ES)飛行隊のパッチは、赤いドラゴン。

第361海兵重ヘリコプター飛行隊 HMH-361

トラの顔が大きく描かれた第361海兵重ヘリコプター隊(YN)のパッチには、揚陸艦から展開するという意味のライトニングが描かれている。

第363海兵重ヘリコプター飛行隊 HMH-363

第363海兵重ヘリコプター飛行隊(YH)のニックネームは「RED LIONS」で、パッチには赤いライオンが描かれた。

第363海兵重ヘリコプター飛行隊 HMH-363

このパッチも第363海兵重ヘリコプター飛行隊で、赤いライオンとCH-53。ニックネームは「LUCKY RED LIONS」。

第367海兵軽攻撃ヘリコプター飛行隊 HMLA-367

コブラが描かれた第367海兵軽攻撃ヘリコプター飛行隊(HMLA-367)も、カラーバリエーションが多く、パッチによってコブラの表情は若干異なる。

第367海兵軽ヘリコプター飛行隊 HML-367

真っ赤なバックにコブラが描かれた第367海兵軽ヘリコプター飛行隊(VT)のパッチは、直径13cmと大きい。

第367海兵軽攻撃ヘリコプター飛行隊 HMLA-367

このパッチはナイトミッションを意味したダークグレイバージョンで、下部には「NIGHT FIGHTERS」と描かれた。

第367海兵軽攻撃ヘリコプター飛行隊 HMLA-367

第31海兵航空群として2014年2月に派遣された時のパッチで、国旗のほかUH-1とAH-1が描かれた。

第369海兵軽攻撃ヘリコプター飛行隊 HMA-369

鳥居に2匹のドラゴンが絡みつく第369海兵軽攻撃ヘリコプター飛行隊(SM)のパッチもカラーのバリエーションが多い。

第367海兵軽ヘリコプター隊の中で、唯一シャークティースを描いたAH-1J。

第462海兵重ヘリコプター飛行隊 HMH-462

時期によってドラゴンのデザインが異なる第462海兵重ヘリコプター飛行隊(YF)の旧パッチには、「重量物運搬者」と描かれている。

第462海兵重ヘリコプター飛行隊 HMH-462

上のパッチで迫力のあるドラゴンを描いた第462海兵重ヘリコプター隊の整備小隊?のパッチには、巨大なビスと、「SCREW CREW」の文字。

第462海兵重ヘリコプター飛行隊 HMH-462
現在使用されているパッチには2匹のドラゴンが描かれ、下部のリボンの中には「HEAVY HAULERS」(重量物運搬者)の文字が描かれた、第462海兵重ヘリコプター飛行隊(YF)のパッチ。

第465海兵重ヘリコプター飛行隊 HMH-465 OIF Ⅱ
イラキ・フリーダム作戦に参加した第465海兵重ヘリコプター飛行隊(YJ)のニックネームは、「WARHORSE」(軍馬)。

第463海兵重ヘリコプター飛行隊 HMH-463
白いペガサスと地球が描かれた第463海兵重ヘリコプター飛行隊(YH)のパッチはシンプルなデザイン。

初の戦闘ヘリコプターの派生型となった海兵隊向けのAH-1Z。

第463海兵重ヘリコプター飛行隊 HMH-463
このパッチは旧デザインで、同じく白いペガサスと地球が描かれているが、飛行隊のニックネームは描かれていない。

第465海兵重ヘリコプター飛行隊 HMH-465
第465海兵重ヘリコプター飛行隊(YJ)は、ニックネームの「WARHORSE」に因んで戦う馬がデザインされた。

第465海兵重ヘリコプター飛行隊 HMH-465 WESTPAC '97
第465海兵重ヘリコプター飛行隊の、日本展開記念パッチで、飾りが付けられた戦う馬がモチーフとなっている。

第466海兵重ヘリコプター飛行隊 HMH-466
第466海兵重ヘリコプター飛行隊(YK)のパッチは、飛行隊のニックネームに因んで獲物に襲い掛かるオオカミ。

第466海兵重ヘリコプター飛行隊 HMH-466
現在使用されている第466海兵重ヘリコプター飛行隊(YK)のパッチで、サングラスを掛けたオオカミの顔が描かれた。

第466海兵重ヘリコプター飛行隊 C分遣隊 HMH-466 DET C
トラブルを起こした戦闘機をCH-53が空輸するシーンが描かれた、第466海兵重ヘリコプター飛行隊 C分遣隊のパッチ。

第469海兵軽攻撃ヘリコプター飛行隊 HMLA-469
「VENGEANCE」(復讐)と描かれた第469海兵軽攻撃ヘリコプター飛行隊のパッチはセクシーな女性。右はクリスマスバージョン。

普天間基地に展開していた過去の飛行隊パッチ

第152海兵空中給油輸送飛行隊 VMGR-152
東西南北を示すコンパスと、イーグルが描かれた第152海兵空中給油輸送飛行隊のパッチ。この飛行隊は、新しい滑走路が完成すると岩国基地に移動した。

第152海兵空中給油輸送飛行隊 SUMOS
以前、この飛行隊に勤務していた司令官が大の相撲好きで、コールサインは「SUMO」が使用されているため、相撲取りが描かれたパッチが非常に多く製作された。

在韓米空軍 US Air Force Korea

日本のオープンハウスでもおなじみの在韓米空軍パッチ

　日本のファンにとって馴染みが深いのは、国内のオープンハウスなどでたびたび展示される在韓米空軍機。在韓米空軍のほとんどは韓国空軍の基地に同居し、第7空軍司令部は烏山(オサン)基地に所在し、在韓米空軍の飛行隊も配備されている。烏山基地は、朝鮮戦争中に建設されK-55基地と呼ばれていた。ベトナム戦争が終結すると1974年には第51混成航空団(後に第51戦術戦闘航空団、現在は第51戦闘航空団)が配備された。

　一方、群山(クンサン)基地はK-8基地と呼ばれ、ベトナム戦争が終結すると第8戦術戦闘航空団(現・戦闘航空団)が、タイから移動してきた。このほか、1980年代後半には大邱(テグ)基地には第497戦術戦闘飛行隊(F-4E)、烏山基地には第5航空管制航空群/第19戦術航空支援飛行隊(OV-10A)などが配備されていた時代もあった。

第8戦術戦闘航空団 WOLF PACK
第8戦術戦闘航空団(8TFW)のニックネームは「WOLF PACK」で、このパッチは上部にこの航空団ニックネームが追加されている。

第8戦術戦闘飛行隊
このパッチは非常に古く、中央に描かれている模様はシンプルで、刺繍や下部の文字なども時代を感じさせる。

第8戦術戦闘航空団
現在は第8戦闘航空団(8FW)と改称したが、これは戦術戦闘航空団(TFW)時代のパッチで、下部のリボンの中の文字が「8TH TACTICAL FTR WG」となっている。

第35戦闘飛行隊 FIRST TO FIGHT
このパッチは第35戦闘飛行隊(35FS)の円形タイプで、ブラックパンサーも変身している。「FIRST TO FIGHT」は飛行隊のモットー。

第8戦闘航空団 WOLF PACK
F-4Dのエアインテイク、F-16のキャノピー後部に、航空団のニックネームに因んでウルフヘッドを描いた、第8戦闘航空団のサブパッチ。

第35戦術戦闘飛行隊
右向きのブラックパンサーが描かれた、第35戦術戦闘飛行隊(35TFS)時代のパッチ。この飛行隊のパッチは、非常に多くのバリエーションが存在している。

第8戦闘飛行隊 FIRST TO FIGHT
前向きのブラックパンサーに変更された、第8戦闘飛行隊(8FS)のパッチ。正式なデザインなのかは不明。

第35戦術戦闘飛行隊
このパッチも戦術戦闘飛行隊(TFS)時代の古いパッチで、ブラックパンサーは左向き。

創設100周年記念塗装を施した第36戦闘飛行隊のF-16C。

第8戦術戦闘航空団 GUNSMOKE 87
F-16の垂直尾翼に大きなウルフヘッドを描いて参加した、1987年のガンスモーク競技会の第8戦術戦闘航空団の参加記念パッチ。

第35戦闘飛行隊 創設100周年記念
第35飛行隊創設100周年パッチもウルフヘッドがデザインされ、首の部分には記念文字が入れられている。

第36戦闘飛行隊
古い飛行帽をかぶった悪魔が描かれた第36戦闘飛行隊（36FS）のパッチ。「FLYING FIENDS」は飛行隊のニックネーム。

第36戦術戦闘飛行隊
このパッチは戦術戦闘飛行隊（TFS）時代で、基本的なデザインは同じだが、縦に長い楕円形をした珍しい形のパッチだ。

第36戦闘飛行隊 創設100周年記念
2017年に飛行隊創設100周年を迎えた第36戦術戦闘飛行隊の記念パッチには、オオカミ（悪魔）のほか、歴代のF-86やF-4、F-16などが描かれた。

第51戦闘航空団
ガンを持つペガサスがデザインされた、第51戦闘航空団（51FW）のパッチ。下部の文字は航空団のモットーに変更された。

第51戦術戦闘航空団
戦術戦闘航空団（TFW）時代のパッチで、下部のリボンの中の文字は「51 TAC FTR WING」となっている。

第51混成航空団
混成航空団時代のパッチで、下部のリボンの中の文字は混成航空団を意味する「51 COMPOSITE WING」。

第25戦闘飛行隊
アッサムドラゴンズのニックネームが与えられている第25戦闘飛行隊（25FS）のパッチは、両手に機関砲、両足にミサイルを抱えたドラゴン。

第25戦闘飛行隊 A-10
A-10のパイロットが使用していたサブパッチで、A-10の正面形と赤いライトニング、「A-10」の文字が描かれた。

第25戦闘飛行隊
このサブパッチは、飛行隊の正式なパッチに描かれている機関砲とミサイルを抱えるドラゴンがデザインされ、形は円形になった。

第25戦闘飛行隊
A-10の任務の多くは夜間任務が中心になるため、このパッチは光る目と、機関砲（ガトリング砲）の銃口でドラゴンの顔を再現。

第25戦闘飛行隊 AGGRESSOR
スホーイSu-25フロッグフットが描かれた、仮想敵役のパッチ。中央にはSu-25のシルエット、上下の文字はロシア語標記風?となっている。

第25戦闘飛行隊
朝鮮戦争時代に使用されていた第25戦闘飛行隊の復刻パッチで、現在とは全く異なるデザインだった。

第25戦闘飛行隊
このパッチはハデハデな衣装に身を包み、ウキウキになったドラゴンが描かれているが、詳細は不明。

退役が近づいてきた第25戦闘飛行隊のA-10C。

第25戦闘飛行隊 BALIKATAN 89
バリカタン'89演習に参加した第25戦闘飛行隊のパッチには、敵の戦車を攻撃するA-10がデザインされた。

第80戦闘飛行隊
派手な装飾を施した原住民?をモチーフにした、第80戦闘飛行隊（80FS）のパッチ。現在は文字などが排除された、このデザインが使用されている。

第80戦闘飛行隊
戦術戦闘飛行隊から改称して戦闘飛行隊となってからも使用された第80戦闘飛行隊のパッチは、上部にはニックネーム、下部には飛行隊名の「80」の文字が描かれた。

第80戦闘飛行隊 RED FLAG ALASKA 09-01
2009年に行われたレッドフラッグ09-01演習に参加した第80戦闘飛行隊のパッチには、アラスカ州上空を飛ぶF-16とおなじみの顔。

在韓米空軍に所属していた過去の主な飛行隊パッチ

在韓米軍に配備された当時のOV-10Aは、全面ライトグレイ。

第497戦術戦闘飛行隊
F-4Eを装備して、テグ基地に配備されていた第497戦術戦闘飛行隊(497TFS)のパッチは、電光に乗ってポーズを取るフクロウ。

第497戦術戦闘飛行隊
第497戦術戦闘飛行隊のニックネームは「NIGHT OWL」で、パッチにはベトナム戦争中のF-4Dに描かれたフクロウと、三日月が描かれた。

第497戦術戦闘飛行隊 NIGHT OWL
魔法のホウキに乗ったスプークが描かれた、第497戦術戦闘飛行隊のサブパッチ。上部には「NIGHT OWL」の文字が入れられた。

第497戦術戦闘飛行隊 NIGHT OWL
このパッチも、第497戦術戦闘飛行隊のサブパッチで、月明かりに照らされたスプークがナイトミッションを意味している。

第5戦術航空管制航空群
烏山基地に配備されていた第5航空管制航空群(5TACG)のパッチは、地球儀をモチーフにしている(当時としては珍しく、グリーンバージョンも存在した)。

第19戦術航空支援飛行隊 OV-10A
第19戦術航空支援飛行隊(19TASS)は短期間でOV-10A〜A-37B〜OV-10A〜A-10Aに機種改編した。このパッチはOV-10Aを装備していた時代のデザイン。

第19戦術航空支援飛行隊 OA-37B
OV-10Aに続いてOA-37Bを装備していた時代の第19戦術航空支援飛行隊のパッチは、OA-37Bに変更され若干デザインも変更された。

第19戦術航空支援飛行隊 A-10A
第19戦術航空支援飛行隊が最終的に装備していたのがA-10Aで、パッチは三角形から円形に変更された。

第19戦術航空支援飛行隊 A-10A
30mmガトリング砲を抱えたキツネ?の首には、航空支援などの任務を実施するため双眼鏡が見える。

第19戦術航空支援飛行隊
目から電光を放つ、緑の妖怪が描かれた、第19戦術航空支援飛行隊のサブパッチには攻撃を制御するという文字が描かれた。

第19戦術航空支援飛行隊 BRONCO DRIVER
F-15イーグルドライバーパッチをイメージしたOV-10Aブロンコのパイロット用サブパッチでイーグルは荒馬、文字は「BRONCO DRIVER」となった。

第19戦術航空支援飛行隊 FACS WITH GUNS
A-10Aを装備していた時代のサブパッチで、前線空中管制任務を意味する文字と、2丁のピストルが描かれた。

第55空輸兵站飛行隊
C-12Jを装備して烏山基地に配備されていた第55空輸兵站飛行隊(55ALF)のパッチは、アメリカと韓国の国籍標識がデザインされた。

第55空輸飛行隊
第55空輸兵站飛行隊から第55空輸飛行隊(55AS)に改称すると、パッチは東南アジア地域を飛行するC-12Jに変更された

第460戦術偵察航空群
嘉手納基地の第15戦術偵察飛行隊が解散すると、使用していたRF-4Cを受領して第460戦術偵察航空群(460TRG)が編成されたが、短期間で解散した。

巻末資料

航空自衛隊 全国の飛行隊MAP

千歳基地
第201飛行隊[F-15J/DJ・T-4]
第203飛行隊[F-15J/DJ・T-4]
第701飛行隊[B-777]
千歳救難隊[U-125A・UH-60J]

秋田分屯基地
秋田救難隊[U-125A・UH-60J]

新潟分屯基地
新潟救難隊[U-125A・UH-60J]

三沢基地
第301飛行隊[F-35A・T-4]
第302飛行隊[F-35A・T-4]
北部支援飛行班[T-4]
第601飛行隊[E-2C・E-2D]
第502飛行隊[RQ-4B]
三沢ヘリコプター空輸隊[CH-47J]

岐阜基地
飛行開発実験団
[F-15J/DJ・F-2A/B・C-1FTB・C-2・T-4・T-7]

小松基地
第303飛行隊[F-15J/DJ・T-4]
第306飛行隊[F-15J/DJ・T-4]
飛行教導群[F-15DJ・T-4]
小松救難隊[U-125A・UH-60J]

松島基地
第11飛行隊"ブルーインパルス"[T-4]
第21飛行隊[F-2B・T-4]
松島救難隊[U-125A・UH-60J]

防府北基地
第12飛行教育団[T-7]

築城基地
第6飛行隊[F-2A/B・T-4]
第8飛行隊[F-2A/B・T-4]

百里基地
第3飛行隊[F-2A/B・T-4]
百里救難隊[U-125A・UH-60J]

芦屋基地
第13飛行教育団[T-4]
芦屋救難隊[U-125A・UH-60J]

入間基地
第402飛行隊[C-1・C-2・U-4]
中部航空方面隊司令部支援飛行隊[T-4・U-4]
飛行点検隊[U-125・U-680A]
電子戦隊[YS-11EA・EC-1]
電子飛行測定隊[YS-11EB・RC-2]
入間ヘリコプター空輸隊[CH-47J]

美保基地
第403飛行隊[C-2]
第405飛行隊[KC-46A]

静浜基地
第11飛行教育団[T-7]

浜松基地
第31教育飛行隊[T-4]
第32教育飛行隊[T-4]
第41教育飛行隊[T-400]
第602飛行隊[E-767]
浜松救難隊[U-125A・UH-60J]
第1術科学校[F-15J・F-2A・T-4・T-7]

新田原基地
第305飛行隊[F-15J/DJ・T-4]
第23飛行隊[F-15J/DJ・T-4]
新田原救難隊[U-125A・UH-60J]
※2024年度中に臨時F-35B飛行隊
（仮称）を新設予定

春日基地 板付地区
西部航空方面隊司令部支援飛行隊[T-4]
春日ヘリコプター空輸隊[CH-47J]

小牧基地
第401飛行隊[C-130H・KC-130H]
第404飛行隊[KC-767]
救難教育隊[U-125A・UH-60J]

那覇基地
第204飛行隊[F-15J/DJ・T-4]
第304飛行隊[F-15J/DJ・T-4]
南西支援飛行班[T-4]
第603飛行隊[E-2C]
那覇救難隊[U-125A・UH-60J]
那覇ヘリコプター空輸隊[CH-47J]

（2024年12月現在）

海上自衛隊 全国の航空隊MAP

（2024年12月現在）

陸上自衛隊 全国の航空部隊MAP

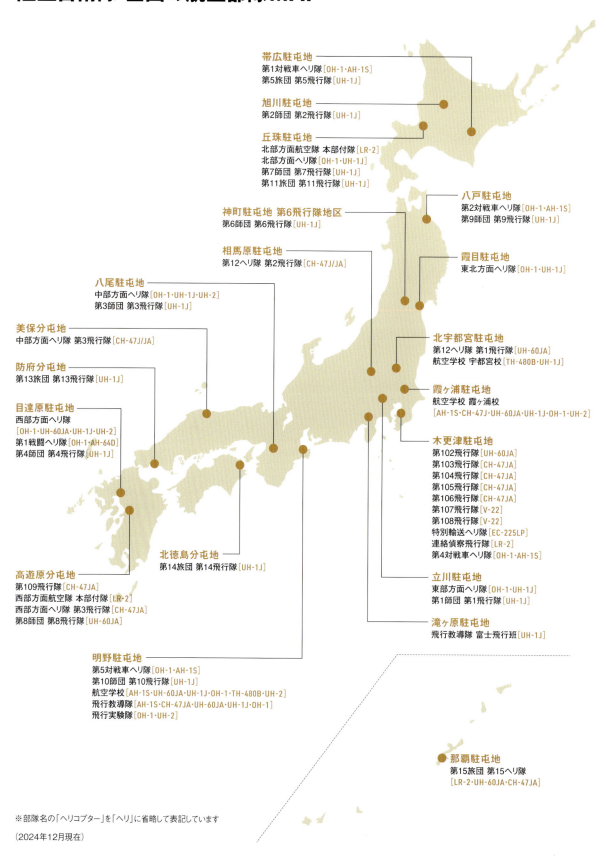

帯広駐屯地
第1対戦車ヘリ隊［OH-1・AH-1S］
第5旅団 第5飛行隊［UH-1J］

旭川駐屯地
第2師団 第2飛行隊［UH-1J］

丘珠駐屯地
北部方面航空隊 本部付隊［LR-2］
北部方面ヘリ隊［OH-1・UH-1J］
第7師団 第7飛行隊［UH-1J］
第11旅団 第11飛行隊［UH-1J］

神町駐屯地 第6飛行隊地区
第6師団 第6飛行隊［UH-1J］

相馬原駐屯地
第12ヘリ隊 第2飛行隊［CH-47J/JA］

八尾駐屯地
中部方面ヘリ隊［OH-1・UH-1J・UH-2］
第3師団 第3飛行隊［UH-1J］

美保分屯地
中部方面ヘリ隊 第3飛行隊［CH-47J/JA］

防府分屯地
第13旅団 第13飛行隊［UH-1J］

目達原駐屯地
西部方面ヘリ隊
［OH-1・UH-60JA・UH-1J・UH-2］
第1戦闘ヘリ隊［OH-1・AH-64D］
第4師団 第4飛行隊［UH-1J］

高遊原分屯地
第109飛行隊［CH-47JA］
西部方面航空隊 本部付隊［LR-2］
西部方面ヘリ隊 第3飛行隊［CH-47JA］
第8師団 第8飛行隊［UH-60JA］

明野駐屯地
第5対戦車ヘリ隊［OH-1・AH-1S］
第10師団 第10飛行隊［UH-1J］
航空学校［AH-1S・UH-60JA・UH-1J・OH-1・TH-480B・UH-2］
飛行教導隊［AH-1S・CH-47JA・UH-60JA・UH-1J・OH-1］
飛行実験隊［OH-1・UH-2］

八戸駐屯地
第2対戦車ヘリ隊［OH-1・AH-1S］
第9師団 第9飛行隊［UH-1J］

霞目駐屯地
東北方面ヘリ隊［OH-1・UH-1J］

北宇都宮駐屯地
第12ヘリ隊 第1飛行隊［UH-60JA］
航空学校 宇都宮校［TH-480B・UH-1J］

霞ヶ浦駐屯地
航空学校 霞ヶ浦校
［AH-1S・CH-47J・UH-60JA・UH-1J・OH-1・UH-2］

木更津駐屯地
第102飛行隊［UH-60JA］
第103飛行隊［CH-47JA］
第104飛行隊［CH-47JA］
第105飛行隊［CH-47JA］
第106飛行隊［CH-47JA］
第107飛行隊［V-22］
第108飛行隊［V-22］
特別輸送ヘリ隊［EC-225LP］
連絡偵察飛行隊［LR-2］
第4対戦車ヘリ隊［OH-1・AH-1S］

立川駐屯地
東部方面ヘリ隊［OH-1・UH-1J］
第1師団 第1飛行隊［UH-1J］

滝ヶ原駐屯地
飛行教導隊 富士飛行班［UH-1J］

北徳島分屯地
第14旅団 第14飛行隊［UH-1J］

那覇駐屯地
第15旅団 第15ヘリ隊
［LR-2・UH-60JA・CH-47JA］

※部隊名の「ヘリコプター」を「ヘリ」に省略して表記しています
（2024年12月現在）

在日米軍 全国の飛行隊MAP

● 米軍部隊の略号

[空軍]
AACS	空中航空管制飛行隊	Airborne Air Control Squadron
ARS	空中給油飛行隊	Air Refueling Squadron
AS	空輸飛行隊	Airlift Squadron
AW	空輸航空団	Airlift Wing
FS	戦闘飛行隊	Fighter Squadron
FW	戦闘航空団	Fighter Wing
RQS	救難飛行隊	Rescue Squadron
RS	偵察飛行隊	Reconnaissance Squadron
RW	偵察航空団	Reconnaissance Wing
SOS	特殊作戦飛行隊	Special Operations Squadron
WG	航空団	Wing

[海軍]
CVW	空母航空団	Carrier Air Wing
HSC	海上戦闘ヘリコプター飛行隊	Helicopter Sea Combat Squadron
HSM	海洋攻撃ヘリコプター飛行隊	Helicopter Maritime Strike Squadron
VAQ	電子攻撃飛行隊	Electronic Attack Squadron
VAW	艦載早期警戒飛行隊	Carrier Airborne Early Warning Squadron
VFA	戦闘攻撃飛行隊	Strike Fighter Squadron
VP	哨戒飛行隊	Patrol Squadron
VRM	艦隊兵站支援多任務飛行隊	Fleet Logistics Multi-Mission Squadron

[海兵隊]
H&HS	司令部および司令部飛行隊	Headquarters and Headquarters Squadron
HMH	海兵重ヘリコプター飛行隊	Marine Heavy Helicopter Squadron
HMLA	海兵軽ヘリコプター攻撃飛行隊	Marine Light Attack Helicopter Squadron
MAG	海兵航空群	Marine Aircraft Group
MAW	海兵航空団	Marine Aircraft Wing
VMFA	海兵戦闘攻撃飛行隊	Marine Fighter Attack Squadron
VMGR	海兵給油輸送飛行隊	Marine Aerial Refueler Transport Squadron
VMM	海兵中型ティルトローター飛行隊	Marine Medium Tiltrotor Squadron

三沢基地
空軍◎13FS・14FS（F-16C/D）
海軍◎三沢ベースフライト（UC-12F）、
　　 VP-＊＊＊（P-8A）、
　　 VAQ-＊＊＊（EA-18G）

横田基地
空軍◎36AS（C-130J-30）、
　　 459AS（C-12J・UH-1N）、
　　 21SOS（CV-22B）

厚木基地
海軍◎厚木ベースフライト（UC-12F）、
　　 HSC-12（MH-60S）、
　　 HSM-51・HSM-77（MH-60R）
陸軍◎US Army Aviation Battalion - Japan
　　 （UC-35A）

キャンプ座間
陸軍◎US Army Aviation Battalion - Japan
　　 （UH-60L）

岩国基地
海兵隊◎MAG-12 H&HS（UC-12W）、VMFA-121・VMFA-242（F-35B）、VMGR-152（KC-130J）、
　　　　 VMFA-＊＊＊（F/A-18C・F/A-18A++）、VMFA(AW)-＊＊＊（F/A-18D）
海軍◎VFA-102（F/A-18F）、VFA-27・VFA-195（F/A-18E）、VFA-147（F-35C）、
　　　 VAQ-141（EA-18G）、VAW-125（E-2D）、VRM-30 Det.5（CMV-22B）

嘉手納基地
空軍◎44FS（F-15C/D）、33RQS（HH-60W）、909ARS（KC-135R）、961AACS（E-3B/C/G）、
　　 1SOS（MC-130J）、82RS（RC-135各型）※米本土55RWの前方展開部隊
海軍◎嘉手納ベースフライト（UC-12F）、VP-＊＊＊（P-8A）

普天間基地
海兵隊◎MAG-36 H&HS（UC-12W・UC-35D）、VMM-262・VMM-265（MV-22B）、
　　　　 HMLA-＊＊＊（AH-1Z・UH-1Y）、HMH-＊＊＊（CH-53E）

（2024年12月現在）

石原　肇 (いしはら・はじめ)

1952年東京生まれ、東京住まい。頻繁に那覇、嘉手納、普天間に通う沖縄好き。半生をかけて収集した飛行隊パッチの枚数は数え切れない。月刊航空雑誌『Jウイング』のパッチ紹介コーナー「帝王のパッチ」(2017年までは「パッチの帝王」)を20年にわたり担当。パッチ収集のほか、航空機写真やプラモデルの分野でも活躍する。

協力	航空自衛隊、パッチショップ タイガーエンブ、ウィング刺繍、サンブラザー刺繍、グッディプラン、個人の皆さま
装丁・本文デザイン	丸山結里
編集	尾崎清子、侘美雅士

自衛隊&在日米軍
飛行隊パッチ図鑑

2025年1月10日　初版第1刷発行

著者	石原　肇
発行人	山手章弘
発行所	イカロス出版株式会社 〒101-0051　東京都千代田区神田神保町1-105 contact@ikaros.jp　(内容に関するお問い合わせ) sales@ikaros.co.jp　(乱丁・落丁、書店・取次様からのお問い合わせ)
印刷・製本	シナノパブリッシングプレス株式会社

乱丁・落丁はお取り替えいたします。
本書の無断転載・複写は、著作権上の例外を除き、著作権侵害となります。
定価はカバーに表示してあります。

©2025 ISHIHARA Hajime All rights reserved.
Printed in Japan ISBN 978-4-8022-1534-3